全国计算机技术与软件专业技术资格（水平）考试指定用书

系统架构设计师

2018至2022年试题分析与解答

计算机技术与软件专业技术资格考试研究部　主编

U0299208

清华大学出版社
北京

内 容 简 介

系统架构设计师考试是计算机技术与软件专业技术资格（水平）考试的高级职称考试，是历年各级考试报名的热点之一。本书汇集了从 2018 年至 2022 年的所有试题和权威的解析，欲参加考试的考生认真读懂本书的内容后，将会更加深入理解考试的出题思路，发现自己的知识薄弱点，使学习更加有的放矢，对提升通过考试的信心会有极大的帮助。

本书适合参加系统架构设计师考试的考生备考使用。

图书在版编目（CIP）数据

系统架构设计师 2018 至 2022 年试题分析与解答 / 计算机技术与软件专业技术资格考试研究部主编. -- 北京：清华大学出版社, 2024. 9. -- (全国计算机技术与软件专业技术资格（水平）考试指定用书). -- ISBN 978-7-302-67426-9

Ⅰ. TP303-44

中国国家版本馆 CIP 数据核字第 2024H2J906 号

责任编辑：杨如林　　邓甄臻
封面设计：杨玉兰
责任校对：胡伟民
责任印制：刘海龙

出版发行：清华大学出版社
　　　　　网　　　址：https://www.tup.com.cn，https://www.wqxuetang.com
　　　　　地　　　址：北京清华大学学研大厦 A 座　　　　　邮　　编：100084
　　　　　社 总 机：010-83470000　　　　　　　　　　　邮　　购：010-62786544
　　　　　投稿与读者服务：010-62776969，c-service@tup.tsinghua.edu.cn
　　　　　质量反馈：010-62772015，zhiliang@tup.tsinghua.edu.cn
印 装 者：三河市龙大印装有限公司
经　　销：全国新华书店
开　　本：185mm×230mm　　　印　张：15　　　防伪页：1　　　字　数：380 千字
版　　次：2024 年 10 月第 1 版　　　　　　　印　次：2024 年 10 月第 1 次印刷
定　　价：59.00 元

产品编号：103211-01

前　言

根据国家有关的政策性文件，全国计算机技术与软件专业技术资格（水平）考试（以下简称"计算机软件考试"）已经成为计算机软件、计算机网络、计算机应用、信息系统、信息服务领域高级工程师、工程师、助理工程师（技术员）国家职称资格考试。而且，根据信息技术人才年轻化的特点和要求，报考这种资格考试不限学历与资历条件，以不拘一格选拔人才。现在，软件设计师、程序员、网络工程师、数据库系统工程师、系统分析师、系统架构设计师和信息系统项目管理师等资格的考试标准已经实现了中国与日本互认，程序员和软件设计师等资格的考试标准已经实现了中国和韩国互认。

计算机软件考试规模发展很快，年报考规模已超过 100 万人，至今累计报考人数超过 900 万。

计算机软件考试已经成为我国著名的 IT 考试品牌，其证书的含金量之高已得到社会的公认。计算机软件考试的有关信息见网站 www.ruankao.org.cn 中的资格考试栏目。

对考生来说，学习历年试题分析与解答是理解考试大纲的最有效、最具体的途径之一。

为帮助考生复习备考，计算机技术与软件专业技术资格考试研究部汇集了系统架构设计师 2018 至 2022 年的试题分析与解答，以便于考生测试自己的水平，发现自己的弱点，更有针对性、更系统地学习。

计算机软件考试的试题质量高，包括了职业岗位所需的各个方面的知识和技术，不但包括技术知识，还包括法律法规、标准、专业英语、管理等方面的知识；不但注重广度，而且还有一定的深度；不但要求考生具有扎实的基础知识，还要具有丰富的实践经验。

这些试题中，包含了一些富有创意的试题，一些与实践结合得很好的试题，一些富有启发性的试题，具有较高的社会引用率，对学校教师、培训指导者、研究工作者都是很有帮助的。

由于编者水平有限，时间仓促，书中难免有错误和疏漏之处，诚恳地期望各位专家和读者批评指正，对此，我们将深表感激。

编者
2024 年 4 月

目　　录

第1章　2018下半年系统架构设计师
上午试题分析与解答

试题（1）

在磁盘调度管理中，应先进行移臂调度，再进行旋转调度。假设磁盘移动臂位于 21 号柱面上，进程的请求序列如下表所示。如果采用最短移臂调度算法，那么系统的响应序列应为__(1)__。

请求序列	柱面号	磁头号	扇区号
①	17	8	9
②	23	6	3
③	23	9	6
④	32	10	5
⑤	17	8	4
⑥	32	3	10
⑦	17	7	9
⑧	23	10	4
⑨	38	10	8

(1) A. ②⑧③④⑤①⑦⑥⑨　　　　B. ②③⑧④⑥⑨①⑤⑦
　　C. ①②③④⑤⑥⑦⑧⑨　　　　D. ②⑧③⑤⑦①④⑥⑨

试题（1）分析

当进程请求读磁盘时，操作系统先进行移臂调度，再进行旋转调度。由于移动臂位于 21 号柱面上，按照最短寻道时间优先的响应柱面序列为 23→17→32→38。按照旋转调度的原则分析如下：

进程在 23 号柱面上的响应序列为②→⑧→③，因为进程访问的是不同磁道上不同编号的扇区，旋转调度总是让首先到达读写磁头位置下的扇区先进行传送操作。

进程在 17 号柱面上的响应序列为⑤→⑦→①，或⑤→①→⑦。对于①和⑦可以任选一个进行读写，因为进程访问的是不同磁道上具有相同编号的扇区，旋转调度可以任选一个读写磁头位置下的扇区进行传送操作。

进程在 32 号柱面上的响应序列为④→⑥；由于⑨在 38 号柱面上，故最后响应。

从以上分析可以得出按照最短寻道时间优先的响应序列为②⑧③⑤⑦①④⑥⑨。

参考答案

（1）D

试题（2）、（3）

某计算机系统中的进程管理采用三态模型，那么下图所示的 PCB（进程控制块）的组织方式采用__(2)__，图中__(3)__。

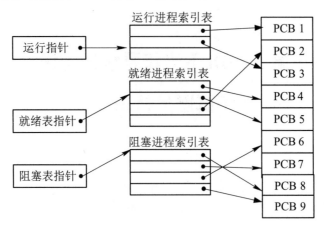

（2）A．顺序方式　　　B．链接方式　　　　C．索引方式　　　　D．Hash

（3）A．有 1 个运行进程，2 个就绪进程，4 个阻塞进程

　　　B．有 2 个运行进程，3 个就绪进程，3 个阻塞进程

　　　C．有 2 个运行进程，3 个就绪进程，4 个阻塞进程

　　　D．有 3 个运行进程，2 个就绪进程，4 个阻塞进程

试题（2）、（3）分析

本题考查操作系统进程管理方面的基础知识。

常用的进程控制块的组织方式有链接方式和索引方式。采用链接方式是把具有同一状态的 PCB，用其中的链接字链接成一个队列。这样，可以形成就绪队列、若干个阻塞队列和空白队列等。就绪队列的进程常按照进程优先级的高低排列，把优先级高的进程的 PCB 排在队列前面。此外，也可根据阻塞原因的不同而把处于阻塞状态的进程的 PCB 排成等待 I/O 操作完成的队列和等待分配内存的队列等。

采用索引方式是系统根据所有进程的状态建立几张索引表。例如，就绪索引表、阻塞索引表等，并把各索引表在内存的首地址记录在内存的一些专用单元中。在每个索引表的表目中，记录具有相应状态的某个 PCB 在 PCB 表中的地址。

参考答案

（2）C　（3）C

试题（4）

某文件系统采用多级索引结构，若磁盘块的大小为 4KB，每个块号需占 4B，那么采用二级索引结构时的文件最大长度可占用___（4）___个物理块。

（4）A．1024　　　　　B．1024×1024　　　C．2048×2048　　　　D．4096×4096

试题（4）分析

本题考查操作系统中文件管理的基础知识。

根据题意，磁盘块的大小为 4KB，每个块号需占 4B，因此一个磁盘物理块可存放 4096/4=1024 个物理块地址，即采用一级索引时的文件最大长度可有 1024 个物理块。

采用二级索引时的文件最大长度可有 1024×1024=1 048 576 个物理块。

参考答案

（4）B

试题（5）、（6）

给定关系 $R(A,B,C,D,E)$ 与 $S(A,B,C,F,G)$，那么与表达式 $\pi_{1,2,4,6,7}(\sigma_{1<6}(R \bowtie S))$ 等价的 SQL 语句如下：

```
SELECT __(5)__ FROM R,S WHERE __(6)__ ;
```

（5）A. $R.A,R.B,R.E,S.C,G$　　　　　　B. $R.A,R.B,D,F,G$

　　　C. $R.A,R.B,R.D,S.C,F$　　　　　　D. $R.A,R.B,R.D,S.C,G$

（6）A. $R.A = S.A$ OR $R.B = S.B$ OR $R.C = S.C$ OR $R.A < S.F$

　　　B. $R.A = S.A$ OR $R.B = S.B$ OR $R.C = S.C$ OR $R.A < S.B$

　　　C. $R.A = S.A$ AND $R.B = S.B$ AND $R.C = S.C$ AND $R.A < S.F$

　　　D. $R.A = S.A$ AND $R.B = S.B$ AND $R.C = S.C$ AND $R.A < S.B$

试题（5）、（6）分析

本题考查关系代数运算与 SQL 查询方面的基础知识。

在运算 $\pi_{1,2,4,6,7}(\sigma_{1<6}(R \bowtie S))$ 中，自然连接 $R \bowtie S$ 运算后再去掉右边重复的属性列名 $S.A, S.B, S.C$，结果为：$R.A,R.B,R.C,R.D,R.E, S.F, S.G$，表达式 $\pi_{1,2,4,6,7}(\sigma_{1<6}(R \bowtie S))$ 的含义是从 $R \bowtie S$ 结果集中选取第 1 列小于第 6 列的元组，即选取 $R.A<S.F$ 的元组，再进行 $R.A,R.B, R.D, S.F, S.G$ 投影，因此，空（5）的正确答案为选项 B。

关系代数表达式 $R \bowtie S$ 的含义为关系 R 和 S 中相同属性列进行等值连接，故需要用 "WHERE $R.A = S.A$ AND $R.B = S.B$ AND $R.C = S.C$" 来限定，选取运算 $\sigma_{1<6}$ 需要用 "WHERE $R.A < S.F$" 来限定，所以空（6）的正确答案为选项 C。

参考答案

（5）B　　　（6）C

试题（7）

在关系 $R(A_1,A_2,A_3)$ 和 $S(A_2,A_3,A_4)$ 上进行关系运算的 4 个等价的表达式 E_1、E_2、E_3 和 E_4 如下所示：

$$E_1 = \pi_{A_1,A_4}(\sigma_{A_2<'2018' \wedge A_4='95'}(R \bowtie S))$$

$$E_2 = \pi_{A_1,A_4}(\sigma_{A_2<'2018'}(R) \bowtie \sigma_{A_4='95'}(S))$$

$$E_3 = \pi_{A_1,A_4}(\sigma_{A_2<'2018' \wedge R.A_3=S.A_3 \wedge A_4='95'}(R \times S))$$

$$E_4 = \pi_{A_1,A_4}(\sigma_{R.A_3=S.A_3}(\sigma_{A_2<'2018'}(R) \times \sigma_{A_4='95'}(S)))$$

如果严格按照表达式运算顺序执行，则查询效率最高的是表达式　　（7）　。

（7）A. E_1　　　　　　B. E_2　　　　　　C. E_3　　　　　　D. E_4

试题（7）分析

本题考查关系代数表达式查询优化方面的基础知识。

表达式 E_2 的查询效率最高，因为 E_2 将选取运算 $\sigma_{A_2<'2018'}(R)$ 和 $\sigma_{A_4='95'}(S)$ 移到了叶节点，

然后进行自然连接 ▷◁ 运算。这样满足条件的元组数比先进行笛卡儿积产生的元组数大大下降，甚至无须中间文件，就可将中间结果放在内存，最后在内存中即可形成所需结果集。

参考答案

（7）B

试题（8）

　　数据仓库中数据___（8）___是指数据一旦进入数据仓库后，将被长期保留并定期加载和刷新，可以进行各种查询操作，但很少对数据进行修改和删除操作。

　　（8）A．面向主题　　　　B．集成性　　　　C．相对稳定性　　　D．反映历史变化

试题（8）分析

　　本题考查数据仓库的基本概念。

　　数据仓库拥有以下四个特点：

　　① 面向主题：操作型数据库的数据组织面向事务处理任务，各个业务系统之间各自分离，而数据仓库中的数据是按照一定的主题域进行组织。主题是一个抽象的概念，是指用户使用数据仓库进行决策时所关心的重点方面，一个主题通常与多个操作型信息系统相关。

　　② 集成性：面向事务处理的操作型数据库通常与某些特定的应用相关，数据库之间相互独立，并且往往是异构的。而数据仓库中的数据是在对原有分散的数据库数据进行抽取、清理的基础上经过系统加工、汇总和整理得到的，必须消除源数据中的不一致性，以保证数据仓库内的信息是关于整个企业的一致的全局信息。

　　③ 相对稳定性：操作型数据库中的数据通常需要实时更新，数据根据需要及时发生变化。数据仓库的数据主要供企业决策分析之用，所涉及的数据操作主要是数据查询，一旦某个数据进入数据仓库以后，一般情况下将被长期保留，也就是数据仓库中一般有大量的查询操作，但修改和删除操作很少，通常只需要定期加载、刷新。

　　④ 反映历史变化：操作型数据库主要关心当前某一个时间段内的数据，而数据仓库中的数据通常包含历史信息，系统记录了企业从过去某一时点（如开始应用数据仓库的时点）到目前的各个阶段的信息，通过这些信息，可以对企业的发展历程和未来趋势做出定量分析和预测。

参考答案

（8）C

试题（9）

　　目前处理器市场中存在 CPU 和 DSP 两种类型处理器，分别用于不同场景，这两种处理器具有不同的体系结构，DSP 采用___（9）___。

　　（9）A．冯·诺伊曼结构　　　　　　　B．哈佛结构

　　　　　C．FPGA 结构　　　　　　　　　D．与 GPU 相同结构

试题（9）分析

　　常见计算机的体系结构都采用的是冯·诺伊曼结构，该结构没有区分程序存储器和数据存储器，因此导致了总线拥堵。而 DSP 需要的高度并行处理技术，在总线宽度的限制下必然会降低并行处理能力。

哈佛（HarVard）结构是专为数字信号处理设计的一种体系架构，其结构的基本特征是采用多个内部数据地址，以提高数据吞吐量。

GPU 结构一般采用的是 CPU＋FPGA 结构，其核心还是冯·诺伊曼结构。

参考答案

（9）B

试题（10）

以下关于串行总线的说法中，正确的是 ___（10）___ 。

（10）A. 串行总线一般都是全双工总线，适宜于长距离传输数据

　　　 B. 串行总线传输的波特率是总线初始化时预先定义好的，使用中不可改变

　　　 C. 串行总线是按位（bit）传输数据的，其数据的正确性依赖于校验码纠正

　　　 D. 串行总线的数据发送和接收是以软件查询方式工作的

试题（10）分析

串行总线是计算机外部接口中常用的一种数据传输接口，可适应于长距离数据传输使用。一般串行总线是按位（bit）传输数据的，采用校验码进行数据校验，串行总线的工作方式、传输位数、波特率等属性是通过程序可随时配置和更改的。串行总线的工作方式可分为全双工和半双工两种，数据状态一般分为满状态、空状态、就绪状态等。常用的全双工串行总线如 RS-232 等，半双工串行总线如 RS-422 等。

根据上述对串行总线特征的说明。显然，选项 A 不正确的原因是串行总线存在全双工和半双工总线两种方式；选项 B 不正确的原因是串行总线可随时调整波特率；选项 D 不正确的原因是串行总线的数据发送和接收可以使用查询和中断两种方式。

参考答案

（10）C

试题（11）

嵌入式系统设计一般要考虑低功耗，软件设计也要考虑低功耗设计，软件低功耗设计一般采用 ___（11）___ 。

（11）A. 结构优化、编译优化和代码优化

　　　 B. 软硬件协同设计、开发过程优化和环境设计优化

　　　 C. 轻量级操作系统、算法优化和仿真实验

　　　 D. 编译优化技术、软硬件协同设计和算法优化

试题（11）分析

随着智能制造的快速发展，智能终端已被广泛应用，设备的功耗、续航能力已成为嵌入式系统性能特征的关键之一。低功耗设计是嵌入式系统架构设计中至关重要的一个环节，SWaP（体积小、重量轻和功率低）是智能设备追求的最终目标。通常情况下，低功耗设计一般在硬件设计上考虑得较多，而软件设计中如何考虑降低系统功耗是近几年学术界研究最多的技术问题。软件要节约能耗，在设计中通常从以下几个方面考虑：

① 智能设备的优化调度可降低设备能耗。通过对智能设备的启动与停止优化调度，可以使设备最大限度地工作在低功耗范围。

② 通过软硬件协同设计可以优化系统、降低系统功耗。硬件设计的复杂度是影响系统功耗的主要原因，在软硬件协同设计中将可以用软件实现的功能尽量用软件实现，对功耗大的设备，尽量用软件控制算法，对功耗大的设备进行优化管理，可以有效降低功耗。

③ 任务调度优化可以降低硬件对能量的消耗。计算机硬件满负荷运行必然带来能量的大量消耗，合理优化任务的调度时刻、平衡运行负荷、提高 Cache 的命中率，可以大大提升处理器运算性能，降低对能量的消耗。

④ 编译优化技术可以降低硬件对能量的消耗。编译器是完成将高级语言翻译成机器可识别的机器语言，此外，编译器在生成目标码时涵盖了对程序代码的优化工作，传统的编译技术并不考虑代码的低功耗问题，随着绿色编译器技术的发展，绿色编译优化技术已经成为降低系统功耗的主要技术之一。

⑤ 采用轻量级操作系统可以促使系统能耗降低。许多带有智能化的传感器设备已普遍采用了轻量级操作系统管理设备的运行，轻量级操作系统是一款综合优化了任务调度、电源管理和传感器管理等功能的基础软件，它可以根据事件的触发特性，自动开启、休眠和关停设备的工作，从而达到低功耗能力。

⑥ 软件设计中对算法采用优化措施可以降低系统对能量的消耗。这里的算法是指普遍性算法，软件首先是现有算法设计，然后才有程序代码，因此，基于能耗的算法优化，是软件节能的手段之一。

根据上述对软件低功耗设计的一般方法来看，显然：选项 A 不正确的原因是三种优化过于泛指，缺少明确说明；选项 B 不正确的原因是开发过程优化不能对软件低功耗设计有贡献；选项 C 不正确的原因是仿真实验不能对软件低功耗设计有贡献。

参考答案

（11）D

试题（12）

CPU 的频率有主频、倍频和外频。某处理器外频是 200MHz，倍频是 13，该款处理器的主频是＿＿（12）＿＿。

（12）A．2.6GHz   B．1300MHz

   C．15.38Mhz   D．200MHz

试题（12）分析

在计算机中，处理器的运算主要依赖于晶振芯片给 CPU 提供的脉冲频率，处理器的运算速度也依赖于这个晶振芯片。通常 CPU 的频率分为主频、倍频和外频。

主频是指 CPU 内部的时钟频率，是 CPU 进行运算时的工作频率。

外频是指 CPU 与周边设备传输数据的频率，具体是指 CPU 到芯片组之间的总线速度。

倍频是指 CPU 频率和系统总线频率之间相差的倍数，CPU 速度可以通过倍频来无限提升。

三者之间的计算公式：主频 ＝ 外频×倍频。

显然，该款处理器的主频=200MHz×13 = 2600MHz = 2.6GHz。

参考答案

（12）A

试题（13）

若信息码字为 111000110，生成多项式 $G(x)=x^5+x^3+x+1$，则计算出的 CRC 校验码为 ___(13)___ 。

（13）A. 01101　　　　　B. 11001　　　　　C. 001101　　　　　D. 011001

试题（13）分析

本试题考查 CRC 校验计算的相关知识。

计算过程如下：

```
                        110111111
        101011 | 11100011000000
                 101011
                 100111
                 101011
                  110010
                  101011
                   110010
                   101011
                    110010
                    101011
                     110010
                     101011
                      110010
                      101011
                       110010
                       101011
                        11001
```

参考答案

（13）B

试题（14）

在客户机上运行 nslookup 查询某服务器名称时能解析出 IP 地址，查询 IP 地址时却不能解析出服务器名称，解决这一问题的方法是 ___(14)___ 。

（14）A. 清除 DNS 缓存　　　　　　　B. 刷新 DNS 缓存

　　　　C. 为该服务器创建 PTR 记录　　　D. 重启 DNS 服务

试题（14）分析

本题考查域名解析服务器的配置的相关知识。

当给出某服务器名称时能解析出 IP 地址，查询 IP 地址时却不能解析出服务器名称时，表明域名服务器中没有为该服务器配置反向查询功能，解决办法是为该服务器创建 PTR 记录。

参考答案

（14）C

试题（15）

如果发送给 DHCP 客户端的地址已经被其他 DHCP 客户端使用，客户端会向服务器发送 ___(15)___ 信息包拒绝接受已经分配的地址信息。

（15）A. DhcpAck　　　B. DhcpOffer　　　C. DhcpDecline　　　D. DhcpNack

试题（15）分析

本题考查 DHCP 的工作过程。

DHCP 客户端接收到服务器的 DhcpOffer 后，需要请求地址时发送 DhcpRequest 报文，如果服务器同意则发送 DhcpAck，否则发送 DhcpNack；当客户方接收到服务器的 DhcpAck 报文后，发现提供的地址有问题时发送 DhcpDecline 拒绝该地址。

参考答案

（15）C

试题（16）、（17）

为了优化系统的性能，有时需要对系统进行调整。对于不同的系统，其调整参数也不尽相同。例如，对于数据库系统，主要包括 CPU/内存使用状况、___（16）___、进程/线程使用状态、日志文件大小等。对于应用系统，主要包括应用系统的可用性、响应时间、___（17）___、特定应用资源占用等。

（16）A. 数据丢包率　　　　　　　　B. 端口吞吐量

　　　 C. 数据处理速率　　　　　　　D. 查询语句性能

（17）A. 并发用户数　　　　　　　　B. 支持协议和标准

　　　 C. 最大连接数　　　　　　　　D. 时延抖动

试题（16）、（17）分析

本题考查系统性能方面的基础知识。

为了优化系统的性能，有时需要对系统进行调整。对于不同类型的系统，其调整参数也不尽相同。例如，对于数据库系统，主要包括 CPU/内存使用状况、SQL 查询语句性能、进程/线程使用状态、日志文件大小等。对于一般的应用系统，主要关注系统的可用性、响应时间、系统吞吐量等指标，具体包括应用系统的可用性、响应时间、并发用户数、特定应用资源占用等。

参考答案

（16）D　　（17）A

试题（18）～（21）

系统工程利用计算机作为工具，对系统的结构、元素、___（18）___ 和反馈等进行分析，以达到最优 ___（19）___、最优设计、最优管理和最优控制的目的。霍尔（A.D. Hall）于 1969 年提出了系统方法的三维结构体系，通常称为霍尔三维结构，这是系统工程方法论的基础。霍尔三维结构以时间维、___（20）___ 维、知识维组成的立体结构概括性地表示出系统工程的各阶段、各步骤以及所涉及的知识范围。其中时间维是系统的工作进程，对于一个具体的工程项目，可以分为七个阶段，在 ___（21）___ 阶段会做出研制方案及生产计划。

（18）A. 知识　　　　B. 需求　　　　C. 文档　　　　D. 信息

（19）A. 战略　　　　B. 规划　　　　C. 实现　　　　D. 处理

（20）A. 空间　　　　B. 结构　　　　C. 组织　　　　D. 逻辑

（21）A. 规划　　　　B. 拟定　　　　C. 研制　　　　D. 生产

试题（18）～（21）分析

本题考查霍尔三维结构方面的基础知识。

系统工程利用计算机作为工具，对系统的结构、元素、信息和反馈等进行分析，以达到最优规划、最优设计、最优管理和最优控制的目的。霍尔（A.D. Hall）于 1969 年提出了系统方法的三维结构体系，通常称为霍尔三维结构，这是系统工程方法论的基础。霍尔三维结构模式的出现，为解决大型复杂系统的规划、组织、管理问题提供了一种统一的思想方法，因而在世界各国得到了广泛应用。

霍尔三维结构是将系统工程整个活动过程分为前后紧密衔接的七个阶段和七个步骤，同时还考虑了为完成这些阶段和步骤所需要的各种专业知识和技能。这样，就形成了由时间维、逻辑维和知识维所组成的三维空间结构。其中，时间维表示系统工程活动从开始到结束按时间顺序排列的全过程，分为规划、拟定方案、研制、生产、安装、运行、更新七个时间阶段。逻辑维是指时间维的每个阶段内所要进行的工作内容和应该遵循的思维程序，包括明确问题、确定目标、系统综合、系统分析、优化、决策、实施七个逻辑步骤。知识维列举需要运用包括工程、医学、建筑、商业、法律、管理、社会科学、艺术等各种知识和技能。三维结构体系形象地描述了系统工程研究的框架，对其中任一阶段和每个步骤，又可进一步展开，形成了分层次的树状体系。可以看出，这些内容几乎覆盖了系统工程理论方法的各个方面。

参考答案

（18）D　　（19）B　　（20）D　　（21）C

试题（22）

项目时间管理中的过程包括　__(22)__　。

（22）A. 活动定义、活动排序、活动的资源估算和工作进度分解

　　　　B. 活动定义、活动排序、活动的资源估算、活动历时估算、制订计划和进度控制

　　　　C. 项目章程、项目范围管理计划、组织过程资产和批准的变更申请

　　　　D. 生产项目计划、项目可交付物说明、信息系统要求说明和项目度量标准

试题（22）分析

本题考查项目时间管理的基础知识。

合理地安排项目时间是项目管理中的一项关键内容，其目的是保证按时完成项目、合理分配资源、发挥最佳工作效率。合理安排时间，保证项目按时完成。

项目时间管理中的过程包括活动定义、活动排序、活动的资源估算、活动历时估算、制订计划和进度控制。

参考答案

（22）B

试题（23）

文档是影响软件可维护性的决定因素。软件系统的文档可以分为用户文档和系统文档两类。其中，　__(23)__　不属于用户文档包括的内容。

（23）A. 系统设计　　　B. 版本说明　　　C. 安装手册　　　D. 参考手册

试题（23）分析

本题考查软件系统的文档的基础知识。

软件系统的文档可以分为用户文档和系统文档两类。用户文档主要描述系统功能和使用方法；系统文档描述系统设计、实现和测试等方面的内容。

参考答案

（23）A

试题（24）

需求管理是一个对系统需求变更、了解和控制的过程。以下活动中，　（24）　不属于需求管理的主要活动。

（24）A．文档管理　　　　B．需求跟踪　　　　C．版本控制　　　　D．变更控制

试题（24）分析

本题考查需求管理的基础知识。

需求管理指明了系统开发所要做和必须做的每一件事，指明了所有设计应该提供的功能和必然受到的制约。需求管理的主要活动有：需求获取、需求分析、需求确认、需求变更、需求跟踪等活动。

参考答案

（24）A

试题（25）

下面关于变更控制的描述中，　（25）　是不正确的。

（25）A．变更控制委员会只可以由一个小组担任

　　　　B．控制需求变更与项目的其他配置管理决策有着密切的联系

　　　　C．变更控制过程中可以使用相应的自动辅助工具

　　　　D．变更的过程中，允许拒绝变更

试题（25）分析

本题考查变更控制的基础知识。

变更控制的目的并不是控制变更的发生，而是对变更进行管理，确保变更有序进行。对于软件开发项目来说，发生变更的环节比较多，因此变更控制显得格外重要。

项目中引起变更的因素有两个：一是来自外部的变更要求，如客户要求修改工作范围和需求等；二是开发过程中内部的变更要求，如为解决测试中发现的一些错误而修改源码甚至设计。比较而言，最难处理的是来自外部的需求变更，因为 IT 项目需求变更的概率大，引发的工作量也大（特别是到项目的后期）。

变更控制不能仅在过程中靠流程控制，有效的方法是在事前明确定义。事前控制的一种方法是在项目开始前明确定义，否则"变化"也无从谈起。另一种方法是评审，特别是对需求进行评审，这往往是项目成败的关键。需求评审的目的不仅是"确认"，更重要的是找出不正确的地方并进行修改，使其尽量接近"真实"需求。另外，需求通过正式评审后应作为重要基线，从此之后即开始对需求变更进行控制。

参考答案

（25）A

试题（26）

软件开发过程模型中，___（26）___ 主要由原型开发阶段和目标软件开发阶段构成。

（26）A. 原型模型　　　B. 瀑布模型　　　C. 螺旋模型　　　D. 基于构件的模型

试题（26）分析

本题考查软件开发过程模型的基础知识。

原型模型又叫快速原型模型，其主要由原型开发阶段和目标软件开发阶段构成。它指的是在执行实际软件的开发之前，应当建立系统的一个工作原型。一个原型是系统的一个模拟执行，和实际的软件相比，通常功能有限、可靠性较低及性能不充分。通常使用几个捷径来建设原型，这些捷径可能包括使用低效率的、不精确的和虚拟的函数。一个原型通常是实际系统的一个比较粗糙的版本。

参考答案

（26）A

试题（27）、（28）

系统模块化程度较高时，更适合于采用___（27）___方法，该方法通过使用基于构件的开发方法获得快速开发。___（28）___把整个软件开发流程分成多个阶段，每一个阶段都由目标设定、风险分析、开发和有效性验证以及评审构成。

（27）A. 快速应用开发　　　　　　　B. 瀑布模型
　　　C. 螺旋模型　　　　　　　　　D. 原型模型
（28）A. 原型模型　　　　　　　　　B. 瀑布模型
　　　C. 螺旋模型　　　　　　　　　D. V 模型

试题（27）、（28）分析

本题考查软件开发过程模型的基础知识。

快速应用开发方法通过使用基于构件的开发方法获得快速开发，该方法更适合系统模块化程度较高时采用。

螺旋模型把整个软件开发流程分成多个阶段，每一个阶段都由目标设定、风险分析、开发和有效性验证以及评审构成。

参考答案

（27）A　　（28）C

试题（29）、（30）

软件开发环境应支持多种集成机制。其中，___（29）___用以存储与系统开发有关的信息，并支持信息的交流与共享；___（30）___是实现过程集成和控制集成的基础。

（29）A. 算法模型库　　　　　　　　B. 环境信息库
　　　C. 信息模型库　　　　　　　　D. 用户界面库
（30）A. 工作流与日志服务器　　　　B. 进程通信与数据共享服务器
　　　C. 过程控制与消息服务器　　　D. 同步控制与恢复服务器

试题（29）、（30）分析

本题考查软件开发环境的基础知识。

软件开发环境（Software Development Environment，SDE）是指在基本硬件和宿主软件的基础上，为支持系统软件和应用软件的工程化开发和维护而使用的一组软件。它由软件工具和环境集成机制构成，前者用以支持软件开发的相关过程、活动和任务，后者为工具集成和软件的开发、维护及管理提供统一的支持。环境信息库存储与系统开发有关的信息，并支持信息的交流与共享。过程控制与消息服务器是实现过程集成和控制集成的基础。

参考答案

（29）B　　（30）C

试题（31）

软件概要设计包括设计软件的结构、确定系统功能模块及其相互关系，主要采用　（31）　描述程序的结构。

（31）A. 程序流程图、PAD 图和伪代码
　　　　B. 模块结构图、数据流图和盒图
　　　　C. 模块结构图、层次图和 HIPO 图
　　　　D. 程序流程图、数据流图和层次图

试题（31）分析

本题考查软件设计方法的基础知识。

软件概要设计包括设计软件的结构、确定系统功能模块及其相互关系，主要采用模块结构图、层次图和 HIPO 图描述程序的结构。

参考答案

（31）C

试题（32）～（34）

软件设计包括了四个既独立又相互联系的活动：高质量的　（32）　将改善程序结构和模块划分，降低过程复杂性；　（33）　的主要目标是开发一个模块化的程序结构，并表示出模块间的控制关系；　（34）　描述了软件与用户之间的交互关系。

（32）A. 程序设计　　　　　　　　B. 数据设计
　　　　C. 算法设计　　　　　　　　D. 过程设计
（33）A. 软件结构设计　　　　　　B. 数据结构设计
　　　　C. 数据流设计　　　　　　　D. 分布式设计
（34）A. 数据架构设计　　　　　　B. 模块化设计
　　　　C. 性能设计　　　　　　　　D. 人机界面设计

试题（32）～（34）分析

本题考查软件设计方法的基础知识。

软件设计包括了四个既独立又相互联系的活动：高质量的数据设计将改善程序结构和模块划分，降低过程复杂性；软件结构设计的主要目标是开发一个模块化的程序结构，并表示出模块间的控制关系；人机界面设计描述了软件与用户之间的交互关系。

参考答案

（32）B　（33）A　（34）D

试题（35）

软件重用可以分为垂直式重用和水平式重用，　（35）　是一种典型的水平式重用。

(35) A. 医学词汇表　　　　　　　　　B. 标准函数库

C. 电子商务标准　　　　　　　　D. 网银支付接口

试题（35）分析

本题考查软件设计方法的基础知识。

软件重用是指在两次或多次不同的软件开发过程中重复使用相同或相似软件元素的过程。软件元素包括需求分析文档、设计过程、设计文档、程序代码、测试用例和领域知识等。按照重用活动是否跨越相似性较少的多个应用领域，软件重用可区别为水平式（横向）重用和垂直式（纵向）重用。水平式重用是指重用不同领域中的软件元素，例如数据结构、分类算法和人机界面构件等。标准函数库是一种典型的、原始的横向重用机制。

参考答案

（35）B

试题（36）～（38）

EJB 是企业级 Java 构件，用于开发和部署多层结构的、分布式的、面向对象的 Java 应用系统。其中，　（36）　负责完成服务端与客户端的交互；　（37）　用于数据持久化来简化数据库开发工作；　（38）　主要用来处理并发和异步访问操作。

(36) A. 会话型构件　　　　　　　　B. 实体型构件

C. COM 构件　　　　　　　　　D. 消息驱动构件

(37) A. 会话型构件　　　　　　　　B. 实体型构件

C. COM 构件　　　　　　　　　D. 消息驱动构件

(38) A. 会话型构件　　　　　　　　B. 实体型构件

C. COM 构件　　　　　　　　　D. 消息驱动构件

试题（36）～（38）分析

本题考查基于构件开发的基础知识。

EJB 是 Java EE 应用程序的主要构件，EJB 用于开发和部署多层结构的、分布式的、面向对象的 Java EE 应用系统。其中，会话型构件（Session Bean）负责完成服务端与客户端的交互；实体型构件（Entity Bean）用于数据持久化来简化数据库开发工作；消息驱动构件（Message Driven Bean）主要用来处理并发和异步访问操作。

参考答案

（36）A　（37）B　（38）D

试题（39）

构件组装成软件系统的过程可以分为三个不同的层次：　（39）　。

(39) A. 初始化、互连和集成　　　　　B. 连接、集成和演化

C. 定制、集成和扩展　　　　　　D. 集成、扩展和演化

试题（39）分析

本题考查基于构件开发的基础知识。

软件系统通过构件组装分为三个不同的层次：定制（Customization）、集成（Integration）和扩展（Extension）。这三个层次对应于构件组装过程中的不同任务。

参考答案

（39）C

试题（40）

CORBA 服务端构件模型中，___（40）___ 是 CORBA 对象的真正实现，负责完成客户端请求。

（40）A. 伺服对象（Servant）

     B. 对象适配器（Object Adapter）

     C. 对象请求代理（Object Request Broker）

     D. 适配器激活器（Adapter Activator）

试题（40）分析

本题考查 CORBA 构件模型的基础知识。

一个 POA 实例通过将收到的请求传递给一个伺服对象（Servant）来对其进行处理。伺服对象是 CORBA 对象的实现，负责完成客户端请求。

参考答案

（40）A

试题（41）

J2EE 应用系统支持五种不同类型的构件模型，包括 ___（41）___ 。

（41）A. Applet、JFC、JSP、Servlet、EJB

     B. JNDI、IIOP、RMI、EJB、JSP/Servlet

     C. JDBC、EJB、JSP、Servlet、JCA

     D. Applet、Servlet、JSP、EJB、Application Client

试题（41）分析

本题考查 J2EE 构件模型的基础知识。

Java 领域中定义了五种不同类型的构件模型，包括 Applet 和 JavaBean 模型，还有 Enterprise JavaBean、Servlet 和应用程序客户端构件（Application Client）。

参考答案

（41）D

试题（42）、（43）

软件测试一般分为两个大类：动态测试和静态测试。前者通过运行程序发现错误，包括 ___（42）___ 等方法；后者采用人工和计算机辅助静态分析的手段对程序进行检测，包括 ___（43）___ 等方法。

（42）A. 边界值分析、逻辑覆盖、基本路径

     B. 桌面检查、逻辑覆盖、错误推测

     C. 桌面检查、代码审查、代码走查

　　　　D．错误推测、代码审查、基本路径

（43）A．边界值分析、逻辑覆盖、基本路径

　　　　B．桌面检查、逻辑覆盖、错误推测

　　　　C．桌面检查、代码审查、代码走查

　　　　D．错误推测、代码审查、基本路径

试题（42）、（43）分析

本题考查软件测试的基础知识。

软件测试一般分为两个大类：动态测试和静态测试。动态测试是指通过运行程序发现错误，包括黑盒测试法（等价类划分、边界值分析、错误推测、因果图）、白盒测试法（逻辑覆盖、循环覆盖、基本路径法）和灰盒测试法等。静态测试是采用人工和计算机辅助静态分析的手段对程序进行检测，包括桌前检查、代码审查和代码走查。

参考答案

（42）A　　（43）C

试题（44）

体系结构模型的多视图表示是从不同的视角描述特定系统的体系结构。著名的 4+1 模型支持从　（44）　描述系统体系结构。

（44）A．逻辑视图、开发视图、物理视图、进程视图、统一的场景

　　　　B．逻辑视图、开发视图、物理视图、模块视图、统一的场景

　　　　C．逻辑视图、开发视图、构件视图、进程视图、统一的场景

　　　　D．领域视图、开发视图、构件视图、进程视图、统一的场景

试题（44）分析

本题考查体系结构的基础知识。

著名的 4+1 模型包括五个主要的视图：①逻辑视图（Logical View），设计的对象模型（使用面向对象的设计方法时）；②进程视图（Process View），捕捉设计的并发和同步特征；③物理视图（Physical View），描述了软件到硬件的映射，反映了分布式特性；④开发视图（Development View），描述了在开发环境中软件的静态组织结构；⑤架构的描述，即所做的各种决定，可以围绕着这四个视图来组织，然后由一些用例（Use Cases）或场景（Scenarios）来说明，从而形成了第五个视图。

参考答案

（44）A

试题（45）、（46）

特定领域软件架构（Domain Specific Software Architecture，DSSA）的基本活动包括领域分析、领域设计和领域实现。其中，领域分析的主要目的是获得领域模型。领域设计的主要目标是获得　（45）　。领域实现是为了　（46）　。

（45）A．特定领域软件需求　　　　　B．特定领域软件架构

　　　　C．特定领域软件设计模型　　　D．特定领域软件重用模型

（46）A．评估多种软件架构

　　　　B．验证领域模型

　　　　C．开发和组织可重用信息，对基础软件架构进行实现

　　　　D．特定领域软件重用模型

试题（45）、（46）分析

　　本题考查特定领域体系结构的基础知识。

　　特定领域软件架构（Domain Specific Software Architecture，DSSA）可以看作开发产品线的一个方法或理论，它的目标就是支持在一个特定领域中有多个应用的生成。DSSA 特征可概括为一个严格定义的问题域或解决域具有普遍性；使其可以用于领域中某个特定应用的开发；对整个领域的合适程度的抽象；具备该领域固定的、典型的在开发过程中的可复用元素。

　　特定领域软件架构的基本活动包括领域分析、领域设计和领域实现。其中，领域分析的主要目的是获得领域模型。领域设计的主要目标是获得特定领域软件架构。领域实现是为了开发和组织可重用信息，对基础软件架构进行实现。

参考答案

　　（45）B　　　（46）C

试题（47）、（48）

　　体系结构权衡分析方法（Architecture Tradeoff Analysis Method，ATAM）包含四个主要的活动领域，分别是场景和需求收集、体系结构视图和场景实现、__（47）__、折中。基于场景的架构分析方法（Scenario-based Architecture Analysis Method，SAAM）的主要输入是问题描述、需求声明和__（48）__。

　　（47）A．架构设计　　　　　　　　　B．问题分析与建模

　　　　　　C．属性模型构造和分析　　　D．质量建模

　　（48）A．问题说明　　　　　　　　　B．问题建模

　　　　　　C．体系结构描述　　　　　　D．需求建模

试题（47）、（48）分析

　　本题考查体系结构评估的基础知识。

　　SAAM 和 ATAM 是两种常用的体系结构评估方法。

　　SAAM（Scenario-based Architecture Analysis Method）是卡耐基·梅隆大学软件工程研究所的 Kazman 等人于 1993 年提出的一种非功能质量属性的体系结构分析方法，是最早形成文档并得到广泛使用的软件体系结构分析方法。最初它用于比较不同的软件体系的体系结构，用来分析 SA 的可修改性，后来实践证明它也可用于其他的质量属性，如可移植性、可扩充性等，其发展成了评估一个系统的体系结构。SAAM 的主要输入是问题描述、需求声明和体系结构描述。

　　ATAM（Architecture Tradeoff Analysis Method）是在 SAAM 的基础上发展起来的，SEI 于 2000 年提出 ATAM 方法，针对性能、实用性、安全性和可修改性，在系统开发之前，对这些质量属性进行评价和折中。SAAM 考查的是软件体系结构单独的质量属性，而 ATAM 提供从多个竞争的质量属性方面来理解软件体系结构的方法。使用 ATAM 不仅能看到体系结构对于

特定质量目标的满足情况，还能认识到在多个质量目标间权衡的必要性。ATAM 包含四个主要的活动领域，分别是场景和需求收集、体系结构视图和场景实现、属性模型构造和分析、折中。

参考答案

（47）C　　（48）C

试题（49）、（50）

在仓库风格中，有两种不同的构件，其中，　(49)　说明当前状态，　(50)　在中央数据存储上执行。

（49）A. 注册表　　　B. 中央数据结构　　C. 事件　　　D. 数据库
（50）A. 独立构件　　B. 数据结构　　　　C. 知识源　　D. 共享数据

试题（49）、（50）分析

本题考查体系结构风格中仓库风格的基础知识。

在仓库风格中有两种不同的构件：中央数据结构说明当前状态，独立构件在中央数据存储上执行。仓库与外构件间的相互作用在系统中会有大的变化。按控制策略的选取分类，可以产生两个主要的子类。若输入流中某类事件触发进程执行的选择，则仓库是传统型数据库；另一方面，若中央数据结构的当前状态触发进程执行的选择，则仓库是黑板系统。

参考答案

（49）B　　（50）A

试题（51）～（53）

某公司欲开发一个大型多人即时战略游戏，游戏设计的目标之一是能够支持玩家自行创建战役地图，定义游戏对象的行为和对象之间的关系。针对该需求，公司应该采用　(51)　架构风格最为合适。在架构设计阶段，公司的架构师识别出两个核心质量属性场景。其中，"在并发用户数量为 10 000 人时，用户的请求需要在 1 秒内得到响应"主要与　(52)　质量属性相关；"对游戏系统进行二次开发的时间不超过 3 个月"主要与　(53)　质量属性相关。

（51）A. 层次系统　　B. 解释器　　　C. 黑板　　　　D. 事件驱动系统
（52）A. 性能　　　　B. 吞吐量　　　C. 可靠性　　　D. 可修改性
（53）A. 可测试性　　B. 可移植性　　C. 互操作性　　D. 可修改性

试题（51）～（53）分析

本题主要考查软件架构设计策略与架构风格问题。

根据题干描述，该软件系统特别强调用户定义系统中对象的关系和行为这一特性，这需要在软件架构层面提供一种运行时的系统行为定义与改变的能力，根据常见架构风格的特点和适用环境，可以知道最合适的架构设计风格应该是解释器风格。

在架构设计阶段，公司的架构师识别出两个核心质量属性场景。其中，"在并发用户数量为 10 000 人时，用户的请求需要在 1 秒内得到响应"是系统对事件的响应时间的要求，属于性能质量属性；"对游戏系统进行二次开发的时间不超过 3 个月"描述了当系统需求进行修改时，修改的时间代价，属于可修改性质量属性的需求。

参考答案

（51）B　　（52）A　　（53）D

试题（54）～（57）

　　设计模式描述了一个出现在特定设计语境中的设计再现问题，并为它的解决方案提供了一个经过充分验证的通用方案，不同的设计模式关注解决不同的问题。例如，抽象工厂模式提供一个接口，可以创建一系列相关或相互依赖的对象，而无须指定它们具体的类，它是一种 __（54）__ 模式；__（55）__ 模式将类的抽象部分和它的实现部分分离出来，使它们可以独立变化，它属于 __（56）__ 模式；__（57）__ 模式将一个请求封装为一个对象，从而可用不同的请求对客户进行参数化，将请求排队或记录请求日志，支持可撤销的操作。

　　（54）A．组合型　　　　B．结构型　　　　C．行为型　　　　D．创建型
　　（55）A．Bridge　　　　B．Proxy　　　　C．Prototype　　　　D．Adapter
　　（56）A．组合型　　　　B．结构型　　　　C．行为型　　　　D．创建型
　　（57）A．Command　　　B．Facade　　　C．Memento　　　D．Visitor

试题（54）～（57）分析

　　本题考查设计模式的基础知识。

　　设计模式（Design Pattern）是软件开发的最佳实践，通常被有经验的面向对象的软件开发人员所采用。设计模式是软件开发人员在软件开发过程中面临的一般问题的解决方案。这些解决方案是众多软件开发人员经过相当长的一段时间的试验和错误总结出来的。设计模式描述了一个出现在特定设计语境中的设计再现问题，并为它的解决方案提供了一个经过充分验证的通用方案，不同的设计模式关注解决不同的问题。

　　按照设计模式的目的进行划分，现有的设计模式可以分为创建型、结构型和行为型三种。其中创建型模式主要包括 Abstract Factory、Builder、Factory Method、Prototype、Singleton等，结构型模式主要包括 Adaptor、Bridge、Composite、Decorator、Façade、Flyweight 和 Proxy，行为型模型主要包括 Chain of Responsibility、Command、Interpreter、Iterator、Mediator、Memento、Observer、State、Strategy、Template Method、Visitor 等。

　　抽象工厂模式提供一个接口，可以创建一系列相关或相互依赖的对象，而无须指定它们具体的类，它是一种创建型模式；Bridge（桥接）模式将类的抽象部分和它的实现部分分离出来，使它们可以独立变化，它属于结构型模式；Command（命令）模式将一个请求封装为一个对象，从而可用不同的请求对客户进行参数化，将请求排队或记录请求日志，支持可撤销的操作。

参考答案

　　（54）D　　（55）A　　（56）B　　（57）A

试题（58）～（63）

　　某公司欲开发一个人员管理系统，在架构设计阶段，公司的架构师识别出三个核心质量属性场景。其中"管理系统遭遇断电后，能够在 15 秒内自动切换至备用系统并恢复正常运行"主要与 __（58）__ 质量属性相关，通常可采用 __（59）__ 架构策略实现该属性；"系统正常运行时，人员信息查询请求应该在 2 秒内返回结果"主要与 __（60）__ 质量属性相关，通常可采用 __（61）__ 架构策略实现该属性；"系统需要对用户的操作情况进行记录，并对所有针对系统的恶意操作行为进行报警和记录"主要与 __（62）__ 质量属性相关，通常可采用 __（63）__ 架构策略实现该属性。

（58）A. 可用性　　　　B. 性能　　　　　C. 易用性　　　　D. 可修改性

（59）A. 抽象接口　　　B. 信息隐藏　　　C. 主动冗余　　　D. 影子操作

（60）A. 可测试性　　　B. 易用性　　　　C. 可用性　　　　D. 性能

（61）A. 记录/回放　　 B. 操作串行化　　C. 心跳　　　　　D. 资源调度

（62）A. 可用性　　　　B. 安全性　　　　C. 可测试性　　　D. 可修改性

（63）A. 追踪审计　　　B. Ping/Echo　　 C. 选举　　　　　D. 维护现有接口

试题（58）～（63）分析

本题考查质量属性的基础知识与应用。

架构的基本需求主要是在满足功能属性的前提下，关注软件质量属性，架构设计则是为满足架构需求（质量属性）寻找适当的"战术"（即架构策略）。

软件属性包括功能属性和质量属性，但是，软件架构（及软件架构设计师）重点关注的是质量属性。因为，在大量的可能结构中，可以使用不同的结构来实现同样的功能性，即功能性在很大程度上是独立于结构的，架构设计师面临着决策（对结构的选择），而功能性所关心的是它如何与其他质量属性进行交互，以及它如何限制其他质量属性。

常见的六个质量属性为可用性、可修改性、性能、安全性、可测试性、易用性。质量属性场景是一种面向特定的质量属性的需求，由以下六部分组成：刺激源、刺激、环境、制品、响应、响应度量。

题目中描述的人员管理系统，在架构设计阶段，公司的架构师识别出三个核心质量属性场景。其中"管理系统遭遇断电后，能够在 15 秒内自动切换至备用系统并恢复正常运行"主要与可用性质量属性相关，通常可采用 Ping/Echo、心跳、异常检测、主动冗余、被动冗余、检查点等架构策略实现该属性；"系统正常运行时，人员信息查询请求应该在 2 秒内返回结果"主要与性能质量属性相关，通常可采用提高计算效率、减少计算开销、控制资源使用、资源调度、负载均衡等架构策略实现该属性；"系统需要对用户的操作情况进行记录，并对所有针对系统的恶意操作行为进行报警和记录"主要与安全性质量属性相关，通常可采用身份验证、用户授权、数据加密、入侵检测、审计追踪等架构策略实现该属性。

参考答案

（58）A　　（59）C　　（60）D　　（61）D　　（62）B　　（63）A

试题（64）、（65）

数字签名首先需要生成消息摘要，然后发送方用自己的私钥对报文摘要进行加密，接收方用发送方的公钥验证真伪。生成消息摘要的目的是 ___（64）___，对摘要进行加密的目的是 ___（65）___。

（64）A. 防止窃听　　B. 防止抵赖　　C. 防止篡改　　D. 防止重放

（65）A. 防止窃听　　B. 防止抵赖　　C. 防止篡改　　D. 防止重放

试题（64）、（65）分析

本题考查消息摘要的基础知识。

消息摘要是原报文的唯一的压缩表示，代表了原来的报文的特征，所以也叫作数字指纹。消息摘要算法主要应用在"数字签名"领域，作为对明文的摘要算法。著名的摘要算法有

RSA 公司的 MD5 算法和 SHA-1 算法及其大量的变体。

消息摘要算法存在以下特点：

① 消息摘要算法是将任意长度的输入，产生固定长度的伪随机输出的算法，例如应用 MD5 算法摘要的消息长度为 128 位，SHA-1 算法摘要的消息长度为 160 位，SHA-1 的变体可以产生 192 位和 256 位的消息摘要。

② 消息摘要算法针对不同的输入会产生不同的输出，用相同的算法对相同的消息求两次摘要，其结果是相同的。因此消息摘要算法是一种"伪随机"算法。

③ 输入不同，其摘要消息也必不相同；但相同的输入必会产生相同的输出。即使两条相似的消息的摘要也会大相径庭。

④ 消息摘要函数是无陷门的单向函数，即只能进行正向的信息摘要，而无法从摘要中恢复出任何的消息。

根据以上特点，消息摘要的目的是防止其他用户篡改原消息，而使用发送方自己的私钥对消息摘要进行加密的作用是防止发送方抵赖。

参考答案

（64）C　　（65）B

试题（66）

某软件程序员接受 X 公司（软件著作权人）委托开发一个软件，三个月后又接受 Y 公司委托开发功能类似的软件，该程序员仅将受 X 公司委托开发的软件略作修改即完成提交给 Y 公司，此种行为　（66）　。

（66）A. 属于开发者的特权　　　　　　　B. 属于正常使用著作权

　　　　C. 不构成侵权　　　　　　　　　D. 构成侵权

试题（66）分析

本题考查知识产权。

软件著作权人享有发表权、署名权、修改权、复制权、发行权、出租权、信息网络传播权、翻译权和应当由软件著作权人享有的其他权利。题中的软件程序员虽然是该软件的开发者，但不是软件著作权人，其行为构成侵犯软件著作权人的权利。

参考答案

（66）D

试题（67）

软件著作权受法律保护的期限是　（67）　。一旦保护期满，权利将自行终止，成为社会公众可以自由使用的知识。

（67）A. 10 年　　　　B. 25 年　　　　C. 50 年　　　　D. 不确定

试题（67）分析

本题考查知识产权。

自然人的软件著作权，保护期为自然人终生及其死亡后 50 年，截止于自然人死亡后第 50 年的 12 月 31 日；软件是合作开发的，截止于最后死亡的自然人死亡后第 50 年的 12 月 31 日。

法人或者其他组织的软件著作权，保护期为 50 年，截止于软件首次发表后第 50 年的 12

月 31 日，但软件自开发完成之日起 50 年内未发表的，条例不再保护。

参考答案

（67）C

试题（68）

谭某是 CZB 物流公司的科技系统管理员。任职期间，谭某根据公司的业务要求开发了"报关业务系统"，并由公司使用，随后谭某向国家版权局申请了计算机软件著作权登记，并取得了计算机软件著作权登记证书。证书明确软件著作名称为"报关业务系统 V1.0"，著作权人为谭某。以下说法正确的是　(68)　。

（68）A．报关业务系统 V1.0 的著作权属于谭某

　　　B．报关业务系统 V1.0 的著作权属于 CZB 物流公司

　　　C．报关业务系统 V1.0 的著作权属于谭某和 CZB 物流公司

　　　D．谭某获取的软件著作权登记证书是不可以撤销的

试题（68）分析

本题考查知识产权。

《中华人民共和国著作权法》第十六条：公民为完成法人或者其他组织工作任务所创作的作品是职务作品，除本条第二款的规定以外，著作权由作者享有，但法人或者其他组织有权在其业务范围内优先使用。作品完成两年内，未经单位同意，作者不得许可第三人以与单位使用的相同方式使用该作品。

有下列情形之一的职务作品，作者享有署名权，著作权的其他权利由法人或者其他组织享有，法人或者其他组织可以给予作者奖励：

（一）主要是利用法人或者其他组织的物质技术条件创作，并由法人或者其他组织承担责任的工程设计图、产品设计图、地图、计算机软件等职务作品。

（二）法律、行政法规规定或者合同约定著作权由法人或者其他组织享有的职务作品。

从《中华人民共和国著作权法》第十六条可以看出：一般职务作品著作权归作者享有，只是单位有权在其业务范围内优先使用；计算机软件等职务作品，作者仅有署名权，著作权的其他权利（主要是财产权）归单位享有。

参考答案

（68）B

试题（69）

某企业准备将四个工人甲、乙、丙、丁分配在 A、B、C、D 四个岗位。每个工人由于技术水平不同，在不同岗位上每天完成任务所需的工时见下表。适当安排岗位，可使四个工人以最短的总工时　(69)　全部完成每天的任务。

	A	B	C	D
甲	7	5	2	3
乙	9	4	3	7
丙	5	4	7	5

丁	4	6	5	6

（69）A．13　　　　　　B．14　　　　　　C．15　　　　　　D．16

试题（69）分析

本题考查应用数学——运筹学（分配）的基础知识。

表中的数字组成一个矩阵，分配岗位实际上就是在这个矩阵中每行每列只取一数，使四数之和最小（最优解）。显然，如果同一行或同一列上各数都加（减）一个常数，那么最优解的位置不变，最优的值也加（减）这个常数。因此，可以对矩阵做如下运算，使其中的零元素多一些，其他的数都为正，以便于直观求解。

将矩阵的第 1、2、3、4 行分别减 2、3、4、4，得到：

	A	B	C	D
甲	5	3	0	1
乙	6	1	0	4
丙	1	0	3	1
丁	0	2	1	2

再将第 4 列都减 1 得到：

	A	B	C	D
甲	5	3	0	0
乙	6	1	0	3
丙	1	0	3	0
丁	0	2	1	1

这样直观求解得到分配方案：A 岗位分给丁，B 岗位分给丙，C、D 岗位分别分配给乙和甲。总工时=2+3+4+4+1=14。

参考答案

（69）B

试题（70）

在如下线性约束条件下：$2x+3y \leqslant 30$，$x+2y \geqslant 10$，$x \geqslant y$，$x \geqslant 5$，$y \geqslant 0$，目标函数 $2x+3y$ 的极小值为　__（70）__ 。

（70）A．16.5　　　　　　B．17.5　　　　　　C．20　　　　　　D．25

试题（70）分析

本题考查应用数学——运筹学（线性规划）的基础知识。本问题属于二维线性规划问题，可以用图解法求解。

在（x,y）平面坐标系中，由题中给出的五个约束条件形成的可行解区是一个封闭的凸五边形。它有五个顶点：（10,0），（15,0），（6,6），（5,5）和（5,2.5）。根据线性规划的特点，在封闭的凸多边形可行解区上，线性目标函数的极值一定存在，而且一定在凸多边形的顶点处达到。在这些顶点中，（5,2.5）使目标函数 $2x+3y$ 达到极小值 17.5。

参考答案

（70）B

试题（71）～（75）

Designing the data storage architecture is an important activity in system design. There are two main types of data storage formats: files and databases. Files are electronic lists of data that have been optimized to perform a particular transaction. There are several types of files that differ in the way they are used to support an application. ＿（71）＿ store core information that is important to the business and, more specifically, to the application, such as order information or customer mailing information. ＿（72）＿ contain static values, such as a list of valid codes or the names of cities. Typically, the list is used for validation. A database is a collection of groupings of information that are related to each other in some way. There are many different types of databases that exist on the market today. ＿（73）＿ is given to those databases which are based on older, sometimes outdated technology that is seldom used to develop new applications. ＿（74）＿ are collections of records that are related to each other through pointers. In relational database, ＿（75）＿ can be used in ensuring that values linking the tables together through the primary and foreign keys are valid and correctly synchronized.

（71）A. Master files　　　　　　　　B. Look-up files
　　　　C. Transaction files　　　　　　D. History files

（72）A. Master files　　　　　　　　B. Look-up files
　　　　C. Audit files　　　　　　　　　D. History files

（73）A. Legacy database　　　　　　　B. Backup database
　　　　C. Multidimensional database　　D. Workgroup database

（74）A. Hierarchical database　　　　　B. Workgroup database
　　　　C. Linked table database　　　　D. Network databases

（75）A. identifying relationships　　　　B. normalization
　　　　C. referential integrity　　　　　D. store procedure

参考译文

设计数据存储架构是系统设计中的一项重要活动。数据存储格式有两种主要类型：文件和数据库。文件是已经被优化用以执行特定交易的电子数据列。多种类型的文件在用于支持应用程序的方式上有所不同。主文件存储对业务很重要的核心信息，更具体地说，存储对应用程序很重要的核心信息，例如订单信息或客户邮件信息。查询文件包含静态值，例如有效代码列表或城市名称。通常，该列表用于验证。数据库是以某种方式彼此相关的信息分组的集合。目前市场上存在许多不同类型的数据库。遗产数据库是指那些基于旧的、有时过时的技术的数据库，这些技术很少用于开发新的应用程序。网络数据库是通过指针彼此相关的记录集合。在关系数据库中，参照完整性用来确保用于将表链接在一起的主键和外键值均有效且被正确同步。

参考答案

（71）A　（72）B　（73）A　（74）D　（75）C

第 2 章　2018 下半年系统架构设计师

下午试题 I 分析与解答

试题一（共 25 分）

阅读以下关于软件系统设计的叙述，在答题纸上回答问题 1 至问题 3。

【说明】

某文化产业集团委托软件公司开发一套文化用品商城系统，业务涉及文化用品销售、定制、竞拍和点评等板块，以提升商城的信息化建设水平。该软件公司组织项目组完成了需求调研，现已进入到系统架构设计阶段。考虑到系统需求对架构设计决策的影响，项目组先列出了可能影响系统架构设计的部分需求如下：

（a）用户界面支持用户的个性化定制；

（b）系统需要支持当前主流的标准和服务，特别是通信协议和平台接口；

（c）用户操作的响应时间应不大于 3 秒，竞拍板块不大于 1 秒；

（d）系统具有故障诊断和快速恢复能力；

（e）用户密码需要加密传输；

（f）系统需要支持不低于 2GB 的数据缓存；

（g）用户操作停滞时间超过一定时限需要重新登录验证；

（h）系统支持用户选择汉语、英语或法语三种语言之一进行操作。

项目组提出了两种系统架构设计方案：瘦客户端 C/S 架构和胖客户端 C/S 架构。经过对上述需求逐条分析和讨论，最终决定采用瘦客户端 C/S 架构进行设计。

【问题 1】（8 分）

在系统架构设计中，决定系统架构设计的非功能性需求主要有四类：操作性需求、性能需求、安全性需求和文化需求。请简要说明四类需求的含义。

【问题 2】（8 分）

根据表 1-1 的分类，将题干所给出的系统需求（a）～（h）分别填入（1）～（4）。

表 1-1　需求分类

需求类别	系统需求
操作性需求	（1）
性能需求	（2）
安全性需求	（3）
文化需求	（4）

【问题 3】（9 分）

请用 100 字以内文字说明瘦客户端 C/S 架构能够满足题干中给出的哪些系统需求。

试题一分析

本题考查软件系统架构设计的相关知识。

此类题目要求考生能够理解影响软件系统架构设计的系统需求，掌握需求的类型和具体需求对于系统架构设计选择的影响。在系统后期设计和实现阶段，非功能性需求指标需要进一步细化，系统非功能性需求对于系统架构设计的影响变得越来越重要。系统架构设计决策包括基于服务器、基于客户端、瘦客户端服务器、胖客户端服务器等不同类型。主要影响架构设计的需求包括操作性需求（技术环境需求、系统集成需求、可移植性需求、维护性需求）、性能需求（速度需求、容量需求、可信需求）、安全性需求（系统价值需求、访问控制需求、加密/认证需求、病毒控制需求）、文化需求（多语言需求、个性化定制需求、规范性描述需求、法律需求）等。系统架构设计师在系统架构设计阶段，需要有针对性地对系统非功能性需求进行分析，综合确定系统的架构设计决策。

【问题 1】

本问题考查考生对影响系统架构设计决策的非功能性需求分类的理解和掌握情况。操作性需求是指系统完成任务所需的操作环境要求及如何满足系统将来可能的需求变更的要求；性能需求是针对系统性能要求的指标，如吞吐率、响应时间和容量等；安全性需求指为防止系统崩溃和保证数据安全所需要采取的保护措施的要求，为系统提供合理的预防措施；文化需求是指使用本系统的不同用户群体对系统提出的特有要求。

【问题 2】

本问题考查考生对具体系统需求类别的掌握情况。"用户界面支持用户的个性化定制"和"系统支持用户选择汉语、英语或法语三种语言之一进行操作"分别对应于个性化定制需求和多语言需求，属于文化需求类别；"系统需要支持当前主流的标准和服务，特别是通信协议和平台接口"和"系统具有故障诊断和快速恢复能力"分别对应于可移植性需求和维护性需求，属于操作性需求类别；"用户操作的响应时间应不大于 3 秒，竞拍板块不大于 1 秒"和"系统需要支持不低于 2GB 的数据缓存"分别对应于速度需求和容量需求，属于性能需求类别；"用户密码需要加密传输"和"用户操作停滞时间超过一定时限需要重新登录验证"分别对应于加密/认证需求和访问控制需求，属于安全性需求。

【问题 3】

本问题考查考生对非功能性需求影响架构设计决策的掌握情况。在非功能性需求中，"用户界面支持用户的个性化定制""系统需要支持当前主流的标准和服务，特别是通信协议和平台接口""系统具有故障诊断和快速恢复能力""系统支持用户选择汉语、英语或法语三种语言之一进行操作"等需求决定了系统设计中适合采用瘦客户端服务器架构。

试题一参考答案

【问题 1】

（1）操作性需求：指系统完成任务所需的操作环境要求及如何满足系统将来可能的需求变更的要求。

（2）性能需求：针对系统性能要求的指标，如吞吐率、响应时间和容量等。

（3）安全性需求：指为防止系统崩溃和保证数据安全所需要采取的保护措施的要求，为系统提供合理的预防措施。

（4）文化需求：指使用本系统的不同用户群体对系统提出的特有要求。

【问题 2】

　　（1）（b）、（d）

　　（2）（c）、（f）

　　（3）（e）、（g）

　　（4）（a）、（h）

【问题 3】

　　瘦客户端 C/S 架构能够更好地满足系统需求中的（a）、（b）、（d）和（h）。

> 从下列的 4 道试题（试题二至试题五）中任选 2 道解答。

试题二（共 25 分）

　　阅读以下关于软件系统建模的叙述，在答题纸上回答问题 1 至问题 3。

【说明】

　　某公司欲建设一个房屋租赁服务系统，统一管理房主和租赁者的信息，提供快捷的租赁服务。本系统的主要功能描述如下：

　　1. 登记房主信息。记录房主的姓名、住址、身份证号和联系电话等信息，并写入房主信息文件。

　　2. 登记房屋信息。记录房屋的地址、房屋类型（如平房、带阳台的楼房、独立式住宅等）、楼层、租金及房屋状态（待租赁、已出租）等信息，并写入房屋信息文件。一名房主可以在系统中登记多套待租赁的房屋。

　　3. 登记租赁者信息。记录租赁者的个人信息，包括：姓名、性别、住址、身份证号和电话号码等，并写入租赁者信息文件。

　　4. 安排看房。已经登记在系统中的租赁者，可以从待租赁房屋列表中查询待租赁房屋信息。租赁者可以提出看房请求，系统安排租赁者看房。对于每次看房，系统会生成一条看房记录并将其写入看房记录文件中。

　　5. 收取手续费。房主登记完房屋后，系统会生成一份费用单，房主根据费用单交纳相应的费用。

　　6. 变更房屋状态。当租赁者与房主达成租房或退房协议后，房主向系统提交变更房屋状态的请求。系统将根据房主的请求，修改房屋信息文件。

【问题 1】（12 分）

　　若采用结构化方法对房屋租赁服务系统进行分析，得到如图 2-1 所示的顶层 DFD。使用题干中给出的词语，给出图 2-1 中外部实体 E1～E2、加工 P1～P6 以及数据存储 D1～D4 的名称。

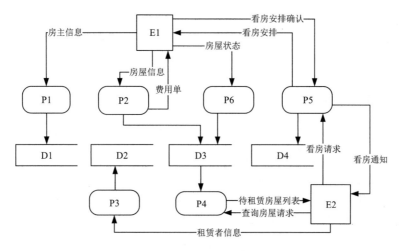

图 2-1　房屋租赁服务系统顶层 DFD

【问题 2】（5 分）

若采用信息工程（Information Engineering）方法对房屋租赁服务系统进行分析，得到如图 2-2 所示的 ERD。请给出图 2-2 中实体（1）～（5）的名称。

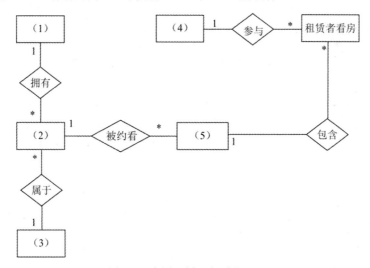

图 2-2　房屋租赁服务系统 ERD

【问题 3】（8 分）

（1）信息工程方法中的"实体（Entity）"与面向对象方法中的"类（Class）"之间有哪些不同之处？

（2）在面向对象方法中通常采用用例（Use Case）来捕获系统的功能需求。用例可以按照不同的层次来进行划分，其中的 Essential Use Cases 和 Real Use Cases 有哪些区别？

请用 100 字以内文字解释说明上述两个问题。

试题二分析

本题主要考查软件系统建模方法的基础知识及其应用，包括三种模型驱动的开发方法：结构化方法、信息工程方法以及面向对象方法。

【问题 1】

本问题考查结构化方法中结构化分析阶段的模型数据流图（DFD）。数据流图中的基本图形元素包括数据流（Data Flow）、加工（Process）、数据存储（Data Store）和外部实体（External Agent）。其中，数据流、加工和数据存储用于构建软件系统内部的数据处理模型；外部实体表示存在于系统之外的对象，用来帮助用户理解系统数据的来源和去向。

问题要求将图 2-1 中缺失的外部实体、数据存储和加工补充完整。

外部实体可以是和系统交互的人或角色，以及和系统交互的外部系统或服务。根据题目中的描述，与本系统进行交互的角色是房主和租赁者。根据 E1 和 P1 之间的数据流"房主信息"，结合题目描述可知，E1 表示的是房主，E2 表示的是租赁者。

题目的描述中已经明确给出了系统的六个功能，需要将这些功能与加工 P1～P6 进行对应，这需要借助于各个加工的输入输出数据流进行分析。根据 E1 和 P1 之间的数据流"房主信息"可知，这条数据流符合"登记房主信息"功能的描述，因此可以确定 P1 是"登记房主信息"，同时可以确定 D1 是"房主信息文件"。

E1 和 P2 之间的数据流"房屋信息""费用单"，这些都与房屋登记相关，因此 P2 是"登记房屋信息"。同时可以确定，D3 对应的是"房屋信息文件"。同理，根据数据流及题干描述，可以推断出：P3 对应"登记租赁者信息"、P4 对应"查询待租赁房屋信息"、P5 对应"安排租赁者看房"以及 P6 对应"变更房屋状态"。

【问题 2】

本问题考查信息工程方法中的模型 ER 图。ER 图中包含两个主要元素：实体和联系。实体是现实世界中可以区别于其他对象的"事件"或"物体"。本题要求补充图 2-2 中的实体。

根据题目描述和实体之间的联系可知，（1）和（2）分别对应房主和房屋，两者之间的联系为"房主拥有房屋"。同理可以推断出，（3）～（5）分别是实体"房屋类型""租赁者"和"看房安排"。

【问题 3】

本问题考查面向对象方法中的基本概念。

信息工程方法中的"实体"描述的是数据以及该数据的相关属性。面向对象方法中的"类"是数据和行为的封装体。

Essential Use Cases 和 Real Use Cases 是按照开发阶段来进行划分的。Essential Use Cases 是在面向对象分析阶段使用的，Real Use Cases 是在面向对象设计阶段使用的。

Essential Use Cases 描述的是用例的本质属性，它与如何实现这个用例无关，独立于实现该用例的软硬件技术。

Real Use Cases 描述的是用例的实现方式，表达了设计和实现该用例时所采用的方法和技术。

试题二参考答案

【问题1】

外部实体：E1：房主　　E2：租赁者

顶层加工：P1：登记房主信息　　　　P2：登记房屋信息　　　　P3：登记租赁者信息

　　　　　P4：查询待租赁房屋信息　　P5：安排租赁者看房　　P6：变更房屋状态

数据存储：D1：房主信息文件　　　　D2：租赁者信息文件

　　　　　D3：房屋信息文件　　　　D4：看房记录文件

【问题2】

（1）房主

（2）房屋

（3）房屋类型

（4）租赁者

（5）看房安排

【问题3】

（1）信息工程方法中的"实体"描述的是数据以及该数据的相关属性。面向对象方法中的"类"是数据和行为的封装体。

（2）Essential Use Cases 和 Real Use Cases 是按照开发阶段来进行划分的。Essential Use Cases 是在面向对象分析阶段使用的，Real Use Cases 是在面向对象设计阶段使用的。

Essential Use Cases 描述的是用例的本质属性，它与如何实现这个用例无关，独立于实现该用例的软硬件技术。

Real Use Cases 描述的是用例的实现方式，表达了设计和实现该用例时所采用的方法和技术。

试题三（共 25 分）

阅读以下关于嵌入式实时系统相关技术的叙述，在答题纸上回答问题 1 和问题 2。

【说明】

某公司长期从事宇航领域嵌入式实时系统的软件研制任务。公司为了适应未来嵌入式系统网络化、智能化和综合化的技术发展需要，决定重新考虑新产品的架构问题，经理将论证工作交给王工负责。王工经调研和分析，完成了新产品架构设计方案，提交公司高层讨论。

【问题1】（14 分）

王工提交的设计方案中指出：由于公司目前研制的嵌入式实时产品属于简单型系统，其嵌入式子系统相互独立、功能单一、时序简单。而未来满足网络化、智能化和综合化的嵌入式实时系统将是一种复杂系统，其核心特征体现为实时任务的机理、状态和行为的复杂性。简单任务和复杂任务的特征区分主要表现在十个方面。请参考表 3-1 给出的实时任务特征分类，用题干中给出的（a）～（t）20 个实时任务特征描述，补充完善表 3-1 给出的空（1）～（14）。

（a）任务属性不会随时间变化而改变；

（b）任务的属性与时间相关；

（c）任务仅可以从非连续集中获取特征变量；

（d）任务变量域是连续的；

（e）功能原理不依赖于上下文；

（f）功能原理依赖于上下文；

（g）任务行为可以用 step-by-step 顺序分析方法来理解；

（h）许多任务在产生访问活动时相互间是并发处理的，很难用 step-by-step 方法分析；

（i）因果关系相互影响；

（j）行为特征依赖于大量的反馈机制；

（k）系统内构成、策略和描述是相似的；

（l）系统内存在许多不同的构成、策略和描述；

（m）功能关系是非线性的；

（n）功能关系是线性的；

（o）不同的子任务是相互独立的，任务内部仅存在少量的交互操作；

（p）不同的子任务有很高的交互操作，要把一个单任务的行为隔离开是困难的；

（q）域特征有非常整齐的原则和规则；

（r）许多不同的上下文依赖于规则；

（s）原理和规则在表面属性上很容易被识别；

（t）原理被覆盖、抽象，而不会在表面属性上被识别。

表 3-1　简单任务和复杂任务特征比较

特征分类	简单任务（Simple Task）	复杂任务（Complex Task）
静态/动态	（a）	（b）
连续/非连续	（1）	（2）
子系统的独立性	（3）	（4）
顺序/并行执行	（5）	（6）
单一性/混合性	（7）	（8）
工作原理	（9）	（10）
线性/非线性	（11）	（12）
上下文相关性	（13）	（14）
规律/不规律	（q）	（r）
表面属性	（s）	（t）

【问题 2】（11 分）

　　王工设计方案中指出：要满足未来网络化、智能化和综合化的需求，应该设计一种能够充分表达嵌入式系统行为的，且具有一定通用性的通信架构，以避免复杂任务的某些特征带来的通信复杂性。通常为了实现嵌入式系统中计算组件间的通信，在架构上需要一种简单的架构风格，用于屏蔽不同协议、不同硬件和不同结构组成所带来的复杂性。图 3-1 给出了一种"腰（Waistline）"型通信模式的架构风格。腰型架构的关键是基本消息通信（BMTS），通常，BMTS 的消息与时间属性相关，支持事件触发消息、速率约束消息和时间触发消息。

请用 400 字以内的文字说明基于 BMTS 的消息通信网络的主要特征,说明三种消息的基本含义,并举例给出两种具有时间触发消息能力的网络总线。

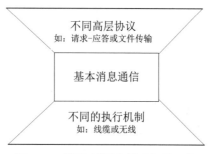

图 3-1　"腰"型通信模式架构风格

试题三分析

　　近年来,微电子技术发展带动了计算机领域技术不断更新,嵌入式系统已从单一架构向着满足网络化、智能化和综合化要求的新架构方向发展,开放、组件和智能已成为嵌入式系统的主要特征,嵌入式系统的广泛使用,使得其承载任务变得愈加繁重、结构变得愈加复杂、软件变得愈加庞大。其嵌入式实时产品已由简单型系统演变到复杂型系统,从而在嵌入式实时系统中引发出了简单任务(Simple Task)和复杂任务(Complex Task)的区分。本题主要考查考生对嵌入式系统的新型架构知识的掌握程度,通过概念区分和实例分析,进一步考查考生对新知识的掌握能力以及对问题的分析和总结能力。

　　本题要求考生根据自己已从事过或将要从事的嵌入式系统的软件架构的相关知识,认真阅读题目对技术问题的描述,经过分析、分类和概括等方法,从中分析出题干或备选答案给出的术语间的差异,正确回答问题 1 和问题 2 所涉及的各类技术要点。

【问题 1】

　　嵌入式系统是以应用为中心、以计算机技术为基础、软硬件可剪裁、适应应用系统对功能、可靠性、成本、体积、功耗严格要求的专用计算机系统。在过去嵌入式系统一般是为某个应用系统专门定制生产的,其系统特征是相互独立、功能单一、时序简单,通常称过去的嵌入式系统为简单系统。而随着当前网络化、智能化和综合化需求的推进,嵌入式系统结构发生了重大变化,其通用性、开放性、标准化和组件化已成潮流,一台嵌入式系统不再承担单一功能,而是要赋予嵌入式系统处理众多事务。因而,系统结构的复杂性增加,处理任务的机理、状态和行为复杂性增加,通常称现在的嵌入式系统为复杂系统。简单系统中运行任务为简单任务,复杂系统中运行任务为复杂任务。

　　简单任务和复杂任务的特征区分主要表现在以下十个方面:

　　(1)静态/动态特性:简单任务的时序关系是确定不变的,不会随时间偏移而变化。而随着复杂系统任务多样化发展,复杂任务将会随着时间、状态变化而变化。

　　(2)连续性/非连续性:简单任务仅仅考虑变量的随机性,而不考虑数据的继承性。而复杂任务由于受环境影响,其变量域需要考虑时间上的连续特性及数据的继承关系。

　　(3)系统间的独立性:简单任务由于功能单一,仅仅需要考虑内部任务间交联关系,具备独立性。而复杂任务间有很高的交互操作，要把一个任务的行为隔离开是非常困难的。

（4）顺序/并行性：简单任务由于功能单一、时序简单，通常情况下任务是顺序执行的，缺少并行性。而复杂任务功能、状态复杂，其属性与时间紧密相关，必然存在许多并行执行因子，并行性强。

（5）单一/混合性：简单任务由于功能单一，其内部算法、执行策略都是单一的，不会随状态变迁而改变。而由于复杂任务的多样化，其任务内会存在不同构型、策略和算法，甚至对于不同状态任务需要综合考虑影响因子后方能决策，其混合性比较强。

（6）工作原理：简单任务执行时仅仅考虑上下因果关系，无须考虑结果。而复杂任务必须考虑根据上下文反馈信息来决策处理流程。

（7）线性/非线性：简单任务执行的功能一般呈现线性关系，功能间的上下关系是线性的。而复杂任务必须考虑根据多个上下文功能的结果决策处理流程，是非线性的。

（8）上下文相关性：简单任务由于功能简单并呈现线性特征，其功能原理必然与上下文无关。而复杂任务属于非线性特征，其功能原理必然与上下文相关。

（9）规律/不规律：简单任务的特征是规则整齐，原则清晰。而复杂任务由于上下文相关，其规则与上下文存在关系，缺少规律性。

（10）表面属性：简单任务对外特征明显，比较好识别。而复杂任务由于其多样化，其外表特征被覆盖或抽象，对外表现不明显，不好识别。

考生可根据以上分析，充分理解复杂任务的特征，据此便可进行简单任务和复杂任务的特征判断。

【问题 2】

图 3-1 给出的"腰"型通信模式架构风格是安全攸关系统比较流行的一种架构风格。此架构风格通过对数据通信方式的抽象，将复杂任务的非线性、并发、动态、上下文紧密相关等特征进行分解，解决了系统不同协议、不同硬件和不同结构混合组成所带来的复杂性问题。基本消息通信（BMTS）服务是将复杂软件的通信协议与执行机制分离，用最少的服务解决计算组件间的传输消息，这样的传输具有高可靠、低延迟和微小抖动等特点。BMTS 支持事件触发消息、速率约束消息和时间触发消息等三种基本消息传输。

（1）事件触发消息（Event-triggered messages）：此类消息是在发送端有某重要事件发生时产生的偶发消息。建立消息间不存在最小时间（Minimum Time）。此类消息从发送到接收之间的延迟是不能确定的。在发送产生时，BMTS 可能要处理许多消息，要么在发送者或消息被丢失时做相应处理。

（2）速率约束消息（Rate-constrained messages）：此类消息是偶发性产生的，而不考虑发送者承诺消息不超出最大消息速率。在给定的故障假设条件内，BMTS 承诺不超过最大的传输时延（Latency）。抖动依赖于网络负载或最坏情况下的传输时延和最小传输时延的范围。

（3）时间触发消息（Time-triggered messages）：此类消息是指发送者和接收者遵循一个精确的时间片周期完成消息的发送与接收。在给定的故障假设条件内，BMTS 承诺消息将被在指定的时间片、确定的抖动条件下发送或接收。

当前，具有时间触发消息能力的网络总线包括：TTE 总线、FC 总线、AFDX 总线。

试题三参考答案

【问题 1】

　　（1）（c）

　　（2）（d）

　　（3）（o）

　　（4）（p）

　　（5）（g）

　　（6）（h）

　　（7）（k）

　　（8）（l）

　　（9）（i）

　　（10）（j）

　　（11）（n）

　　（12）（m）

　　（13）（e）

　　（14）（f）

【问题 2】

　　BMTS 是从一个计算组件传输消息到另外一个或多个接收组件，这样的传输具有高可靠、低延迟和微小抖动等特点。

　　（1）事件触发消息（Event-triggered messages）：此类消息是在发送端有某重要事件发生时产生的偶发消息。建立消息间不存在最小时间（Minimum Time）。此类消息从发送到接收之间的延迟是不能确定的。在发送产生时，BMTS 可能要处理许多消息，要么在发送者或消息被丢失时做相应处理。

　　（2）速率约束消息（Rate-constrained messages）：此类消息是偶发性产生的，而不考虑发送者承诺消息不超出最大消息速率。在给定的故障假设条件内，BMTS 承诺不超过最大的传输时延（Latency）。抖动依赖于网络负载或最坏情况下的传输时延和最小传输时延的范围。

　　（3）时间触发消息（Time-triggered messages）：此类消息是指发送者和接收者遵循一个精确的时间片周期完成消息的发送与接收。在给定的故障假设条件内，BMTS 承诺消息将被在指定的时间片、确定的抖动条件下发送或接收。

　　具有时间触发消息能力的网络总线包括：TTE 总线、FC 总线、AFDX 总线。

试题四（共 25 分）

　　阅读以下关于分布式数据库缓存设计的叙述，在答题纸上回答问题 1 至问题 3。

【说明】

　　某企业是为城市高端用户提供高品质蔬菜生鲜服务的初创企业，创业初期为快速开展业务，该企业采用轻量型的开发架构（脚本语言+关系型数据库）研制了一套业务系统。业务开展后受到用户普遍欢迎，用户数和业务数量迅速增长，原有的数据库服务器已不能满足高度并发的业务要求。为此，该企业成立了专门的研发团队来解决该问题。

张工建议重新开发整个系统，采用新的服务器和数据架构，解决当前问题的同时为日后的扩展提供支持。但是，李工认为张工的方案开发周期过长，投入过大，当前应该在改动尽量小的前提下解决该问题。李工认为访问量很大的只是部分数据，建议采用缓存工具 MemCache 来减轻数据库服务器的压力，这样开发量小，开发周期短，比较适合初创公司，同时将来也可以通过集群进行扩展。然而，刘工又认为李工的方案中存在数据可靠性和一致性问题，在宕机时容易丢失交易数据，建议采用 Redis 来解决问题。经过充分讨论，该公司最终决定采用刘工的方案。

【问题 1】（9 分）

在李工和刘工的方案中，均采用分布式数据库缓存技术来解决问题。请用 100 字以内的文字解释说明分布式数据库缓存的基本概念。

表 4-1 中对 MemCache 和 Redis 两种工具的优缺点进行了比较，请补充完善表 4-1 中的空（1）～（6）。

表 4-1　MemCache 与 Redis 能力比较

	MemCache	Redis
数据类型	简单 key/value 结构	（1）
持久性	（2）	支持
分布式存储	（3）	多种方式，主从、Sentinel、Cluster 等
多线程支持	支持	（4）
内存管理	（5）	无
事务支持	（6）	有限支持

【问题 2】（8 分）

刘工认为李工的方案存在数据可靠性和一致性的问题，请用 100 字以内的文字解释说明。

为避免数据可靠性和一致性的问题，刘工的方案采用 Redis 作为数据库缓存，请用 200 字以内的文字说明基本的 Redis 与原有关系数据库的数据同步方案。

【问题 3】（8 分）

请用 300 字以内的文字，说明 Redis 分布式存储的两种常见方案，并解释说明 Redis 集群切片的几种常见方式。

试题四分析

本题考查数据库缓存的概念，以及数据库缓存方案的设计过程。

【问题 1】

常见的信息系统经常将数据保存到关系数据库中，应用软件对关系数据库进行数据读写，响应用户需求。但随着数据量的增大、访问的集中，就会出现关系数据库的负担加重、数据库响应恶化、显示延迟等重大影响。

分布式数据库缓存指的是在高并发环境下，为了减轻数据库压力和提高系统响应时间，在数据库系统和应用系统之间增加的独立缓存系统。

目前市场上常见的数据库缓存系统是 MemCache 和 Redis。两种工具的优缺点如下表所示。

MemCache 与 Redis 能力比较

	MemCache	**Redis**
数据类型	简单 key/value 结构	丰富的数据结构
持久性	不支持	支持
分布式存储	客户端哈希分片/一致性哈希	多种方式，主从、Sentinel、Cluster 等
多线程支持	支持	不支持
内存管理	私有内存池/内存池	无
事务支持	不支持	有限支持

【问题 2】

本问题考查两种工具对数据可靠性和一致性的支持，并考查考生的方案设计能力。

MemCache 无法进行持久化，数据不能备份，只能用于缓存使用，数据全部存在于内存，一旦重启数据会全部丢失。Redis 支持数据的持久化。因此李工的方案存在数据可靠性和一致性问题，而刘工的方案解决了该问题。

在刘工的方案中，采用 Redis 作为缓存，使得一份数据同时存储在缓存和关系数据库中，因此必须给出一个数据同步的方案。在刘工的方案中，保留原有关系数据库，将 Redis 仅作为缓存，即热点数据缓存在 Redis 中，核心业务的结构化数据存储在原有关系数据库中。由于 Redis 只作为缓存，因此给出原关系数据库到 Redis 的同步方案即可。该方案的基本操作如下：

（1）读操作。读缓存 Redis，如果数据不存在，从原关系数据库中读数据，并将读取后的数据值写入到 Redis。

（2）写操作。写原关系数据库，写成功后，更新或者失效掉缓存 Redis 中的值。

【问题 3】

Redis 为单点方案，使用时必须提供分布式存储的集群拓展能力。Redis 分布式存储的常见方案有主从（Master/Slave）模式、哨兵（Sentinel）模式、集群（Cluster）模式。

Redis 集群切片的常见方式有：

（1）客户端实现分片方式，分区逻辑在客户端实现，采用一致性哈希来决定 Redis 节点。

（2）中间件实现分片方式，即在应用软件和 Redis 中间，例如 Twemproxy、Codis 等，由中间件实现服务到后台 Redis 节点的路由分派。

（3）客户端服务端协作分片方式，Redis Cluster 模式，客户端可采用一致性哈希，服务端提供错误节点的重定向服务。

试题四参考答案

【问题 1】

分布式数据库缓存指的是在高并发环境下，为了减轻数据库压力和提高系统响应时间，在数据库系统和应用系统之间增加的独立缓存系统。

（1）丰富的/多种数据结构。

（2）不支持。

（3）客户端哈希分片/一致性哈希。

（4）不支持。

（5）私有内存池/内存池。

（6）不支持。

【问题 2】

李工采用的方案中，采用 MemCache 作为缓存系统，但 MemCache 无法进行持久化，数据不能备份，只能用于缓存使用，数据全部存在于内存，一旦重启数据会全部丢失。刘工的方案中，采用 Redis 作为数据库缓存，解决了该问题。

刘工的方案中，保留原有关系数据库，将 Redis 仅作为缓存，即热点数据缓存在 Redis 中，核心业务的结构化数据存储在原有关系数据库中。需要解决热点数据在原关系数据库和 Redis 中的数据同步问题，由于 Redis 只作为缓存，因此给出原关系数据库到 Redis 的同步方案即可。该方案的基本操作如下：

（1）读操作。读缓存 Redis，如果数据不存在，从原关系数据库中读数据，并将读取后的数据值写入到 Redis。

（2）写操作。写原关系数据库，写成功后，更新或者失效掉缓存 Redis 中的值。

【问题 3】

Redis 分布式存储的常见方案有：

（1）主从（Master/Slave）模式。

（2）哨兵（Sentinel）模式。

（3）集群（Cluster）模式。

Redis 集群切片的常见方式有：

（1）客户端实现分片。分区逻辑在客户端实现，采用一致性哈希来决定 Redis 节点。

（2）中间件实现分片。在应用软件和 Redis 中间，例如 Twemproxy、Codis 等，由中间件实现服务到后台 Redis 节点的路由分派。

（3）客户端服务端协作分片。Redis Cluster 模式，客户端可采用一致性哈希，服务端提供错误节点的重定向服务。

试题五（共 25 分）

阅读以下关于 Web 系统设计的叙述，在答题纸上回答问题 1 至问题 3。

【说明】

某银行拟将以分行为主体的银行信息系统，全面整合为由总行统一管理维护的银行信息系统，实现统一的用户账户管理、转账汇款、自助缴费、理财投资、贷款管理、网上支付、财务报表分析等业务功能。但是，由于原有以分行为主体的银行信息系统中，多个业务系统采用异构平台、数据库和中间件，使用的报文交换标准和通信协议也不尽相同，使用传统的 EAI 解决方案根本无法实现新的业务模式下异构系统间灵活的交互和集成。因此，为了以最小的系统改进整合现有的基于不同技术实现的银行业务系统，该银行拟采用基于 ESB 的面向服务架构（SOA）集成方案实现业务整合。

【问题 1】（7 分）

请分别用 200 字以内的文字说明什么是面向服务架构（SOA）以及 ESB 在 SOA 中的作

用与特点。

【问题 2】(12 分)

　　基于该信息系统整合的实际需求,项目组完成了基于 SOA 的银行信息系统架构设计方案。该系统架构图如图 5-1 所示。请从(a)～(j)中选择相应内容填入图 5-1 的(1)～(6),补充完善架构设计图。

　　(a) 数据层

　　(b) 界面层

　　(c) 业务层

　　(d) bind

　　(e) 企业服务总线 ESB

　　(f) XML

　　(g) 安全验证和质量管理

　　(h) publish

　　(i) UDDI

　　(j) 组件层

　　(k) BPEL

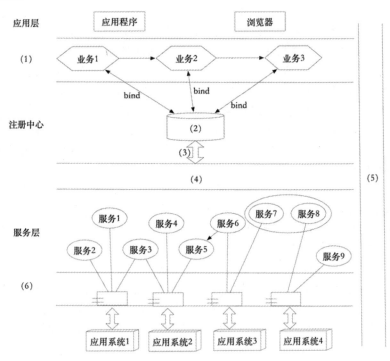

图 5-1　基于 SOA 的银行信息系统架构设计

【问题 3】(6 分)

　　针对银行信息系统的数据交互安全性需求,列举三种可实现信息系统安全保障的措施。

试题五分析

本题考查 Web 系统架构设计的相关知识及如何在实际问题中综合应用。

此类题目要求考生认真阅读题目对现实系统需求的描述，结合 Web 系统设计相关知识、实现技术等完成 Web 系统分析设计。

【问题 1】

本问题考查考生对于 Web 应用系统常用体系架构的掌握程度。SOA 和 ESB 是 Web 应用系统架构的基础。其中，面向服务的体系架构（SOA）是一种粗粒度、松耦合服务架构，服务之间通过简单、精确定义接口进行通信。它可以根据需求通过网络对松散耦合的粗粒度应用组件进行分布式部署、组合和使用。SOA 能帮助企业系统架构设计者以更迅速、更可靠、更高重用性设计整个业务系统架构，基于 SOA 的系统能够更加从容地面对业务的急剧变化。

企业服务总线（ESB）是由中间件技术实现的全面支持面向服务架构的基础软件平台，支持异构环境中的服务以及基于消息和事件驱动模式的交互，并且具有适当的服务质量和可管理性。

【问题 2】

通过阅读题目中银行信息系统的实际需求可知，在信息整合的过程中，银行使用企业服务平台构建全行应用系统的整合平台。在纵向上，连接总分行各个系统；在横向上，连接各业务应用系统和业务系统等。企业服务平台采用分级部署的方式，包括两个部分：一部分是部署在总行系统间的企业服务平台；另一部分是部署在分行系统间的企业服务平台。这两个企业服务平台之间互联互通，形成企业应用集成的总体框架。

银行信息系统的 SOA 架构模型中，通过 ESB 进行连接整合，能很好地支撑各业务流程。在操作客户关系管理中，客户信息分散在各个业务子系统中，是不能共享的，通过基于 ESB 的体系架构整合后，可以实现全方位的客户管理。客户经理可以通过整合后的客户关系管理系统一次性地查阅目标客户的基本信息、产品账户信息、地址联系信息、事件信息、资源信息、关系信息、风险信息、统计分析信息等，这就真正实现了以客户为中心的转变过程，摆脱了从前以账户为中心的局部模式。

因此，基于对系统需求的分析和面向服务的体系结构的知识，考生可从选项中选择相应选项，完成系统架构设计，包括系统分层设计、各层构件、连接件设计等。

基于 SOA 的银行信息系统完整架构设计图如图 5-2 所示。

【问题 3】

SOA 环境中，需要解决的安全问题包括：

（1）机密性：机密性又称为保密性，是指非法非授权用户访问数据，导致数据机密泄漏。在传输层和消息层对机密性的需求是不同的，可以依靠数据加密来保证数据机密性。

（2）完整性：是指数据的正确性、一致性和相容性。保证数据的完整性可以通过数字签名来实现。

（3）可审计性：审计是一种事后监视的措施，跟踪系统的访问活动，发现非法访问，达到安全防范的目的。不同的系统可能需要不同的审计等级。

（4）认证管理：实际指的是服务请求者和服务提供者两者在服务调用的时候互相认证对方

的身份，防止非授权非法实体来获取服务，是系统安全的第一道安全屏障。

（5）授权管理：授权管理的目的是阻止 Web 服务的未授权使用。

（6）身份管理：在 SOA 架构中，身份管理和传统系统中的身份管理比较相像。服务请求者和服务提供者两者的身份对两者来说是至关重要的，否则就会存在非法用户在服务请求者和服务提供者之间进行消息传递，太容易导致数据的泄密和篡改。

综上，为了保障系统的安全性，可采用 XML 加密模块、WS-Security、防火墙系统、安全检测、网络扫描等安全性策略。

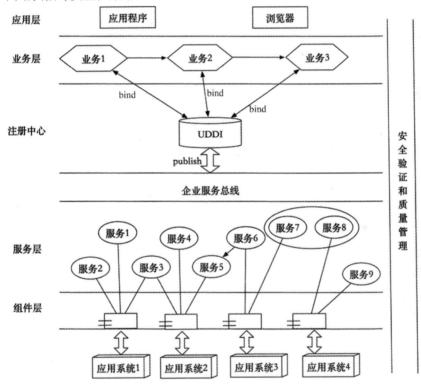

图 5-2　基于 SOA 的银行信息系统完整架构设计

试题五参考答案

【问题 1】

面向服务的体系架构（SOA）是一种粗粒度、松耦合服务架构，服务之间通过简单、精确定义接口进行通信。它可以根据需求通过网络对松散耦合的粗粒度应用组件进行分布式部署、组合和使用。SOA 能帮助企业系统架构设计者以更迅速、更可靠、更高重用性设计整个业务系统架构，基于 SOA 的系统能够更加从容地面对业务的急剧变化。

企业服务总线（ESB）是由中间件技术实现的全面支持面向服务架构的基础软件平台，支持异构环境中的服务以及基于消息和事件驱动模式的交互，并且具有适当的服务质量和可管理性。

【问题 2】

（1）（c）

（2）（i）

（3）（h）

（4）（e）

（5）（g）

（6）（j）

【问题 3】

XML 加密模块、WS-Security、防火墙系统、安全检测、网络扫描。

第3章　2018下半年系统架构设计师
下午试题Ⅱ写作要点

> 从下列的4道试题（试题一至试题四）中任选一道解答。请在答题纸上的指定位置处将所选择试题的题号框涂黑。若多涂或者未涂题号框，则对题号最小的一道试题进行评分。

试题一　论软件开发过程RUP及其应用

RUP（Rational Unified Process）是IBM公司的一款软件开发过程产品，它提出了一整套以UML为基础的开发准则，用以指导软件开发人员以UML为基础进行软件开发。RUP汲取了各种面向对象分析与设计方法的精华，提供了一个普遍的软件过程框架，可以适应不同的软件系统、应用领域、组织类型和项目规模。

请围绕"论软件开发过程RUP及其应用"论题，依次从以下三个方面进行论述。

1. 概要叙述你参与管理和开发的软件项目以及你在其中所担任的主要工作。

2. 详细论述软件开发过程产品RUP所包含的四个阶段以及RUP的基本特征。

3. 结合你所参与管理和开发的软件项目，详细阐述RUP在该项目中的具体实施内容，包括核心工作流的选择、制品的确定、各个阶段之间的演进及迭代计划以及工作流内部结构的规划等。

试题一写作要点

一、简单介绍所参与的软件开发项目的背景及主要内容，说明在其中所担任的主要工作。

二、RUP的四个阶段：初始阶段，定义最终产品视图和业务模型，并确定系统范围；细化阶段，设计及确定系统的体系结构，制订工作计划及资源要求；构造阶段，构造产品并继续演进需求、体系结构、计划直至产品提交；移交阶段，把产品提交给用户使用。

RUP的基本特征：受控的迭代式增量开发、用例驱动、以软件体系结构为中心。

1. 受控的迭代式增量开发

（1）将软件开发分为一系列小的迭代过程，在每个迭代过程中逐步增加信息、进行细化。

（2）根据具体情况决定迭代的次数、每次迭代的持续时间以及迭代工作流。

（3）每次迭代都选择目前对风险影响最大的用例进行，以分解和降低风险。

2. 用例驱动

（1）采用用例来捕获对目标系统的功能需求。

（2）采用用例来驱动软件的整个开发过程，保证需求的可追踪性，确保系统所有功能均被实现。

（3）将用户关心的软件系统的业务功能模型和开发人员关心的目标软件系统的功能实体模型结合起来，提供一种贯穿整个软件生存周期的开发方法，使得软件开发的各个阶段的工作自然、一致地协调起来。

3．以软件体系结构为中心

（1）强调在开发过程的早期，识别出与软件体系结构密切相关的用例，并通过对这些用例的分析、设计、实现和测试，形成体系结构框架。

（2）在后续阶段中对已经形成的体系结构框架进行不断细化，最终实现整个系统。

（3）在开发过程的早期形成良好的软件体系结构，有利于对系统的理解、支持重用和有效地组织软件开发。

三、结合具体项目，从以下五个方面说明 RUP 的具体实施内容。

（1）确定本项目的软件开发过程需要哪些工作流。RUP 的九个核心工作流并不总是需要的，可以根据项目的规模、类型等对核心工作流做一些取舍。

（2）确定每个工作流要产出哪些制品。

（3）确定四个阶段之间如何演进。确定阶段间演进要以风险控制为原则，决定每个阶段要执行哪些工作流，每个工作流执行到什么程度，产出的制品有哪些，每个制品完成到什么程度等。

（4）确定每个阶段内的迭代计划。规划 RUP 的四个阶段中每次迭代开发的内容有哪些。

（5）规划工作流内部结构。工作流不是活动的简单堆积，工作流涉及角色、活动和制品，工作流的复杂程度与项目规模及角色多少等有很大关系。工作流的内部结构通常用活动图的形式给出。

试题二　论软件体系结构的演化

软件体系结构的演化是在构件开发过程中或软件开发完毕投入运行后，由于用户需求发生变化，就必须相应地修改原有软件体系结构，以满足新的变化的软件需求的过程。体系结构的演化是一个复杂的、难以管理的问题。

请围绕"论软件体系结构的演化"论题，依次从以下三个方面进行论述。

1．概要叙述你参与管理和开发的软件项目以及你在其中所承担的主要工作。

2．软件体系结构的演化是使用系统演化步骤去修改系统，以满足新的需求。简要论述系统演化的六个步骤。

3．具体阐述你参与管理和开发的项目是如何基于系统演化的六个步骤完成软件体系结构演化的。

试题二写作要点

一、简要叙述所参与管理和开发的软件项目，需要明确指出在其中承担的主要任务和开展的主要工作。

二、软件体系结构的演化过程一般可分为以下六个步骤。

1．需求变化归类

首先必须对用户需求的变化进行归类，使变化的需求与已有构件对应。对找不到对应构件的变动，也要做好标记，在后续工作中，将创建新的构件，以应对这部分变化的需求。

2. 制订体系结构演化计划

在改变原有结构之前，开发组织必须制订一个周密的体系结构演化计划，作为后续演化开发工作的指南。

3. 修改、增加或删除构件

在演化计划的基础上，开发人员可根据在第一步得到的需求变动的归类情况，决定是否修改或删除存在的构件、增加新构件。最后，对修改和增加的构件进行功能性测试。

4. 更新构件的互相作用

随着构件的增加、删除和修改，构件之间的控制流必须得到更新。

5. 构件组装与测试

通过组装支持工具把这些构件的实现体组装起来，完成整个软件系统的连接与合成，形成新的体系结构。然后对组装后的系统整体功能和性能进行测试。

6. 技术评审

对以上步骤进行确认，进行技术评审。评审组装后的体系结构是否反映需求变动，符合用户需求。如果不符合，则需要在第二步到第六步之间进行迭代。

原来系统上所作的所有修改必须集成到原来的体系结构中，完成一次演化过程。

三、论文中需要结合项目实际工作，详细论述在项目中是如何基于上述系统演化六个步骤实现体系结构的演化的。

试题三　论面向服务架构设计及其应用

面向服务架构（Service-Oriented Architecture，SOA）是一种应用框架，将日常的业务应用划分为单独的业务功能服务和流程，通过采用良好定义的接口和标准协议将这些服务关联起来。通过实施基于 SOA 的系统架构，用户可以构建、部署和整合服务，无需依赖应用程序及其运行平台，从而提高业务流程的灵活性，帮助企业加快发展速度，降低企业开发成本，改善企业业务流程的组织和资产重用。

请围绕"论面向服务架构设计及其应用"论题，依次从以下三个方面进行论述。

1. 概要叙述你参与分析和开发的软件系统开发项目以及你所担任的主要工作。
2. 说明面向服务架构的主要技术和标准，详细阐述每种技术和标准的具体内容。
3. 详细说明你所参与的软件系统开发项目中，构建 SOA 架构时遇到了哪些问题，具体实施效果如何。

试题三写作要点

一、简要描述所参与分析和开发的软件系统开发项目，并明确指出在其中承担的主要任务和开展的主要工作。

二、说明面向服务架构的主要技术和标准，详细阐述每种技术和标准的具体内容。

面向服务架构的主要技术和标准包括：

（1）UDDI（统一描述、发现和集成协议）。

UDDI 实现了商业实体的发布、查找和发现机制，它定义了商业实体之间在网络上互相作用和共享信息。通过构建 UDDI 模块，使得商业实体能够快速、方便地使用它们自身的企业应用软件来发现合适的商业对等实体，并与其实施电子化的商业贸易。UDDI 中包含了服务描述与发现的标准规范。

（2）WSDL（Web 服务描述语言）。

WSDL 是一个用来描述 Web 服务和说明如何与 Web 服务通信的 XML 语言。它是 Web 服务的接口定义语言，通过 WSDL 可以描述 Web 服务的三个基本属性，包括服务所提供的操作和服务交互的数据格式及协议、协议地址等信息。WSDL 以端口集合的形式来描述服务，包含了对一组操作和消息的抽象定义，绑定到这些操作和消息的一个具体协议，和这个绑定的一个网络端点规范。WSDL 分为服务接口描述和服务实现描述两种类型。

（3）SOAP（简单对象访问协议）。

SOAP 是在分散或者分布式环境中基于 XML 的信息交换协议。SOAP 中包含了四个主要部分：SOAP 封装定义了一个描述消息中的内容是什么，是谁发送的，谁应当接收并处理它以及如何处理它们的框架；SOAP 编码规则用于表示应用程序需要使用的数据类型的实例；SOAP RPC 表示约定了远程过程调用和应答的协议；SOAP 绑定使用底层协议交换信息。

（4）BPEL（业务流程执行语言）。

BPEL 是面向 Web 服务的服务定义和执行过程描述的语言，用户可以通过组合、编排和协调 Web 服务自上而下地实现面向服务的体系结构。BPEL 提供了一种相对简单易懂的方法，可以将多个 Web 服务按照业务流程组合到一个新的组合服务中，新的组合服务可以以一个新的 Web 服务方式被访问或者被组合成更大的服务。

三、针对考生实际参与的软件系统开发项目，说明构建 SOA 架构时遇到了哪些问题，并描述实施 SOA 后的实际应用效果。

主要问题可以分为三类：

（1）SOA 系统如何与原有系统中的功能进行集成。

（2）SOA 系统服务的设计以及服务粒度的控制。

（3）无状态服务的设计以及服务流程的组织。

试题四　论 NoSQL 数据库技术及其应用

随着互联网 Web 2.0 网站的兴起，传统关系数据库在应对 Web 2.0 网站，特别是超大规模和高并发的 Web 2.0 纯动态 SNS 网站上已经显得力不从心，暴露了很多难以克服的问题，而非关系型的数据库则由于其本身的特点得到了非常迅速的发展。

NoSQL（Not only SQL）的产生就是为了解决大规模数据集合及多种数据类型带来的挑战，尤其是大数据应用难题。目前 NoSQL 数据库并没有一个统一的架构，根据其所采用的数据模型可以分为四类：键值（Key-Value）存储数据库、列存储数据库、文档型数据库和图（Graph）数据库。

请围绕"论 NoSQL 数据库技术及其应用"论题，依次从以下三个方面进行论述。

1. 概要叙述你参与管理和开发的软件项目以及你在其中所担任的主要工作。

2. 详细论述常见的 NoSQL 数据库技术及其所包含的主要内容，并说明 NoSQL 数据库的主要适用场景。

3. 结合你具体参与管理和开发的实际项目，说明具体采用哪种 NoSQL 数据库技术，并说明架构设计过程及其应用效果。

试题四写作要点

一、简要叙述所参与管理和开发的软件项目，并明确指出在其中承担的主要任务和开展的主要工作。

二、目前常见的 NoSQL 数据库主要分为四类。

（1）键值（Key-Value）存储数据库：该数据库主要会使用到一个哈希表，这个表中有一个特定的键和一个指针指向特定的数据。Key/Value 模型对于 IT 系统来说的优势在于简单、易部署。但是如果 DBA 只对部分值进行查询或更新的时候，Key/Value 就显得效率低下了。常见的键值存储数据库有：Tokyo Cabinet/Tyrant、Redis、Voldemort、Oracle BDB。

（2）列存储数据库：该数据库通常是用来应对分布式存储的海量数据。键仍然存在，但是它们的特点是指向了多个列，这些列是由列家族来安排的。常见的列存储数据库有：Cassandra、Hbase、Riak。

（3）文档型数据库：该数据模型是版本化的文档，半结构化的文档以特定的格式存储，例如 JSON。文档型数据库可以看作是键值数据库的升级版，允许之间嵌套键值。而且文档型数据库比键值数据库的查询效率更高。常见的文档型数据库有：CouchDB、MongoDb、SequoiaDB。

（4）图（Graph）数据库：该数据库使用图模型，并且能够扩展到多个服务器上。NoSQL 数据库没有标准的查询语言（SQL），因此进行数据库查询需要指定数据模型。许多 NoSQL 数据库都有 REST 式的数据接口或者查询 API。常见的图数据库有：Neo4J、InfoGrid、Infinite Graph。

NoSQL 数据库在以下几种情况下比较适用：

- 数据模型比较简单。
- 需要灵活性更强的 IT 系统。
- 对数据库性能要求较高。
- 不需要高度的数据一致性。
- 对于给定 key，比较容易映射复杂值的环境。

三、考生需结合自身参与项目的实际状况，指出其参与管理和开发的项目中所进行的具体的 NoSQL 数据库设计，说明具体的架构设计过程、使用的方法和工具，并对实际应用效果进行分析。

第4章 2019下半年系统架构设计师
上午试题分析与解答

试题（1）

前趋图（Precedence Graph）是一个有向无环图，记为：→={(P$_i$, P$_j$)|P$_i$ must complete before P$_j$ may start}。假设系统中进程 P={P$_1$, P$_2$, P$_3$, P$_4$, P$_5$, P$_6$, P$_7$, P$_8$}，且进程的前趋图如下：

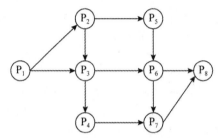

那么，该前驱图可记为__(1)__。

（1）A. →={(P$_1$, P$_2$), (P$_1$, P$_3$), (P$_1$, P$_4$), (P$_2$, P$_5$), (P$_3$, P$_5$), (P$_4$, P$_7$), (P$_5$, P$_6$), (P$_6$, P$_7$), (P$_6$, P$_8$), (P$_7$, P$_8$)}

B. →={(P$_1$, P$_2$), (P$_3$, P$_1$), (P$_4$, P$_1$), (P$_5$, P$_2$), (P$_5$, P$_3$), (P$_6$, P$_4$), (P$_7$, P$_5$), (P$_7$, P$_6$), (P$_6$, P$_8$), (P$_8$, P$_7$)}

C. →={(P$_1$, P$_2$), (P$_1$, P$_3$), (P$_1$, P$_4$), (P$_2$, P$_5$), (P$_3$, P$_6$), (P$_4$, P$_7$), (P$_5$, P$_6$), (P$_6$, P$_7$), (P$_6$, P$_8$), (P$_7$, P$_8$)}

D. →={(P$_1$, P$_2$), (P$_1$, P$_3$), (P$_2$, P$_3$), (P$_2$, P$_5$), (P$_3$, P$_6$), (P$_3$, P$_4$), (P$_4$, P$_7$), (P$_5$, P$_6$), (P$_6$, P$_7$), (P$_6$, P$_8$), (P$_7$, P$_8$)}

试题（1）分析

本题考查操作系统的基本概念。

前趋图（Precedence Graph）是一个有向无循环图，记为 DAG（Directed Acyclic Graph），用于描述进程之间执行的前后关系。图中的每个结点可用于描述一个程序段或进程，乃至一条语句；结点间的有向边则用于表示两个结点之间存在的偏序（Partial Order，亦称偏序关系）或前趋关系（Precedence Relation）"→"。

对于题中所示的前趋图，存在前趋关系：P$_1$→P$_2$，P$_1$→P$_3$，P$_2$→P$_3$，P$_2$→P$_5$，P$_3$→P$_4$，P$_3$→P$_6$，P$_4$→P$_7$，P$_5$→P$_6$，P$_6$→P$_7$，P$_6$→P$_8$，P$_7$→P$_8$

可记为：P={P$_1$, P$_2$, P$_3$, P$_4$, P$_5$, P$_6$, P$_7$, P$_8$}

→={(P$_1$, P$_2$), (P$_1$, P$_3$), (P$_2$, P$_3$), (P$_2$, P$_5$), (P$_3$, P$_6$), (P$_3$, P$_4$), (P$_4$, P$_7$), (P$_5$, P$_6$), (P$_6$, P$_7$), (P$_6$, P$_8$), (P$_7$, P$_8$)}

在前趋图中，把没有前趋的结点称为初始结点（Initial Node），把没有后继的结点称为终止结点（Final Node）。

参考答案

（1）D

试题（2）、（3）

进程 P 有 8 个页面，页号分别为 0～7，页面大小为 4K，假设系统给进程 P 分配了 4 个存储块，进程 P 的页面变换表如下所示。表中状态位等于 1 和 0 分别表示页面在内存和不在内存。若进程 P 要访问的逻辑地址为十六进制 5148H，则该地址经过变换后，其物理地址应为十六进制　（2）　；如果进程 P 要访问的页面 6 不在内存，那么应该淘汰页号为　（3）　的页面。

页号	页帧号	状态位	访问位	修改位
0	—	0	0	0
1	7	1	1	0
2	5	1	0	1
3	—	0	0	0
4	—	0	0	0
5	3	1	1	1
6	—	0	0	0
7	9	1	1	0

（2）A. 3148H　　　　B. 5148H　　　　C. 7148H　　　　D. 9148H

（3）A. 1　　　　　　B. 2　　　　　　C. 5　　　　　　D. 9

试题（2）、（3）分析

本题考查操作系统存储管理的基础知识。

根据题意，页面大小为 4K，逻辑地址为十六进制 5148H，其页号为 5，页内地址为 148H，查页表后可知页帧号（物理块号）为 3，该地址经过变换后，其物理地址应为页帧号 3 拼上页内地址 148H，即十六进制 3148H。

根据题意，页面变换表中状态位等于 1 和 0 分别表示页面在内存和不在内存，所以 1、2、5 和 7 号页面在内存。当访问的页面 4 不在内存时，系统应该首先淘汰未被访问的页面，因为根据程序的局部性原理，最近未被访问的页面下次被访问的概率更小；如果页面最近都被访问过，应该先淘汰未修改过的页面，因为未修改过的页面内存与辅存一致，故淘汰时无须写回辅存，使系统页面置换代价更小。

综上分析，1、5 和 7 号页面都是最近被访问过的，但 2 号页面最近未被访问过，故应该淘汰 2 号页面。

参考答案

（2）A　　（3）B

试题（4）

在网络操作系统环境中，若用户 User A 的文件或文件夹被共享后，则__(4)__。

（4）A．User A 的安全性与未共享时相比将会有所提高

B．User A 的安全性与未共享时相比将会有所下降

C．User A 的可靠性与未共享时相比将会有所提高

D．User A 的方便性与未共享时相比将会有所下降

试题（4）分析

本题考查操作系统方面的基础知识。

在网络操作系统环境中，若 User A 的文件或文件夹被共享后，则其安全性与未共享时相比将会有所下降，这是因为访问 User A 的计算机或网络的人可能会读取、复制或更改共享文件夹中的文件。

参考答案

（4）B

试题（5）

数据库的安全机制中，通过提供__(5)__供第三方开发人员调用进行数据更新，从而保证数据库的关系模式不被第三方所获取。

（5）A．索引　　　　　B．视图　　　　　C．存储过程　　　　　D．触发器

试题（5）分析

本题考查数据库安全性的基础知识。

存储过程是数据库所提供的一种数据库对象，通过存储过程定义一段代码，提供给应用程序调用来执行。从安全性的角度考虑，更新数据时，通过提供存储过程让第三方调用，将需要更新的数据传入存储过程，而在存储过程内部用代码分别对需要的多个表进行更新，从而避免了向第三方提供系统的表结构，保证了系统的数据安全。

参考答案

（5）C

试题（6）、（7）

给出关系 $R(U,F)$ ，$U=\{A,B,C,D,E\}$ ，$F=\{A \rightarrow BC,B \rightarrow D,D \rightarrow E\}$ 。以下关于 F 说法正确的是__(6)__。若将关系 R 分解为 $\rho=\{R_1(U_1,F_1),R_2(U_2,F_2)\}$ ，其中：$U_1=\{A,B,C\}$、$U_2=\{B,D,E\}$，则分解 ρ __(7)__。

（6）A．F 蕴涵 $A \rightarrow B$ 、$A \rightarrow C$ ，但 F 不存在传递依赖

B．F 蕴涵 $E \rightarrow A$ 、$A \rightarrow C$ ，故 F 存在传递依赖

C．F 蕴涵 $A \rightarrow D$ 、$E \rightarrow A$ 、$A \rightarrow C$ ，但 F 不存在传递依赖

D．F 蕴涵 $A \rightarrow D$ 、$A \rightarrow E$ 、$B \rightarrow E$ ，故 F 存在传递依赖

（7）A．无损连接并保持函数依赖　　　　B．无损连接但不保持函数依赖

C．有损连接并保持函数依赖　　　　D．有损连接但不保持函数依赖

试题（6）、（7）分析

本题考查关系数据库理论方面的基础知识。

根据已知条件"$F = \{A \rightarrow BC, B \rightarrow D, D \rightarrow E\}$"和 Armstrong 公理系统的引理"$X \rightarrow A_1A_2, \ldots,$ A_k 成立的充分必要条件是 $X \rightarrow A_i$ 成立 $(i=1,2,3,\cdots, k)$",可以由"$A \rightarrow BC$"得出"$A \rightarrow B$，$A \rightarrow C$"。又根据 Armstrong 公理系统的传递律规则"若 $X \rightarrow Y$，$Y \rightarrow Z$ 为 F 所蕴涵，则 $X \rightarrow Z$ 为 F 所蕴涵"可知，函数依赖"$A \rightarrow D$、$A \rightarrow E$、$B \rightarrow E$"为 F 所蕴涵。

根据无损连接定理"关系模式 $R(U,F)$ 的一个分解 $\rho = \{R_1(U_1,F_1), R_2(U_2,F_2)\}$，具有无损连接的充要条件是：$U_1 \cap U_2 \rightarrow U_1 - U_2 \in F^+$ 或 $U_1 \cap U_2 \rightarrow U_2 - U_1 \in F^+$"。

$\because ABC \cap ADE = A \rightarrow ABC - ADE = BCDE$

$A \rightarrow BCDE$（可由 Armstrong 公理系统的分解律、传递律和合并律推出）

$\therefore$ 分解 ρ 是无损连接的

又 $\because F^+ = (F_1 \cup F_2)^+$

$\therefore$ 根据保持函数依赖定义则称分解 ρ 是保持函数依赖的

参考答案

（6）D　　（7）A

试题（8）

分布式数据库系统除了包含集中式数据库系统的模式结构之外，还增加了几个模式级别，其中　（8）　定义分布式数据库中数据的整体逻辑结构，使得数据使用方便，如同没有分布一样。

（8）A. 分片模式　　　B. 全局外模式　　　　C. 分布模式　　　D. 全局概念模式

试题（8）分析

本题考查分布式数据库的基本概念。

分布式数据库在各结点上独立，在全局上统一。因此需要定义全局的逻辑结构，称之为全局概念模式，全局外模式是全局概念模式的子集，分片模式和分布模式分别描述数据在逻辑上的分片方式和在物理上各结点的分布形式。

参考答案

（8）D

试题（9）、（10）

安全攸关系统在软件需求分析阶段，应提出安全性需求。软件安全性需求是指通过约束软件的行为，使其不会出现　（9）　。软件安全需求的获取是根据已知的　（10）　，如软件危害条件等以及其他一些类似的系统数据和通用惯例，完成通用软件安全性需求的裁剪和特定软件安全性需求的获取工作。

（9）A. 不可接受的系统安全的行为

　　B. 有可能影响系统可靠性的行为

　　C. 不可接受的违反系统安全的行为

　　D. 系统不安全的事故

（10）A. 系统信息　　B. 系统属性　　　　C. 软件属性　　　D. 代码信息

试题（9）、（10）分析

安全攸关（Safety-Critical）系统是指系统失效会对生命或者健康构成威胁的系统，在航空、航天、汽车、轨道交通等领域存在大量的安全攸关系统。安全攸关系统中运行重要软件，其安全性要求很高。通常在开发安全攸关软件时，需求分析阶段必须考虑安全性需求，这里的软件安全性需求是指通过约束软件的行为，使其不会出现不可接受的违反系统安全的行为需求。

因此，第（9）题的选项 A 中"系统安全的行为"是错误说明，而违背系统安全行为是安全性需求。选项 B 错误的原因是没分清安全性和可靠性的差别。选项 D 是说明影响结果。

软件安全需求的获取是根据已知的系统信息，如软件危害条件以及其他一些类似的系统数据和通用惯例，完成通用软件安全性需求的裁剪和特定软件安全性需求的获取工作。也就是说，软件安全需求的获取主要来源于所开发系统中相关的安全性信息，而一些安全性惯例是安全攸关软件潜在的安全性需求。

参考答案

（9）C　　（10）A

试题（11）

某嵌入式实时操作系统采用了某种调度算法，当某任务执行接近自己的截止期（Deadline）时，调度算法将把该任务的优先级调整到系统最高优先级，让该任务获取 CPU 资源运行。请问此类调度算法是 ___（11）___。

（11）A．优先级调度算法　　　　　　　B．抢占式优先级调度算法
　　　 C．最晚截止期调度算法　　　　　D．最早截止期调度算法

试题（11）分析

嵌入式实时系统是为某个特定功能设计的一种专用系统，其任务的调度算法与系统功能密切相关。通常，实时系统存在多种调度算法。优先级调度算法是指系统为每个任务分配一个相对固定的优先顺序，调度程序根据任务优先级的高低程度，按时间顺序进行，高优先级任务优先被调度；抢占式优先级调度算法是在优先级调度算法的基础上，允许高优先级任务抢占低优先级任务而运行；最晚截止期调度算法是指调度程序按每个任务的最接近其截止期末端的时间进行调度，系统根据当前任务截止期的情况，选取最接近截止期的任务运行；最早截止期调度算法是指调度程序按每个任务的截止期时间，选取最早到截止期的头端时间的任务进行调度。

参考答案

（11）C

试题（12）

混成系统是嵌入式实时系统的一种重要的子类。以下关于混成系统的说法中，正确的是 ___（12）___。

（12）A．混成系统一般由离散分离组件并行组成，组件之间的行为由计算模型进行控制
　　　 B．混成系统一般由离散分离组件和连续组件并行或串行组成，组件之间的行为由计算模型进行控制
　　　 C．混成系统一般由连续组件串行组成，组件之间的行为由计算模型进行控制
　　　 D．混成系统一般由离散分离组件和连续组件并行或串行组成，组件之间的行为由同步/异步事件进行管理

试题（12）分析

混成系统定义：混成系统一般由离散分离组件和连续组件并行或串行组成，组件之间的行为由计算模型进行控制。选项 A 缺少"连续组件"和"串行"；选项 C 缺少"离散分离组件"和"并行"；选项 D "由同步/异步事件进行管理"是错误的，同步/异步事件是任务通信机制的一种，而不能替代计算模型。

参考答案

（12）B

试题（13）

TCP 端口号的作用是　(13)　。

(13) A. 流量控制　　　　　　　　　B. ACL 过滤

　　 C. 建立连接　　　　　　　　　D. 对应用层进程的寻址

试题（13）分析

本题考查 TCP 端口号的原理和意义。

TCP 端口号的作用是进程寻址依据，即依据端口号将报文交付给上层的某一进程。

参考答案

（13）D

试题（14）

Web 页面访问过程中，在浏览器发出 HTTP 请求报文之前不可能执行的操作是 (14) 。

(14) A. 查询本机 DNS 缓存，获取主机名对应的 IP 地址

　　 B. 发起 DNS 请求，获取主机名对应的 IP 地址

　　 C. 发送请求信息，获取将要访问的 Web 应用

　　 D. 发送 ARP 协议广播数据包，请求网关的 MAC 地址

试题（14）分析

本题考查 Web 页面访问过程方面的基础知识。

用户打开浏览器输入目标地址，访问一个 Web 页面的过程如下：

（1）浏览器首先会查询本机的系统，获取主机名对应的 IP 地址；

（2）若本机查询不到相应的 IP 地址，则会发起 DNS 请求，获取主机名对应的 IP 地址；

（3）使用查询到的 IP 地址向目标服务器发起 TCP 连接；

（4）浏览器发送 HTTP 请求，HTTP 请求由三部分组成，分别是：请求行、消息报头、请求正文；

（5）服务器从请求信息中获得客户机想要访问的主机名、Web 应用、Web 资源；

（6）服务器用读取到的 Web 资源数据，创建并回送一个 HTTP 响应；

（7）客户机浏览器解析回送的资源，并显示结果。

根据上述 Web 页面访问过程，在浏览器发出 HTTP 请求报文之前不可能获取将要访问的 Web 应用。

参考答案

（14）C

试题（15）

以下关于 DHCP 服务的说法中，正确的是 __(15)__ 。

（15）A. 在一个园区网中可以存在多台 DHCP 服务器

B. 默认情况下，客户端要使用 DHCP 服务需指定 DHCP 服务器地址

C. 默认情况下，DHCP 客户端选择本网段内的 IP 地址作为本地地址

D. 在 DHCP 服务器上，DHCP 服务功能默认开启

试题（15）分析

本题考查 DHCP 协议的基础知识。

在一个园区网中可以存在多台 DHCP 服务器，客户机申请后每台服务器都会给予响应，客户机通常选择最先到达的报文提供的 IP 地址；对客户端而言，在申请时不知道 DHCP 服务器地址，因此无法指定；DHCP 服务器提供的地址不必和服务器在同一网段；地址池中可以有多块地址，它们分属不同网段。

参考答案

（15）A

试题（16）、（17）

通常用户采用评价程序来评价系统的性能，评测准确度最高的评价程序是 __(16)__ 。在计算机性能评估中，通常将评价程序中用得最多、最频繁的 __(17)__ 作为评价计算机性能的标准程序，称其为基准测试程序。

（16）A. 真实程序　　B. 核心程序　　　C. 小型基准程序　　D. 核心基准程序

（17）A. 真实程序　　B. 核心程序　　　C. 小型基准程序　　D. 核心基准程序

试题（16）、（17）分析

本题考查基准测试程序方面的基础知识。

计算机性能评估的常用方法有时钟频率法、指令执行速度法、等效指令速度法、数据处理速率法、综合理论性能法等，这些方法未考虑诸如 I/O 结构、操作系统、编译程序效率等对系统性能的影响，因此难以准确评估计算机系统的实际性能。

通常用户采用评价程序来评价系统的性能。评价程序一般有专门的测量程序、仿真程序等，而评测准确度最高的评价程序是真实程序。在计算机性能评估中，通常将评价程序中用得最多、最频繁的那部分核心程序作为评价计算机性能的标准程序，称其为基准测试程序。

参考答案

（16）A　　（17）B

试题（18）、（19）

信息系统规划方法中，关键成功因素法通过对关键成功因素的识别，找出实现目标所需要的关键信息集合，从而确定系统开发的 __(18)__ 。关键成功因素来源于组织的目标，通过组织的目标分解和关键成功因素识别、 __(19)__ 识别，一直到产生数据字典。

（18）A. 系统边界　　B. 功能指标　　　C. 优先次序　　　D. 性能指标

（19）A. 系统边界　　B. 功能指标　　　C. 优先次序　　　D. 性能指标

试题（18）、（19）分析

本题考查关键成功因素法方面的基础知识。

关键成功因素法是由 John Rockart 提出的一种信息系统规划方法。该方法能够帮助企业找到影响系统成功的关键因素，通过分析来确定企业的信息需求，从而为管理部门控制信息技术及其处理过程提供实施指南。

关键成功因素法通过对关键成功因素的识别，找出实现目标所需要的关键信息集合，从而确定系统开发的优先次序。关键成功因素来源于组织的目标，通过组织的目标分解和关键成功因素识别、性能指标识别，一直到产生数据字典。

参考答案

（18）C　　（19）D

试题（20）、（21）

系统应用集成构建统一标准的基础平台，在各个应用系统的接口之间共享数据和功能，基本原则是保证应用程序的　(20)　。系统应用集成提供了四个不同层次的服务，最上层服务是　(21)　服务。

（20）A．独立性　　　　B．相关性　　　　C．互操作性　　　　D．排他性

（21）A．通信　　　　　　　　　　　　B．信息传递与转化

　　　C．应用连接　　　　　　　　　　D．流程控制

试题（20）、（21）分析

本题考查系统应用集成方面的基础知识。

应用集成是指两个或多个应用系统根据业务逻辑的需要而进行的功能之间的相互调用和互操作。应用集成需要在数据集成的基础上完成。应用集成在底层的网络集成和数据集成的基础上实现异构应用系统之间语义层次上的互操作。它们共同实现企业集成化运行，最顶层会聚集成所需要的，技术层次上的基础支持。

系统应用集成构建统一标准的基础平台，在各个应用系统的接口之间共享数据和功能，基本原则是保证应用程序的独立性。系统应用集成提供了四个不同层次的服务，最上层服务是流程控制服务。

参考答案

（20）A　　（21）D

试题（22）、（23）

按照传统的软件生命周期方法学，可以把软件生命周期划分为软件定义、软件开发和　(22)　三个阶段。其中，可行性研究属于　(23)　阶段的主要任务。

（22）A．软件运行与维护　　　　　　　B．软件对象管理

　　　C．软件详细设计　　　　　　　　D．问题描述

（23）A．软件定义　　　　　　　　　　B．软件开发

　　　C．软件评估　　　　　　　　　　D．软件运行与维护

试题（22）、（23）分析

本题考查软件生命周期方面的基础知识。

结构化范型也称为软件生命周期方法学，属于传统方法学。把软件生命周期划分成若干个阶段，每个阶段的任务相对独立，而且比较简单，便于不同人员分工协作，从而降低了整个软件开发过程的困难程度。在传统的软件工程方法中，软件的生存周期分为软件定义、软件开发、软件运行与维护这几个阶段。

可行性研究属于软件定义阶段的主要任务。

参考答案

（22）A　（23）A

试题（24）、（25）

需求变更管理是需求管理的重要内容。需求变更管理的过程主要包括问题分析和变更描述、__(24)__、变更实现。具体来说，在关于需求变更管理的描述中，__(25)__是不正确的。

（24）A. 变更调研　　　　　　　　B. 变更判定

　　　　C. 变更定义　　　　　　　　D. 变更分析和成本计算

（25）A. 需求变更要进行控制，严格防止因失控而导致项目混乱，出现重大风险

　　　　B. 需求变更对软件项目开发有利无弊

　　　　C. 需求变更通常按特定的流程进行

　　　　D. 在需求变更中，变更审批由 CCB 负责审批

试题（24）、（25）分析

本题考查需求变更管理方面的知识。

需求变更管理是需求管理的重要内容。需求变更管理的过程主要包括问题分析和变更描述、变更分析和成本计算、变更实现。具体来说，需求变更是因为需求发生变化。根据软件工程思想，需求说明书一般要经过论证，如果在需求说明书经过论证以后，需要在原有需求基础上追加和补充新的需求或对原有需求进行修改和削减，均属于需求变更。因此，需求变更必然会带来相应的问题，绝不是百利无一害的。

参考答案

（24）D　（25）B

试题（26）～（28）

软件方法学是以软件开发方法为研究对象的学科。其中，__(26)__是先对最高层次中的问题进行定义、设计、编程和测试，而将其中未解决的问题作为一个子任务放到下一层次中去解决。__(27)__是根据系统功能要求，从具体的器件、逻辑部件或者相似系统开始，通过对其进行相互连接、修改和扩大，构成所要求的系统。__(28)__是建立在严格数学基础上的软件开发方法。

（26）A. 面向对象开发方法　　　　B. 形式化开发方法

　　　　C. 非形式化开发方法　　　　D. 自顶向下开发方法

（27）A. 自底向上开发方法　　　　B. 形式化开发方法

　　　　C. 非形式化开发方法　　　　D. 原型开发方法

（28）A. 自底向上开发方法　　　　B. 形式化开发方法

　　　　C. 非形式化开发方法　　　　D. 自顶向下开发方法

试题（26）～（28）分析

本题考查软件方法学方面的知识。

软件方法学是软件开发全过程的指导原则与方法体系。其另一种含义是以软件开发方法为研究对象的学科。从开发风范上看，软件方法有自顶向下、自底向上的开发方法。在实际软件开发中，大都是自顶向下与自底向上两种方法的结合，只不过是以何者为主而已。自顶向下是指将一个大问题分化成多个可以解决的小问题，然后逐一进行解决。每个问题都会有一个模块去解决它，且每个问题包括抽象步骤和具体步骤。形式化方法是指采用严格的数学方法，使用形式化规约语言来精确定义软件系统。非形式化的开发方法是通过自然语言、图形或表格描述软件系统的行为和特性，然后基于这些描述进行设计和开发，而形式化开发则是基于数学的方式描述、开发和验证系统。

参考答案

（26）D　　（27）A　　（28）B

试题（29）、（30）

软件开发工具是指用于辅助软件开发过程活动的各种软件，其中，__（29）__是辅助建立软件系统的抽象模型的，例如 Rose、Together、WinA&D、__（30）__等。

（29）A. 编程工具　　　　　　　B. 设计工具

　　　C. 测试工具　　　　　　　D. 建模工具

（30）A. LoadRunner　　　　　　B. QuickUML

　　　C. Delphi　　　　　　　　D. WinRunner

试题（29）、（30）分析

本题考查软件开发工具方面的知识。

软件开发工具是指用于辅助软件开发过程活动的各种软件。其中，软件建模工具是辅助建立软件系统的抽象模型的。常见的软件建模工具包括 Rational Rose、Together、WinA&D、QuickUML、EclipseUML 等。

参考答案

（29）D　　（30）B

试题（31）、（32）

软件概要设计将软件需求转化为软件设计的__（31）__和软件的__（32）__。

（31）A. 算法流程　　　　　　　B. 数据结构

　　　C. 交互原型　　　　　　　D. 操作接口

（32）A. 系统结构　　　　　　　B. 算法流程

　　　C. 内部接口　　　　　　　D. 程序流程

试题（31）、（32）分析

本题考查软件设计的基础知识。

从工程管理角度来看，软件设计可分为概要设计和详细设计两个阶段。概要设计也称为高层设计或总体设计，即将软件需求转化为数据结构和软件的系统结构；详细设计也称为低层设计，即对结构图进行细化，得到详细的数据结构与算法。

参考答案

（31）B　　（32）A

试题（33）

软件结构化设计包括　（33）　等任务。

（33）A．架构设计、数据设计、过程设计、原型设计

　　　　B．架构设计、过程设计、程序设计、原型设计

　　　　C．数据设计、过程设计、交互设计、程序设计

　　　　D．架构设计、接口设计、数据设计、过程设计

试题（33）分析

本题考查软件结构化设计的基础知识。

软件结构化设计包括架构设计、接口设计、数据设计和过程设计等任务。它是一种面向数据流的设计方法，是以结构化分析阶段所产生的成果为基础，进一步自顶而下、逐步求精和模块化的过程。

参考答案

（33）D

试题（34）

关于模块化设计，　（34）　是错误的。

（34）A．模块是指执行某一特定任务的数据结构和程序代码

　　　　B．模块的接口和功能定义属于其模块自身的内部特性

　　　　C．每个模块完成相对独立的特定子功能，与其他模块之间的关系最简单

　　　　D．模块设计的重要原则是高内聚、低耦合

试题（34）分析

本题考查软件结构化设计的基础知识。

模块化设计是将一个待开发的软件分解成若干个小的简单部分——模块。具体来说，模块是指执行某一特定任务的数据结构和程序代码。通常将模块的结构和功能定义为其外部特性，将模块的局部数据和实现该模块的程序代码称为内部特性。模块独立是指每个模块完成相对独立的特定子功能，与其他模块之间的关系最简单。通常用内聚和耦合两个标准来衡量模块的独立性，其设计原则是"高内聚、低耦合"。

参考答案

（34）B

试题（35）～（37）

基于构件的软件开发中，构件分类方法可以归纳为三大类：　（35）　根据领域分析的结果将应用领域的概念按照从抽象到具体的顺序逐次分解为树形或有向无回路图结构；　（36）　利用 Facet 描述构件执行的功能、被操作的数据、构件应用的语境或任意其他特征；　（37）　使得检索者在阅读文档过程中可以按照人类的联想思维方式任意跳转到包含相关概念或构件的文档。

（35）A．关键字分类法　　　　　　　　　B．刻面分类法

　　　　C．语义匹配法　　　　　　　　　　D．超文本方法

（36）A．关键字分类法　　　　　B．刻面分类法
　　　　C．语义匹配法　　　　　　D．超文本方法
（37）A．关键字分类法　　　　　B．刻面分类法
　　　　C．语义匹配法　　　　　　D．超文本方法

试题（35）～（37）分析

本题考查软件构件的基础知识。

基于构件的软件开发中，已有的构建分类方法可以归纳为三大类：

（1）关键字分类法。根据领域分析的结果将应用领域的概念按照从抽象到具体的顺序逐次分解为树形或有向无回路图结构。

（2）刻面分类法。利用 Facet（刻面）描述构件执行的功能、被操作的数据、构件应用的语境或任意其他特征。

（3）超文本方法。基于全文检索技术，使得检索者在阅读文档过程中可以按照人类的联想思维方式任意跳转到包含相关概念或构件的文档。

参考答案

（35）A　（36）B　（37）D

试题（38）

构件组装是指将库中的构件经适当修改后相互连接构成新的目标软件。　（38）　不属于构件组装技术。

（38）A．基于功能的构件组装技术
　　　　B．基于数据的构件组装技术
　　　　C．基于实现的构件组装技术
　　　　D．面向对象的构件组装技术

试题（38）分析

本题考查构件组装的基础知识。

构件组装是将库中的构件经适当修改后相互连接，或者将它们与当前开发项目中的软件元素相连接，最终构成新的目标软件。构件组装技术大致可分为基于功能的组装技术、基于数据的组装技术和面向对象的组装技术。

参考答案

（38）C

试题（39）、（40）

软件逆向工程就是分析已有的程序，寻求比源代码更高级的抽象表现形式。在逆向工程导出信息的四个抽象层次中，　（39）　包括反映程序各部分之间相互依赖关系的信息；　（40）　包括反映程序段功能及程序段之间关系的信息。

（39）A．实现级　　　B．结构级　　　C．功能级　　　D．领域级
（40）A．实现级　　　B．结构级　　　C．功能级　　　D．领域级

试题（39）、（40）分析

本题考查软件逆向工程的基础知识。

逆向工程过程能够导出过程的设计模型（实现级）、程序和数据结构信息（结构级）、对象模型、数据和控制流模型（功能级）以及 UML 状态图和部署图（领域级）。其中，结构级包括反映程序各部分之间相关依赖关系的信息；功能级包括反映程序段功能及程序段之间关系的信息。

参考答案

（39）B　　（40）C

试题（41）

___（41）___ 是在逆向工程所获取信息的基础上修改或重构已有的系统，产生系统的一个新版本。

（41）A. 逆向分析（Reverse Analysis）

　　　B. 重组（Restructuring）

　　　C. 设计恢复（Design Recovery）

　　　D. 重构工程（Re-engineering）

试题（41）分析

本题考查软件逆向工程的基础知识。

重组是指在同一抽象级别上转换系统描述形式；设计恢复是指借助工具从已有程序中抽象出有关数据设计、总体结构设计和过程设计等方面的信息；重构工程是指在逆向工程所获得信息的基础上，修改或重构已有的系统，产生系统的一个新版本。

参考答案

（41）D

试题（42）、（43）

软件性能测试有多种不同类型的测试方法，其中，___（42）___ 用于测试在限定的系统下考查软件系统极限运行的情况，___（43）___ 可用于测试系统同时处理的在线最大用户数量。

（42）A. 强度测试　　　　　　B. 负载测试

　　　C. 压力测试　　　　　　D. 容量测试

（43）A. 强度测试　　　　　　B. 负载测试

　　　C. 压力测试　　　　　　D. 容量测试

试题（42）、（43）分析

本题考查软件测试的基础知识。

软件性能测试类型包括负载测试、强度测试和容量测试等。其中，负载测试用于测试超负荷环境中程序是否能够承担；强度测试是在系统资源特别低的情况下考查软件系统极限运行的情况；容量测试可用于测试系统同时处理的在线最大用户数量。

参考答案

（42）A　　（43）D

试题（44）、（45）

一个完整的软件系统需从不同视角进行描述，下图属于软件架构设计中的 ___（44）___，用于 ___（45）___ 视图来描述软件系统。

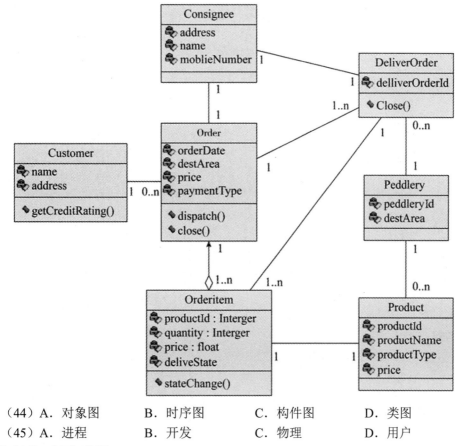

（44）A．对象图　　　　B．时序图　　　　C．构件图　　　　D．类图
（45）A．进程　　　　　B．开发　　　　　C．物理　　　　　D．用户

试题（44）、（45）分析

本题考查软件系统描述方面的知识。

软件系统需从不同的角度进行描述。著名的 4+1 视角架构模型（The "4+1" View Model of Software Architecture）提出了一种用来描述软件系统体系架构的模型，这种模型是基于使用者的多个不同视角出发。这种多视角能够解决多个"利益相关者"关心的问题。利益相关者包括最终用户、开发人员、系统工程师、项目经理等，他们能够分别处理功能性和非功能性需求。4+1 视角架构模型的五个主要的视角为逻辑视图、开发视图、处理视图、物理视图和场景。五个视角中每个都是使用符号进行描述。这些视角都是使用以架构为中心场景驱动和迭代开发等方式实现设计的。其中，类图是从开发视角对软件系统进行的描述。

参考答案

（44）D　　（45）B

试题（46）～（48）

对软件体系结构风格的研究和实践促进了对设计的复用。Garlan 和 Shaw 对经典体系结构风格进行了分类。其中，　（46）　属于数据流体系结构风格；　（47）　属于虚拟机体系结构风格；而下图描述的属于　（48）　体系结构风格。

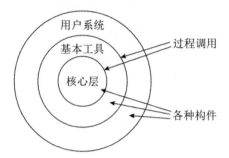

（46）A．面向对象　　　　B．事件系统　　　　C．规则系统　　　　D．批处理
（47）A．面向对象　　　　B．事件系统　　　　C．规则系统　　　　D．批处理
（48）A．层次型　　　　　B．事件系统　　　　C．规则系统　　　　D．批处理

试题（46）～（48）分析

本题考查软件体系结构风格方面的知识。

数据流体系结构包括批处理体系结构风格和管道-过滤器体系结构风格。虚拟机体系结构风格包括解释器体系结构风格和规则系统体系结构风格。图中描述的为层次型体系结构风格。

参考答案

（46）D　　（47）C　　（48）A

试题（49）、（50）

　　（49）　是由中间件技术实现并支持 SOA 的一组基础架构，它提供了一种基础设施，其优势在于　（50）　。

（49）A．ESB　　　　　　B．微服务　　　　C．云计算　　　　D．Multi-Agent System
（50）A．支持了服务请求者与服务提供者之间的直接链接
　　　　B．支持了服务请求者与服务提供者之间的紧密耦合
　　　　C．消除了服务请求者与服务提供者之间的直接链接
　　　　D．消除了服务请求者与服务提供者之间的关系

试题（49）、（50）分析

本题考查 SOA 方面的知识。

面向服务的体系结构（Service-Oriented Architecture，SOA）是一种软件系统设计方法，通过已经发布的和可发现的接口为终端用户应用程序或其他服务提供服务。

企业服务总线（Enterprise Service Bus，ESB）是构建基于 SOA 解决方案时所使用基础架构的关键部分，是由中间件技术实现并支持 SOA 的一组基础架构。ESB 支持异构环境中的服务、消息，以及基于事件的交互，并且具有适当的服务级别和可管理性。简而言之，ESB 提供了连接企业内部及跨企业间新的和现有软件应用程序的功能，以一组丰富的功能启用管理和监控应用程序之间的交互。在 SOA 分层模型中，ESB 用于组件层以及服务层之间，它能够通过多种通信协议连接并集成不同平台上的组件将其映射成服务层的服务。

参考答案

（49）A　　（50）C

试题（51）～（53）

ABSDM（Architecture-Based Software Design Model）把整个基于体系结构的软件过程划分为体系结构需求、体系结构设计、体系结构文档化、　(51)　、　(52)　和体系结构演化等六个子过程。其中，　(53)　过程的主要输出结果是体系结构规格说明和测试体系结构需求的质量设计说明书。

（51）A．体系结构复审　　　　　　　　　B．体系结构测试
　　　　C．体系结构变更　　　　　　　　　D．体系结构管理
（52）A．体系结构实现　　　　　　　　　B．体系结构测试
　　　　C．体系结构建模　　　　　　　　　D．体系结构管理
（53）A．体系结构设计　　　　　　　　　B．体系结构需求
　　　　C．体系结构文档化　　　　　　　　D．体系结构测试

试题（51）～（53）分析

本题考查基于架构的软件开发模型方面的知识。

基于架构的软件开发模型（Architecture-Based Software Design Model，ABSDM）把整个基于架构的软件过程划分为架构需求、设计、文档化、复审、实现、演化等六个子过程。

绝大多数的架构都是抽象的，由一些概念上的构件组成。例如，层的概念在任何程序设计语言中都不存在。因此，要让系统分析师和程序员去实现架构，还必须把架构进行文档化。文档是在系统演化的每一个阶段，系统设计与开发人员的通信媒介，是为验证架构设计和提炼或修改这些设计（必要时）所执行预先分析的基础。架构文档化过程的主要输出结果是架构需求规格说明和测试架构需求的质量设计说明书这两个文档。生成需求模型构件的精确的形式化的描述，作为用户和开发者之间的一个协约。

参考答案

（51）A　　（52）A　　（53）C

试题（54）～（57）

设计模式按照目的可以划分为三类，其中，　(54)　模式是对对象实例化过程的抽象。例如　(55)　模式确保一个类只有一个实例，并提供了全局访问入口；　(56)　模式允许对象在不了解要创建对象的确切类以及如何创建等细节的情况下创建自定义对象；　(57)　模式将复杂对象的构建与其表示分离。

（54）A．创建型　　　　B．结构型　　　　C．行为型　　　　D．功能型
（55）A．Facade　　　　B．Builder　　　　C．Prototype　　　D．Singleton
（56）A．Facade　　　　B．Builder　　　　C．Prototype　　　D．Singleton
（57）A．Facade　　　　B．Builder　　　　C．Prototype　　　D．Singleton

试题（54）～（57）分析

本题考查设计模式方面的基础知识。

在任何设计活动中都存在着某些重复遇到的典型问题，不同开发人员对这些问题设计出不同的解决方案，随着设计经验在实践者之间日益广泛地被利用，描述这些共同问题和解决这些问题的方案就形成了所谓的模式。

设计模式主要用于得到简洁灵活的系统设计，按设计模式的目的划分，可分为创建型、结构型和行为型三种模式。

创建型模式是对对象实例化过程的抽象。例如 Singleton 模式确保一个类只有一个实例，并提供了全局访问入口；Prototype 模式允许对象在不了解要创建对象的确切类以及如何创建等细节的情况下创建自定义对象；Builder 模式将复杂对象的构建与其表示分离。

结构型模式主要用于如何组合已有的类和对象以获得更大的结构，一般借鉴封装、代理、继承等概念将一个或多个类或对象进行组合、封装，以提供统一的外部视图或新的功能。

行为型模式主要用于对象之间的职责及其提供的服务的分配，它不仅描述对象或类的模式，还描述它们之间的通信模式，特别是描述一组对等的对象怎样相互协作以完成其中任一对象都无法单独完成的任务。

参考答案

（54）A　（55）D　（56）C　（57）B

试题（58）～（63）

某公司欲开发一个电子交易清算系统，在架构设计阶段，公司的架构师识别出 3 个核心质量属性场景。其中"数据传递时延不大于 1s，并提供相应的优先级管理"主要与　（58）　质量属性相关，通常可采用　（59）　架构策略实现该属性；"系统采用双机热备，主备机必须实时监测对方状态，以便完成系统的实时切换"主要与　（60）　质量属性相关，通常可采用　（61）　架构策略实现该属性；"系统应能够防止 99% 的黑客攻击"主要与　（62）　质量属性相关，通常可采用　（63）　架构策略实现该属性。

（58）A. 可用性　　　B. 性能　　　　C. 安全性　　　D. 可修改性

（59）A. 限制资源　　B. 引入并发　　C. 资源仲裁　　D. 限制访问

（60）A. 可用性　　　B. 性能　　　　C. 安全性　　　D. 可修改性

（61）A. 记录/回放　　B. 操作串行化　C. 心跳　　　　D. 资源调度

（62）A. 可用性　　　B. 性能　　　　C. 安全性　　　D. 可修改性

（63）A. 检测攻击　　B. Ping/Echo　C. 选举　　　　D. 权限控制

试题（58）～（63）分析

本题考查架构设计方面的基础知识。

架构的基本需求主要是在满足功能属性的前提下，关注软件质量属性，结构设计则是为满足架构需求（质量属性）寻找适当的战术。

根据题干描述，其中"数据传递时延不大于 1s，并提供相应的优先级管理"主要与性能质量属性相关，性能的战术有资源需求、资源管理和资源仲裁，通常可采用资源仲裁架构策略实现该属性。

"系统采用双机热备，主备机必须实时监测对方状态，以便完成系统的实时切换"主要与可用性质量属性相关，可用性的战术有错误检测、错误恢复和错误预防，通常可采用错误检测中的心跳架构策略实现该属性。

"系统应能够防止 99% 的黑客攻击"主要与安全性质量属性相关，安全性相关的战术有抵抗攻击、检测攻击和从攻击中恢复，通常可采用检测攻击架构策略实现该属性。

参考答案

（58）B　　（59）C　　（60）A　　（61）C　　（62）C　　（63）A

试题（64）

下列协议中与电子邮箱安全无关的是　（64）　。

（64）A. SSL　　　　　　　B. HTTPS　　　　　　C. MIME　　　　　　D. PGP

试题（64）分析

本题考查电子邮件安全方面的基础知识。

SSL（Secure Sockets Layer，安全套接层）及其继任者 TLS（Transport Layer Security，传输层安全）是为网络通信提供安全及数据完整性的一种安全协议，在传输层对网络连接进行加密。在设置电子邮箱时使用 SSL 协议，会保障邮箱更安全。

HTTPS 协议是由 HTTP 加上 TLS/SSL 协议构建的可进行加密传输、身份认证的网络协议，主要通过数字证书、加密算法、非对称密钥等技术完成互联网数据传输加密，实现互联网传输安全保护。

MIME 是设定某种扩展名的文件用一种应用程序来打开的方式类型，当该扩展名文件被访问的时候，浏览器会自动使用指定应用程序来打开。它是一个互联网标准，扩展了电子邮件标准，使其能够支持：非 ASCII 字符文本；非文本格式附件（二进制、声音、图像等）；由多部分（Multiple Parts）组成的消息体；包含非 ASCII 字符的头信息（Header Information）。

PGP 是一套用于消息加密、验证的应用程序，采用 IDEA 的散列算法作为加密与验证之用。PGP 加密由一系列散列、数据压缩、对称密钥加密，以及公钥加密的算法组合而成。每个公钥均绑定唯一的用户名和/或者 E-mail 地址。

因此，上述选项中 MIME 是扩展了电子邮件标准，不能用于保障电子邮件安全。

参考答案

（64）C

试题（65）

以下关于网络冗余设计的叙述中，错误的是　（65）　。

（65）A. 网络冗余设计避免网络组件单点失效造成应用失效

　　　　B. 备用路径与主路径同时投入使用，分担主路径流量

　　　　C. 负载分担是通过并行链路提供流量分担来提高性能的

　　　　D. 网络中存在备用链路时，可以考虑加入负载分担设计

试题（65）分析

本题考查网络冗余设计的基础知识。

网络冗余设计的目的就是避免网络组件单点失效造成应用失效；备用路径是在主路径失效时启用，其和主路径承担不同的网络负载；负载分担是网络冗余设计中的一种设计方式，其通过并行链路提供流量分担来提高性能；网络中存在备用链路时，可以考虑加入负载分担设计来减轻主路径负担。

参考答案

（65）B

试题（66）

著作权中，　__(66)__　的保护期不受期限限制。

（66）A．发表权　　　　　B．发行权　　　　　C．展览权　　　　　D．署名权

试题（66）分析

本题考查知识产权的基础知识。

发表权也称公开作品权，指作者对其尚未发表的作品享有决定是否公之于众的权利，发表权只能行使一次，且只能为作者享有。

著作权的发行权，主要是指著作权人许可他人向公众提供作品原件或者复制件。而发行权可以行使多次，并且不仅仅为作者享有。

传播权指著作权人享有向公众传播其作品的权利，传播权包括表演权、播放权、发行权、出租权、展览权等内容。

署名权是作者表明其身份，在作品上署名的权利，它是作者最基本的人身权利。根据《中华人民共和国著作权法》的规定，作者的署名权、修改权、保护作品完整权的保护期不受限制。

参考答案

（66）D

试题（67）

以下关于计算机软件著作权的叙述中，正确的是　__(67)__　。

（67）A．软件著作权自软件开发完成之日生效

　　　　B．非法进行拷贝、发布或更改软件的人被称为软件盗版者

　　　　C．开发者在单位或组织中任职期间所开发软件的著作权应归个人所有

　　　　D．用户购买了具有版权的软件，则具有对该软件的使用权和复制权

试题（67）分析

本题考查知识产权的基础知识。

计算机软件著作权是指软件的开发者或者其他权利人依据有关著作权法律的规定，对于软件作品所享有的各项专有权利。就权利的性质而言，它属于一种民事权利，具备民事权利的共同特征。

著作权是知识产权中的例外，因为著作权的取得无须经过个别确认，这就是人们常说的"自动保护"原则。软件经过登记后，软件著作权人享有发表权、开发者身份权、使用权、使用许可权和获得报酬权。

软件著作权自软件开发完成之日起产生。自然人的软件著作权，保护期为自然人终生及其死亡后 50 年，截止于自然人死亡后第 50 年的 12 月 31 日；软件是合作开发的，截止于最后死亡的自然人死亡后第 50 年的 12 月 31 日。法人或者其他组织的软件著作权，保护期为 50 年，截止于软件首次发表后第 50 年的 12 月 31 日，但软件自开发完成之日起 50 年内未发表的不予保护。

未经软件著作权人许可，修改、翻译、复制、发行著作人的软件的，属于侵权行为，应承担相应的民事、行政和刑事责任。

参考答案

（67）A

试题（68）

如果 A 公司购买了一个软件的源程序，A 公司将该软件源程序中的所有标识符做了全面修改后，作为该公司的产品销售，这种行为 __(68)__ 。

（68）A. 尚不构成侵权　　　　　　　　B. 侵犯了著作权

　　　 C. 侵犯了专利权　　　　　　　　D. 属于不正当竞争

试题（68）分析

本题考查知识产权的基础知识。

著作权作为无形财产权的一种，其转让和许可使用的认定有着比较严格的条件。正因为其无形性，即使是原作品本身所有权的转让也不意味着对该作品享有著作权的权利一并转让。著作权的转让必须通过双方一致的书面意思表示来作出。

著作权转让与许可使用的区别主要表现在：

（1）著作权使用者和受让人获得的权利不同。著作权的许可使用是著作权使用权的转移，使用者取得的只是按合同约定的方式使用作品的权利，即使用者获得的是著作权使用权；而著作权转让则是著作权财产权的转移，受让人获得的是著作权中财产权的一部分或全部，因而是著作权中财产权利的新的所有人。

（2）这两类合同的性质有别。在著作权转让的情况下，转让方与受让方签订的是著作权买卖合同；在著作权许可使用的情况下，许可人与使用者签订的是许可使用合同。

（3）就权利转让的后果而言，著作权转让后，受让方自己可以使用该作品，也可以将获得的权利再转让或再许可他人使用。在转让合同有效期内，原著作权人无权许诺任何第三方许可使用；在非专有许可使用期间，著作权人可以向第三方或更多的人许诺许可使用。而著作权的许可使用，使用者只能是自己按合同约定的方式使用该作品，无权将获得的使用权再转让他人。

（4）著作权转让时，受让方向转让方支付的费用是用于购买著作权的价金；而著作权的许可使用，使用者向许可人支付的费用是使用著作权的使用费，并且作品可以通过不同的方式使用，不同种类的许可使用支付不同的使用费。

参考答案

（68）B

试题（69）

数学模型常带有多个参数，而参数会随环境因素而变化。根据数学模型求出最优解或满意解后，还需要进行 __(69)__ ，对计算结果进行检验，分析计算结果对参数变化的反应程度。

（69）A. 一致性分析　　　　　　　　　B. 准确性分析

　　　 C. 灵敏性分析　　　　　　　　　D. 似然性分析

试题（69）分析

本题考查应用数学的基础知识。

实际问题的数学模型往往都是近似的，常带有多个参数，而参数会随环境因素而变化。根据数学模型求出最优解或满意解后，还需要进行灵敏性分析，对计算结果进行检验，分析计算结果对参数变化的反应程度。如果对于参数的微小变化引发计算结果的很大变化，那么这种计算结果不可靠，也不可信。

参考答案

（69）C

试题（70）

某工程项目包括六个作业 A～F，各个作业的衔接关系以及所需时间见下表。作业 D 最多能拖延 ___（70）___ 天，而不会影响该项目的总工期。

作业	A	B	C	D	E	F
紧前作业	—	A	A	A	B，C	D
时间/天	5	7	3	4	2	3

（70）A．0   B．1   C．2   D．3

试题（70）分析

本题考查应用数学的基础知识。

首先根据题意，绘制该工程项目的网络图如下。

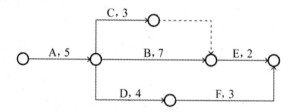

箭线上标注了作业名以及完成该作业所需的天数。

关键路径（所需天数最多的路径）：ABE。总工期=5+7+2=14 天。

作业 D、F 与作业 B、E 可并行实施，为不影响总工期，作业 D、F 可以在 7+2=9 天内完成，所以作业 D 最多可以延迟 2 天。

参考答案

（70）C

试题（71）～（75）

During the systems analysis phase, you must decide how data will be organized, stored, and managed. A ___（71）___ is a framework for organizing, storing, and managing data. Each file or table contains data about people, places, things, or events. One of the potential problems existing in a file processing environment is ___（72）___, which means that data common to two or more information systems is stored in several places.

In a DBMS, the linked tables form a unified data structure that greatly improves data quality and access. A(n) ___（73）___ is a model that shows the logical relationships and interaction among system entities. It provides an overall view of the system and a blueprint for creating the physical data structures. ___（74）___ is the process of creating table designs by assigning specific fields or attributes to each table in the database. A table design specifies the fields and identifies the primary key in a particular table or file. The three normal forms constitute a progression in which　(75)　represents the best design. Most business-related databases must be designed in that form.

(71) A. data entity 　　　　　　　　　B. data structure

C. file collection 　　　　　　　　　D. data definition

(72) A. data integrity 　　　　　　　　B. the rigid data structure

C. data redundancy 　　　　　　　　D. the many-to-many relationship

(73) A. entity-relationship diagram 　　B. data dictionary

C. database schema 　　　　　　　　D. physical database model

(74) A. Normalization 　　　　　　　　B. Replication

C. Partitioning 　　　　　　　　　　D. Optimization

(75) A. standard notation form 　　　　B. first normal form

C. second normal form 　　　　　　　D. third normal form

参考译文

在系统分析阶段，需要确定数据如何组织、存储和管理。数据结构是用于组织、存储和管理数据的一个框架。每个文件或表中包含了关于人物、地点、事物和事件的数据。文件处理场景中存在的潜在问题之一是数据冗余，意味着两个或多个信息系统中相同的数据存储在多个不同位置。

在关系数据库管理系统（DBMS）中，相互链接的表格形成了一个统一的数据结构，可以大大提升数据质量和访问。实体联系图是一个模型，显示了系统实体之间的逻辑关系和交互。它提供了一个系统的全局视图和用于创建物理数据结构的蓝图。规范化是通过为数据库中的每个表分配特定的字段或属性来创建表设计的过程。表设计是在特定表或文件中确定字段并标识主关键字。三种范式构成了一个序列，其中第三范式代表了最好的设计，大部分与业务相关的数据库必须设计成这种形式。

参考答案

(71) B 　　(72) C 　　(73) A 　　(74) A 　　(75) D

第5章 2019下半年系统架构设计师

下午试题 I 分析与解答

试题一（共 25 分）

阅读以下关于软件架构设计与评估的叙述，在答题纸上回答问题1和问题2。

【说明】

某电子商务公司为了更好地管理用户，提升企业销售业绩，拟开发一套用户管理系统。该系统的基本功能是根据用户的消费级别、消费历史、信用情况等指标将用户划分为不同的等级，并针对不同等级的用户提供相应的折扣方案。在需求分析与架构设计阶段，电子商务公司提出的需求、质量属性描述和架构特性如下：

（a）用户目前分为普通用户、银卡用户、金卡用户和白金用户四个等级，后续需要能够根据消费情况进行动态调整；

（b）系统应该具备完善的安全防护措施，能够对黑客的攻击行为进行检测与防御；

（c）在正常负载情况下，系统应在 0.5 秒内对用户的商品查询请求进行响应；

（d）在各种节假日或公司活动中，针对所有级别用户，系统均能够根据用户实时的消费情况动态调整折扣力度；

（e）系统主站点断电后，应在 5 秒内将请求重定向到备用站点；

（f）系统支持中文昵称，但用户名要求必须以字母开头，长度不少于 8 个字符；

（g）当系统发生网络失效后，需要在 15 秒内发现错误并启用备用网络；

（h）系统在展示商品的实时视频时，需要保证视频画面具有 1024×768 像素的分辨率，40 帧/秒的速率；

（i）系统要扩容时，应保证在 10 人·月内完成所有的部署与测试工作；

（j）系统应对用户信息数据库的所有操作都进行完整记录；

（k）更改系统的 Web 界面接口必须在 4 人·周内完成；

（l）系统必须提供远程调试接口，并支持远程调试。

在对系统需求、质量属性描述和架构特性进行分析的基础上，该系统架构师给出了两种候选的架构设计方案，公司目前正在组织相关专家对系统架构进行评估。

【问题1】（13 分）

针对用户级别与折扣规则管理功能的架构设计问题，李工建议采用面向对象的架构风格，而王工则建议采用基于规则的架构风格。请指出该系统更适合采用哪种架构风格，并从用户级别、折扣规则定义的灵活性、可扩展性和性能三个方面对这两种架构风格进行比较与分析，填写表 1-1 中的（1）～（3）空白处。

表 1-1　两种架构风格的比较与分析

架构风格名称	灵活性	可扩展性	性能
面向对象	将用户级别、折扣规则等封装为对象，在系统启动时加载	___(2)___	___(3)___
基于规则	___(1)___	加入新的用户级别和折扣规则时只需要定义新的规则，解释规则即可进行扩展	需要对用户级别与折扣规则进行实时解释、性能较差

【问题 2】（12 分）

在架构评估过程中，质量属性效用树（Utility Tree）是对系统质量属性进行识别和优先级排序的重要工具。请将合适的质量属性名称填入图 1-1 中（1）、（2）空白处，并选择题干描述的（a）～（l）填入（3）～（6）空白处，完成该系统的效用树。

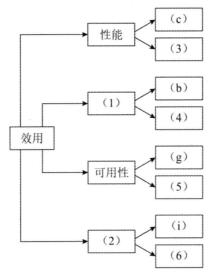

图 1-1　会员管理系统效用树

试题一分析

本题主要考查考生对于软件架构风格的理解与掌握，以及对软件质量属性的理解、掌握和应用。在解答该问题时，应认真阅读题干中给出的场景与需求描述，分析需求与架构风格的对应关系，并需要理解每个需求描述了何种质量属性，根据质量属性描述对其归类。

【问题 1】

在解答本题时，需要仔细考虑用户实际需求和现有的架构风格之间的关系，并从架构的灵活性、可扩展性和性能等方面进行综合考虑。总体来说，该系统最关注各种折扣定义的灵活性，因此需要采用基于规则的系统，将规则以数据的方式进行定义，从而避免修改代码。具体来说，采用基于规则的架构风格，需要将用户级别、折扣规则等描述为可动态改变的规则数据，加入新的用户级别和折扣规则时只需要定义新的规则，解释规则即可进行扩展。但其缺点在于需要对用户级别与折扣规则进行实时解释，性能较差。采用面向对象的架构风格，需要将用户级别、折扣规则等封装为对象，在系统启动时加载，用户级别和折扣规则已经在系统内编码，可直接运行，性能较好，但其最大的问题是加入新的用户级别和折扣规则时需要重新定义新的对象，并需要重启系统。

【问题 2】

质量属性效用树是对质量属性进行分类、权衡、分析的架构分析工具，主要关注系统的性能、可用性、可修改性和安全性四个方面。根据相关质量属性的定义，其中"系统应该具备完善的安全防护措施，能够对黑客的攻击行为进行检测与防御"和"系统应对用户信息数据库的所有操作都进行完整记录"对应安全性；"在正常负载情况下，系统应在 0.5 秒内对用户的商品查询请求进行响应"和"系统在展示商品的实时视频时，需要保证视频画面具有 1024×768 像素的分辨率，40 帧/秒的速率"对应系统的性能；"系统主站点断电后，应在 5 秒内将请求重定向到备用站点"和"当系统发生网络失效后，需要在 15 秒内发现错误并启用备用网络"对应可用性；"系统要扩容时，应保证在 10 人·月内完成所有的部署与测试工作"和"更改系统的 Web 界面接口必须在 4 人·周内完成"对应可修改性。

试题一参考答案

【问题 1】

用户级别与折扣规则管理功能更适合采用基于规则的架构风格。

（1）将用户级别、折扣规则等描述为可动态改变的规则数据。

（2）加入新的用户级别和折扣规则时需要重新定义新的对象，并需要重启系统。

（3）用户级别和折扣规则已经在系统内编码，可直接运行，性能较好。

【问题 2】

（1）安全性

（2）可修改性

（3）（h）

（4）（j）

（5）（e）

（6）（k）

> 从下列的 4 道试题（试题二至试题五）中任选 2 道解答。

试题二（共 25 分）

阅读下列说明，回答问题 1 至问题 3，将解答填入答题纸的对应栏内。

【说明】

某软件企业为快餐店开发一套在线订餐管理系统，主要功能包括：

（1）在线订餐：已注册客户通过网络在线选择快餐店所提供的餐品种类和数量后提交订单，系统显示订单费用供客户确认，客户确认后支付订单所列各项费用。

（2）厨房备餐：厨房接收到客户已付款订单后按照订单餐品列表选择各类食材进行餐品加工。

（3）食材采购：当快餐店某类食材低于特定数量时自动向供应商发起采购信息，包括食材类型和数量，供应商接收到采购信息后按照要求将食材送至快餐店并提交已采购的食材信息，系统自动更新食材库存。

（4）生成报表：每个周末和月末，快餐店经理会自动收到系统生成的统计报表，报表中详细列出了本周或本月订单的统计信息以及库存食材的统计信息。

现采用数据流图对上述订餐管理系统进行分析与设计，系统未完成的 0 层数据流图如图 2-1 所示。

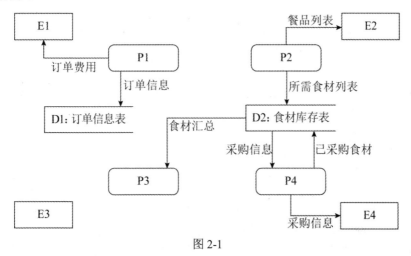

图 2-1

【问题 1】（8 分）

根据订餐管理系统功能说明，请在图 2-1 所示数据流图中给出外部实体 E1～E4 和加工 P1～P4 的具体名称。

【问题 2】（8 分）

根据数据流图规范和订餐管理系统功能说明，请说明在图 2-1 中需要补充哪些数据流可以构造出完整的 0 层数据流图。

【问题 3】（9 分）

根据数据流图的含义，请说明数据流图和系统流程图之间有哪些方面的区别。

试题二分析

本题考查过程建模中数据流图的相关知识。

数据流图（Data Flow Diagram）从数据传递和加工角度，以图形方式来表达系统的逻辑功能、数据在系统内部的逻辑流向和逻辑变换过程，是结构化系统分析方法的主要表达工具及用于表示软件模型的一种图示方法。数据流图中主要包括外部实体、数据存储、加工和数据流四种元素。外部实体主要描述与系统有交互关系的外部元素；数据存储用来描述在系统中需要持久化存储的数据；加工描述系统中的行为和动作序列；数据流描述系统中流动的数据及方向。

此类题目要求考生认真阅读题目对问题的描述，准确理解数据流图中各个元素的含义，结合图中所给出的不完整的数据流图，分析其中各个元素及其关系。

【问题 1】

图中给出了四个实体，根据题目说明中"系统显示订单费用供客户确认"可确定 E1 为客户，P1 为在线订餐；根据"厨房接收到客户已付款订单后按照订单餐品列表选择各类食材进行餐品加工"可确定 E2 为厨房，P2 为厨房备餐；根据"当快餐店某类食材低于特定数量时自动向供应商发起采购信息"可确定 E4 为供应商，P4 为食材采购；最后可确定 P3 为生成报表，则 E3 为经理。

【问题 2】

数据流图中的常见错误包括黑洞、灰洞和无输入三种类型的逻辑错误和部分语法错误。P1 只有输出没有输入，为无输入错误，需要增加 E1 到 P1 数据流"餐品订单"；P2 同样为无输入错误，需要增加 P1 到 P2 数据流"餐品订单"；根据 P3 生成报表要求输入中有订单信息和食材信息，所以需要增加 D1 到 P3 数据流"订单汇总"；P3 只有输入没有输出，存在黑洞错误，需要增加 P3 到 E3 数据流"统计报表"。

【问题 3】

数据流图和流程图是结构化建模中使用的重要工具，能够帮助开发人员更好地分析和设计系统，增强系统开发人员之间交流的准确性和有效性。数据流图作为一种图形化工具，用来说明业务处理过程、系统边界内所包含的功能和系统中的数据流，适用于系统分析中的逻辑建模阶段。流程图以图形化的方式展示应用程序从数据输入开始到获得输出为止的逻辑过程，描述处理过程的控制流，往往涉及具体的技术和环境，适用于系统设计中的物理建模阶段。数据流图和流程图是为了达到不同的目的而产生的，其所采用的标准和符号集合也不相同。在实际应用中，区别主要包括是否可以描述处理过程的并发性，描述内容是数据流还是控制流，所描述过程的计时标准不同三个方面。

试题二参考答案

【问题 1】

    E1：客户

    E2：厨房

    E3：经理

    E4：供应商

    P1：在线订餐

    P2：厨房备餐

    P3：生成报表

    P4：食材采购

【问题 2】

（1）增加 E1 到 P1 数据流"餐品订单"。

（2）增加 P1 到 P2 数据流"餐品订单"。

（3）增加 D1 到 P3 数据流"订单汇总"。

（4）增加 P3 到 E3 数据流"统计报表"。

【问题 3】

（1）数据流图中的处理过程可并行；系统流程图在某个时间点只能处于一个处理过程。

（2）数据流图展现系统的数据流；系统流程图展现系统的控制流。

（3）数据流图展现全局的处理过程，过程之间遵循不同的计时标准；系统流程图中处理过程遵循一致的计时标准。

试题三（共 25 分）

阅读以下关于嵌入式系统开放式架构相关技术的描述,在答题纸上回答问题 1 至问题 3。

【说明】

信息物理系统（Cyber Physical Systems，CPS）技术已成为未来宇航装备发展的重点关键技术之一。某公司长期从事嵌入式系统的研制工作，随着公司业务范围不断扩展，公司决定进入宇航装备的研制领域。为了做好前期准备，公司决定让王工程师负责编制公司进军宇航装备领域的战略规划。王工经调研和分析，认为未来宇航装备将向着网络化、智能化和综合化的目标发展,CPS 将会是宇航装备的核心技术,公司应构建基于 CPS 技术的新产品架构,实现超前的技术战略储备。

【问题 1】（9 分）

通常 CPS 结构分为感知层、网络层和控制层，请用 300 字以内文字说明 CPS 的定义,并简要说明各层的含义。

【问题 2】（10 分）

王工在提交的战略规划中指出：飞行器中的电子设备是一个大型分布式系统，其传感器、控制器和采集器分布在飞机各个部位，相互间采用高速总线互连，实现子系统间的数据交换，而飞行员或地面指挥系统根据飞行数据的汇总决策飞行任务的执行。图 3-1 给出了飞行器系统功能组成图。

请参考图 3-1 给出的功能图，依据你所掌握的 CPS 知识，说明以下所列的功能分别属于 CPS 结构中的哪层，哪项功能不属于 CPS 任何一层。

1. 飞行传感器管理

2. 步进电机控制

3. 显控

4. 发电机控制

5. 环控

6. 配电管理

7. 转速传感器

8. 传感器总线

9. 飞行员

10. 火警信号探测

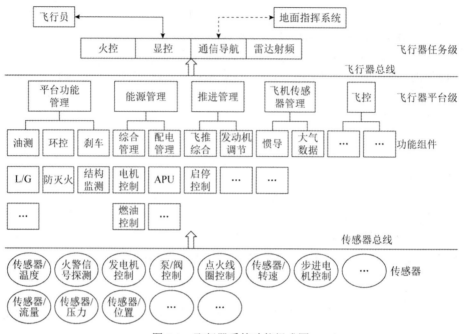

图 3-1 飞行器系统功能组成图

【问题 3】（6 分）

王工在提交的战略规划中指出：未来宇航领域装备将呈现网络化、智能化和综合化等特征，形成集群式的协同能力，安全性尤为重要。在宇航领域的 CPS 系统中，不同层面上都会存在一定的安全威胁。请用 100 字以内文字说明 CPS 系统会存在哪三类安全威胁，并对每类安全威胁至少举出两个例子说明。

试题三分析

信息物理系统（Cyber Physical Systems，CPS）技术属于下一代的智能系统，它是将计算、通信与控制等技术集于一体，实现智能化管理、控制和区域性监视等功能。目前 CPS 技术已被广泛应用于工业、医疗、环境、运输、交通和军事等领域。本题主要考查考生对 CPS 基本知识和技术的掌握程度。首先要求考生应在理解信息物理系统相关基本概念和主要架构的基础上，针对大型飞行器中实现信息与物理综合控制系统结构的说明，用 CPS 基本知识解释感知层、网络层和控制层的具体涵盖内容，从中分解出各个组件的具体含义。其次，CPS 是一种区域性系统，未来宇航领域装备将呈现网络化、智能化和综合化等特征，形成集群式的协同能力，信息安全尤为重要，考生应根据自己掌握的 CPS 及信息安全的相关知识，在 CPS 架构下分析出可能存在的安全隐患，并举例说明，在仔细阅读题干给出的相关信息的基础上，正确回答问题。

【问题 1】

信息物理系统（Cyber Physical Systems，CPS）是一个综合计算、网络和物理环境的多维复杂系统，通过 3C 技术的有机融合与深度协作，实现大型工程系统的实时感知、动态控制和信息服务，可使系统更加可靠、高效、实时协同，具有重要而广泛的应用前景。

严格讲，信息物理系统（CPS）作为计算进程和物理进程的统一体，是集计算、通信与控制于一体的下一代智能系统。信息物理系统通过人机交互接口实现和物理进程的交互，使用网络化空间，以远程的、可靠的、实时的、安全的、协作的方式操控一个物理实体。

CPS 是在环境感知的基础上，深度融合计算、通信和控制能力的可控、可信和可扩展的网络化物理设备系统，它注重计算资源与物理资源的紧密结合与协调，主要用于一些智能系统上，如设备互连、物联传感、智能家居、机器人和智能导航等。

通常，CPS 架构分为感知层、网络层和控制层。感知层：主要由传感器、控制器和采集器等设备组成。感知层中的传感器作为信息物理系统中的末端设备，主要采集的是环境中的具体信息数据，并定时地发送给服务器，服务器接收数据后进行相应的处理，再返回给物理末端设备，物理末端设备接收到数据后要进行相应的变换。网络层：主要是连接信息世界和物理世界的桥梁，主要实现的是数据传输，为系统提供实时的网络服务，保证网络分组传输的实时可靠。控制层：主要是根据感知层的认知结果，根据物理设备传回来的数据进行相应的分析，将相应的结果返回给客户端，以可视化的界面呈现给客户。

【问题 2】

图 3-1 给出的飞行器系统功能组成图是一个大型分布式 CPS 系统，其传感器、控制器和采集器分布在飞机各个部位，相互间采用高速总线互连，实现子系统间的数据交换，而飞行员或地面指挥系统根据飞行数据的汇总决策飞行任务的执行。考生可详细分析图 3-1 给出的层次关系和每个方框中的内容，根据你理解的情况，完成问题 2 的解答。

从图 3-1 可以看出，底层是飞行器系统的传感器部分，主要采集和控制飞机飞行中的各类数据，比如飞机姿态数据、流量数据、发动机数据、大气数据等，本层内容应该为 CPS 的感知层，因此问题 2 中给出的传感器名称中，步进电机控制、发电机控制、转速传感器和火警信号探测属于感知层；而从图 3-1 可以看出，系统总共有两条总线，即传感器总线和飞行器总线，根据 CPS 层次结构的定义，传感器总线应属于网络层；图 3-1 中间层是对传感器层采集的感知数据进行分类处理，它包含了多种功能性管理工作，比如飞行传感器管理、显控、环控、配电管理等都属于控制层内容。

这里要特别强调的是选项 9 飞行员，飞行员是控制飞机飞行并完成指定任务的操作者，不属于 CPS 任何一层，是 CPS 的人机交互接口。

【问题 3】

信息物理系统中的信息安全是保证该系统可靠运行、不受非法入侵的关键预防技术之一，尤其是宇航系统安全性更值得关注。要研制一个安全可靠的信息物理系统，就必须分析出该系统可能存在的被入侵源，本问题主要考查考生对信息安全技术的基础知识掌握的程度。考生可结合 CPS 架构的特点，分析完成本问题。

从结构看：CPS 感知层主要存在感知数据破坏、信息窃听、节点捕获、被旁路等安全威胁；网络层主要存在拒绝服务攻击、选择性转发、方向误导等被攻击的安全威胁；控制层主要存在用户隐私泄露、恶意代码、非授权访问等安全威胁。

试题三参考答案

【问题 1】

信息物理系统（Cyber Physical Systems，CPS）作为计算进程和物理进程的统一体，是集计算、通信与控制于一体的下一代智能系统。信息物理系统通过人机交互接口实现和物理进程的交互，使用网络化空间，以远程的、可靠的、实时的、安全的、协作的方式操控一个物理实体。

感知层：主要由传感器、控制器和采集器等设备组成，它属于信息物理系统中的末端设备。

网络层：主要是连接信息世界和物理世界的桥梁，实现的是数据传输，为系统提供实时的网络服务，保证网络分组传输的实时可靠。

控制层：主要是根据认知结果及物理设备传回来的数据进行相应的分析，将相应的结果返回给客户端。

【问题 2】

感知层：2、4、7、10

网络层：8

控制层：1、3、5、6

不属于 CPS 结构中的功能：9

【问题 3】

（1）感知层安全威胁：感知数据破坏、信息窃听、节点捕获。

（2）网络层安全威胁：拒绝服务攻击、选择性转发、方向误导攻击。

（3）控制层安全威胁：用户隐私泄露、恶意代码、非授权访问。

试题四（共 25 分）

阅读以下关于分布式数据库缓存设计的叙述，在答题纸上回答问题 1 至问题 3。

【说明】

某初创企业的主营业务是为用户提供高度个性化的商品订购业务，其业务系统支持 PC 端、手机 App 等多种访问方式。系统上线后受到用户普遍欢迎，在线用户数和订单数量迅速增长，原有的关系数据库服务器不能满足高速并发的业务要求。

为了减轻数据库服务器的压力，该企业采用了分布式缓存系统，将应用系统经常使用的数据放置在内存，降低对数据库服务器的查询请求，提高了系统性能。在使用缓存系统的过程中，企业碰到了一系列技术问题。

【问题 1】（11 分）

该系统使用过程中，由于同样的数据分别存在于数据库和缓存系统中，必然会造成数据同步或数据不一致性的问题。该企业团队为解决这个问题，提出了如下解决思路：

应用程序读数据时，首先读缓存，当该数据不在缓存时，再读取数据库；应用程序写数据时，先写缓存，成功后再写数据库；或者先写数据库，再写缓存。

王工认为该解决思路并未解决数据同步或数据不一致性的问题，请用 100 字以内的文字解释其原因。

王工给出了一种可以解决该问题的数据读写步骤如下：

读数据操作的基本步骤：

1. 根据 key 读缓存；

2. 读取成功则直接返回；

3. 若 key 不在缓存中时，根据 key __（a）__；

4. 读取成功后，__（b）__；

5. 成功返回。

写数据操作的基本步骤：

1. 根据 key 值写__（c）__；

2. 成功后__（d）__；

3. 成功返回。

请填写完善上述步骤中（a）～（d）处的空白内容。

【问题 2】（8 分）

缓存系统一般以 key/value 形式存储数据，在系统运维中发现，部分针对缓存的查询，未在缓存系统中找到对应的 key，从而引发了大量对数据库服务器的查询请求，最严重时甚至导致了数据库服务器的宕机。

经过运维人员的深入分析，发现存在两种情况：

（1）用户请求的 key 值在系统中不存在时，会查询数据库系统，加大了数据库服务器的压力；

（2）系统运行期间，发生了黑客攻击，以大量系统不存在的随机 key 发起了查询请求，从而导致了数据库服务器的宕机。

经过研究，研发团队决定，当在数据库中也未查找到该 key 时，在缓存系统中为 key 设置空值，防止对数据库服务器发起重复查询。

请用 100 字以内文字说明该设置空值方案存在的问题，并给出解决思路。

【问题 3】（6 分）

缓存系统中的 key 一般会存在有效期，超过有效期则 key 失效；有时也会根据 LRU 算法将某些 key 移出内存。当应用软件查询 key 时，如 key 失效或不在内存，会重新读取数据库，并更新缓存中的 key。

运维团队发现在某些情况下，若大量的 key 设置了相同的失效时间，导致缓存在同一时刻众多 key 同时失效，或者瞬间产生对缓存系统不存在 key 的大量访问，或者缓存系统重启等原因，都会造成数据库服务器请求瞬时爆量，引起大量缓存更新操作，导致整个系统性能急剧下降，进而造成整个系统崩溃。

请用 100 字以内文字，给出解决该问题的两种不同思路。

试题四分析

本题考查分布式数据缓存系统的概念与应用。

【问题 1】

在原有方案中，应用程序写数据时，先写缓存，成功后再写数据库；或者先写数据库，再写缓存。这里存在双写不一致问题。不管先写缓存还是数据库，都会存在一方写成功，另一方写失败的问题，从而造成数据不一致。当多个请求发生时，也可能产生读写冲突的并发问题。

王工的解决思路是：读操作的顺序是先读缓存，如果数据在缓存中则直接返回，无须数据库操作；如果数据不在缓存则读数据库，如成功则更新缓存，如失败则返回无此数据。

读操作主要解决查询效率问题。写操作的顺序是先写数据库，如失败则返回失败；如成功则更新缓存。更新缓存可能的方式有：如缓存中无此 key 值，则在缓存中不作处理；如缓存中存在此 key 值，则删除 key 值或使该 key 值失效。写操作的顺序主要防止数据库写操作失败，缓存更新为内存操作，失败的概率很小。同时删除 key 或使 key 失效，则在下一次查询该 key 值时，会发起数据库读操作，并同步更新缓存中的 key 值，从而最大程度上避免双写不一致问题。

【问题 2】

该方法主要的思路是为系统中不存在的 key，在缓存中增加该 key，并设置 key 对应的值为空值，从而防止下次发起对数据库的查询操作。

该方法存在的问题是，不在系统中的 key 值是无限的，如果均设置 key 值为空，会造成内存资源的极大浪费，引起性能急剧下降。

解决思路是对于系统中存在的 key 值，在查询前进行过滤，只允许系统中存在的 key 进行后续操作。因为一般情况下，系统中的 key 是有限的，或者是符合某种规则的。例如可以采用 key 的 bitmap 进行过滤，降低过滤的消耗。

【问题 3】

运维团队发现的大量缓存 key 值同时失效，从而导致整个系统性能急剧下降，进而造成整个系统崩溃。其主要的原因是 key 值失效，导致数据库服务器请求瞬时爆量，引起大量缓存更新操作，从而导致了系统性能急剧下降，系统崩溃。

解决该问题的思路就是采取某种做法，使得缓存中同一时间不会出现大量的 key 值失效。具体的思路有：

（1）缓存失效后，大量的缓存更新操作进行排队，通过加排它锁、队列等方式控制同时进行缓存更新操作的数量，使得缓存更新串行化，降低更新频率。此方式效果不佳，并没有从根源上解决大量缓存 key 值同时失效的问题。

（2）在增加或更新缓存时，给不同 key 设置随机或不同的失效时间，使失效时间的分布尽量均匀，从根源上避免大量缓存 key 值同时失效。

（3）设置两级或多级缓存，避免访问数据库服务器。此方式也没有从根源上解决大量缓存 key 值同时失效的问题。

试题四参考答案

【问题 1】

存在双写不一致问题，在写数据时，可能存在缓存写成功，数据库写失败，或者反之，从而造成数据不一致。当多个请求发生时，也可能产生读写冲突的并发问题。

（a）从数据库中读取数据或读数据库

（b）更新缓存中 key 值或更新缓存

（c）数据库

（d）删除缓存 key 或使缓存 key 失效或更新缓存（key 值）

【问题 2】

存在问题：不在系统中的 key 值是无限的，如果均设置 key 值为空，会造成内存资源的极大浪费，引起性能急剧下降。

解决思路：查询缓存之前，对 key 值进行过滤，只允许系统中存在的 key 进行后续操作（例如采用 key 的 bitmap 进行过滤）。

【问题 3】

思路 1：缓存失效后，通过加排它锁或者队列方式控制数据库写缓存的线程数量，使得缓存更新串行化。

思路 2：给不同 key 设置随机或不同的失效时间，使失效时间的分布尽量均匀。

思路 3：设置两级或多级缓存，避免访问数据库服务器。

试题五（共 25 分）

阅读以下关于 Web 系统架构设计的叙述，在答题纸上回答问题 1 至问题 3。

【说明】

某公司拟开发一个物流车辆管理系统，该系统可支持各车辆实时位置监控、车辆历史轨迹管理、违规违章记录管理、车辆固定资产管理、随车备品及配件更换记录管理、车辆寿命管理等功能需求。其非功能性需求如下：

（1）系统应支持大于 50 个终端设备的并发请求；

（2）系统应能够实时识别车牌，识别时间应小于 1s；

（3）系统应 7×24 小时工作；

（4）具有友好的用户界面；

（5）可抵御常见 SQL 注入攻击；

（6）独立事务操作响应时间应小于 3s；

（7）系统在故障情况下，应在 1 小时内恢复；

（8）新用户学习使用系统的时间少于 1 小时。

面对系统需求，公司召开项目组讨论会议，制订系统设计方案，最终决定基于分布式架构设计实现该物流车辆管理系统，应用 Kafka、Redis 数据缓存等技术实现对物流车辆自身数据、业务数据进行快速、高效的处理。

【问题 1】（4 分）

请将上述非功能性需求（1）～（8）归类到性能、安全性、可用性、易用性这四类非功能性需求。

【问题 2】（14 分）

经项目组讨论，完成了该系统的分布式架构设计，如图 5-1 所示。请从下面给出的（a）～（j）中进行选择，补充完善图 5-1 中（1）～（7）处空白的内容。

（a）数据存储层

（b）Struct2

（c）负载均衡层

（d）表现层

（e）HTTP 协议

（f）Redis 数据缓存

（g）Kafka 分发消息

（h）分布式通信处理层

（i）逻辑处理层

（j）CDN 内容分发

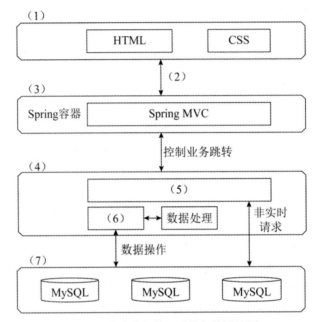

图 5-1　物流车辆管理系统架构设计图

【问题 3】（7 分）

该物流车辆管理系统需抵御常见的 SQL 注入攻击，请用 200 字以内的文字说明什么是 SQL 注入攻击，并列举出两种抵御 SQL 注入攻击的方式。

试题五分析

本题考查 Web 系统架构设计方面的相关知识和解决实际问题的能力。

此类题目要求考生认真阅读题目对现实问题的描述，需要根据需求描述，给出系统的架构设计方案。

【问题 1】

软件质量属性有可用性、可修改性、性能、安全性、可测试性、易用性六种。可用性关注的是系统产生故障的可能性和从故障中恢复的能力；性能关注的是系统对事件的响应时间；安全性关注的是系统保护合法用户正常使用系统、阻止非法用户攻击系统的能力；可测试性关注的是系统发现错误的能力；易用性关注的是对用户来说完成某个期望任务的容易程度和系统所提供的用户支持的种类。

【问题 2】

基于题干中 Web 系统的需求描述，对该系统的架构设计方案进行分析可知，该物流车辆管理系统应基于层次型架构风格进行设计。图 5-1 从下到上依次为数据存储层、分布式通信处理层、逻辑处理层和表现层。随后，选择相关的技术以支持各层所需完成的任务。

【问题 3】

　　SQL 注入攻击是黑客对数据库进行攻击的常用手段之一。随着 B/S 模式应用开发的发展，使用这种模式编写应用程序的程序员也越来越多。但是由于程序员的水平及经验参差不齐，很多程序员在编写代码的时候，没有对用户输入数据的合法性进行判断，使应用程序存在安全隐患。用户可以提交一段数据库查询代码，根据程序返回的结果，获得某些想得知的数据，这就是所谓的 SQL Injection，即 SQL 注入。

　　SQL 注入攻击属于数据库安全攻击手段之一，可以通过数据库安全防护技术实现有效防护，数据库安全防护技术包括数据库漏扫、数据库加密、数据库防火墙、数据脱敏、数据库安全审计系统。

　　为了抵御 SQL 注入攻击，可以采用如下方式：使用正则表达式、使用参数化的过滤性语句、检查用户输入的合法性、用户相关数据加密处理、用存储过程来执行所有的查询、使用专业的漏洞扫描工具等。

试题五参考答案

【问题 1】

　　性能：（1）、（2）、（6）

　　安全性：（5）

　　可用性：（3）、（7）

　　易用性：（4）、（8）

【问题 2】

　　（1）（d）

　　（2）（e）

　　（3）（i）

　　（4）（h）

　　（5）（g）

　　（6）（f）

　　（7）（a）

【问题 3】

　　SQL 注入攻击，就是通过把 SQL 命令插入 Web 表单提交或输入域名或页面请求的查询字符串，最终达到欺骗服务器执行恶意的 SQL 命令。

　　可以通过以下方式抵御 SQL 注入攻击：

- 使用正则表达式；
- 使用参数化的过滤性语句；
- 检查用户输入的合法性；
- 用户相关数据加密处理；
- 用存储过程来执行所有的查询；
- 使用专业的漏洞扫描工具。

第6章　2019下半年系统架构设计师

下午试题 II 写作要点

> 从下列的 4 道试题（试题一至试题四）中任选一道解答。请在答题纸上的指定位置将所选择试题的题号框涂黑。若多涂或者未涂题号框，则对题号最小的一道试题进行评分。

试题一　论软件设计方法及其应用

软件设计（Software Design, SD）是根据软件需求规格说明书设计软件系统的整体结构、划分功能模块、确定每个模块的实现算法以及程序流程等，形成软件的具体设计方案。软件设计把许多事物和问题按不同的层次和角度进行抽象，将问题或事物进行模块化分解，以便更容易解决问题。分解得越细，模块数量也就越多，设计者需要考虑模块之间的耦合度。

请围绕"论软件设计方法及其应用"论题，依次从以下三个方面进行论述。

1. 概要叙述你所参与管理或开发的软件项目，以及你在其中所承担的主要工作。

2. 详细阐述有哪些不同的软件设计方法，并说明每种方法的适用场景。

3. 详细说明你所参与的软件开发项目中，使用了哪种软件设计方法，具体实施效果如何。

试题一写作要点

一、简要描述所参与管理和开发的软件系统开发项目，并明确指出在其中承担的主要任务和开展的主要工作。

二、详细阐述有哪些不同的软件设计方法，并说明每种方法的适用场景。

软件设计方法包括：

（1）模型驱动设计。

模型驱动设计是一种系统设计方法，强调通过绘制图形化系统模型描述系统的技术和实现。通常从模型驱动分析中开发的逻辑模型导出系统设计模型，最终，系统设计模型将作为构造和实现新系统的蓝图。

（2）结构化设计。

结构化设计是一种面向过程的系统设计技术，它将系统过程分解成一个容易实现和维护的计算机程序模块。把一个程序设计成一个自顶向下的模块层次，一个模块就是一组指令：一个程序片段、程序块、子程序或者子过程。这些模块自顶向下按照各种设计规则和设计指南进行开发，模块需要满足高度内聚和松散耦合的特征。

（3）信息工程。

信息工程是一种用来计划、分析和设计信息系统的模型驱动的、以数据为中心的但对过程敏感的技术。信息工程模型是一些说明和同步系统的数据和过程的图形。信息工程的主要工具是数据模型图（物理实体关系图）。

（4）原型设计。

原型化方法是一种反复迭代过程，它需要设计人员和用户之间保持紧密的工作关系，通过构造一个预期系统的小规模的、不完整的但可工作的示例来与用户交互设计结果。原型设计方法鼓励并要求最终用户主动参与，这增加了最终用户对项目的信心和支持。原型更好地适应最终用户总是想改变想法的自然情况。原型是主动的模型，最终用户可以看到并与之交互。

（5）面向对象设计。

面向对象设计是一种新的设计策略，用于精炼早期面向对象分析阶段确定的对象需求定义，并定义新的与设计相关的对象。面向对象设计是面向对象分析的延伸，有利于消除"数据"和"过程"的分离。

（6）快速应用开发。

快速应用开发是一种系统设计方法，是各种结构化技术（特别是数据驱动的信息工程）与原型化技术和联合应用开发技术的结合，用以加速系统开发。快速应用开发要求反复地使用结构化技术和原型化技术来定义用户的需求并设计最终系统。

三、针对实际参与的软件系统开发项目，说明使用了哪种软件设计方法，并描述该方法实施后的实际应用效果。

试题二　论软件系统架构评估及其应用

对于软件系统，尤其是大规模复杂软件系统而言，软件系统架构对于确保最终系统的质量具有十分重要的意义。在系统架构设计结束后，为保证架构设计的合理性、完整性和针对性，保证系统质量，降低成本及投资风险，需要对设计好的系统架构进行评估。架构评估是软件开发过程中的重要环节。

请围绕"论软件系统架构评估及其应用"论题，依次从以下三个方面进行论述。

1. 概要叙述你所参与管理或开发的软件项目，以及你在其中所承担的主要工作。

2. 详细阐述有哪些不同的软件系统架构评估方法，并从评估目标、质量属性和评估活动等方面论述其区别。

3. 详细说明你所参与的软件开发项目中，使用了哪种评估方法，具体实施过程和效果如何。

试题二写作要点

一、概要叙述你所参与管理或开发的软件项目，以及你在其中所承担的主要工作。

二、详细阐述有哪些不同的软件系统架构评估方法，并从评估目标、质量属性和评估活动等方面论述其区别。

常见的软件系统架构评估方法有 SAAM 和 ATAM。

SAAM（Scenarios-based Architecture Analysis Method）是一种非功能质量属性的体系架构分析方法，最初用于比较不同的体系架构，分析架构的可修改性，后来也用于其他的质量属性，如可移植性、可扩充性等。

（1）特定目标：对描述应用程序属性的文档，验证基本体系结构假设和原则。SAAM 不仅能够评估体系结构对于特定系统需求的适用能力，也能被用来比较不同的体系结构。

（2）评估活动：SAAM 的过程包括五个步骤，即场景开发、体系结构描述、单个场景评估、场景交互和总体评估。

ATAM（Architecture Tradeoff Analysis Method）是在 SAAM 的基础上发展起来的，主要针对性能、实用性、安全性和可修改性，在系统开发之前，对这些质量属性进行评价和折中。

（1）特定目标：在考虑多个相互影响的质量属性的情况下，从原则上提供一种理解软件体系结构的能力的方法，使用该方法确定在多个质量属性之间折中的必要性。

（2）评估活动：分为四个主要的活动领域，分别是场景和需求收集、体系结构视图和场景实现、属性模型构造和分析、折中。

三、针对实际参与的软件系统架构评估工作，说明所采用的评估方法，并描述其具体实施过程和效果。

试题三　论数据湖技术及其应用

近年来，随着移动互联网、物联网、工业互联网等技术的不断发展，企业级应用面临的数据规模不断增大，数据类型异常复杂。针对这一问题，业界提出"数据湖（Data Lake）"这一新型的企业数据管理技术。数据湖是一个存储企业各种原始数据的大型仓库，支持对任意规模的结构化、半结构化和非结构化数据进行集中式存储，数据按照原有结构进行存储，无须进行结构化处理；数据湖中的数据可供存取、处理、分析及传输，支撑大数据处理、实时分析、机器学习、数据可视化等多种应用，最终支持企业的智能决策过程。

请围绕"数据湖技术及其应用"论题，依次从以下三个方面进行论述。

1. 概要叙述你所参与管理或开发的软件项目，以及你在其中所承担的主要工作。

2. 详细阐述数据湖技术，并从主要数据来源、数据模式（Schema）转换时机、数据存储成本、数据质量、面对用户和主要支撑应用类型等方面详细论述数据湖技术与数据仓库技术的差异。

3. 详细说明你所参与的软件开发项目中，如何采用数据湖技术进行企业数据管理，并说明具体实施过程以及应用效果。

试题三写作要点

一、概要叙述你所参与管理或开发的软件项目，以及你在其中所承担的主要工作。

二、数据仓库是一个优化的数据库，用于分析来自事务系统和业务线应用程序的关系数据。数据仓库技术需要事先定义数据结构和数据模式（Schema）以优化快速 SQL 查询，其中结果通常用于操作报告和分析。数据经过了清理、丰富和转换，因此可以充当用户可信任的"单一信息源"。

与数据仓库不同，数据湖能够同时存储来自业务线应用程序的关系数据，以及来自移动应用程序、物联网设备和社交媒体的非关系数据。在进行数据捕获时，无须定义数据结构或数据模式（Schema）。数据湖支持用户对数据使用不同类型的分析（如 SQL 查询、大数据分析、全文搜索、实时分析和机器学习等），为企业智能决策提供支撑。

下面从主要数据来源、数据模式转换时机、数据存储成本、数据质量、面对用户和主要支撑应用类型六个方面对数据湖技术和数据仓库技术进行比较。

特性	数据湖	数据仓库
主要数据来源	来自物联网设备、互联网、移动应用程序、社交媒体和企业应用程序的结构化、半结构化和非结构化数据	来自事务系统、运营数据库和业务线应用程序的结构化数据
数据模式转换时机	数据进入数据湖时不进行模式转换，在进行实际数据分析时才进行模式转换	在进入数据仓库之前（需要提前设计数据仓库的 Schema）
数据存储成本	通常基于非关系型数据库，数据存储成本相对较低	通常基于关系型数据库，数据存储成本高
数据质量	原始的、未经处理的数据	可作为重要事实依据的高质量数据
面对用户	业务分析师、应用开发人员和数据科学家	业务分析师
主要支撑应用类型	机器学习、预测分析、数据发现和分析	批处理报告、商务智能（BI）和数据可视化

三、考生需结合自身参与项目的实际状况，指出其参与管理和开发的项目是如何采用数据湖技术进行数据管理的，详细说明所采用的数据湖架构、主要的数据来源和质量、数据模式转换方式和时机、数据存储基础设施、系统主要用户和支撑的上层应用等，并对实际应用效果进行分析。

试题四　论负载均衡技术在 Web 系统中的应用

负载均衡技术是提升 Web 系统性能的重要方法。利用负载均衡技术，可将负载（工作任务）进行平衡、分摊到多个操作单元上执行，从而协同完成工作任务，达到提升 Web 系统性能的目的。

请围绕"论负载均衡技术在 Web 系统中的应用"论题，依次从以下三个方面进行论述。

1. 概要叙述你参与管理和开发的软件项目，以及你在其中所承担的主要工作。

2. 详细阐述常见的三种负载均衡算法，说明算法的基本原理。

3. 详细说明你所参与的软件开发项目中，如何基于负载均衡算法实现 Web 应用系统的负载均衡。

试题四写作要点

一、简要叙述所参与管理和开发的软件项目，需要明确指出在其中承担的主要任务和开展的主要工作。

二、现有的负载均衡算法主要分为静态和动态两类。静态负载均衡算法以固定的概率分配任务，不考虑服务器的状态信息，如轮转算法、随机法等；动态负载均衡算法以服务器的实时负载状态信息来决定任务的分配，如最小连接法等。

（1）轮询法。

轮询法就是将用户的请求轮流分配给服务器，就像挨个数数，轮流分配。这种算法比较简单，具有绝对均衡的优点，但是也正是因为绝对均衡，它必须付出很大的代价，例如它无法保证分配任务的合理性，无法根据服务器承受能力来分配任务。

（2）随机法。

随机法是随机选择一台服务器来分配任务。它保证了请求的分散性，达到了均衡的目的。

同时它是没有状态的，不需要维持上次的选择状态和均衡因子。但是随着任务量的增大，它的效果趋向轮询后也会具有轮询法的部分缺点。

（3）最小连接法。

最小连接法将任务分配给此时具有最小连接数的节点，因此它是动态负载均衡算法。一个结点收到一个任务后连接数就会加 1，如果结点发生故障，就将结点权值设置为 0，不再给结点分配任务。最小连接法适用于各个结点处理的性能相似的情形。任务分发单元会将任务平滑分配给服务器。但当服务器性能差距较大时，就无法达到预期的效果。因为此时连接数并不能准确表明处理能力，连接数小而自身性能很差的服务器可能不及连接数大而自身性能极好的服务器。所以在这个时候就会导致任务无法准确地分配到剩余处理能力强的机器上。

三、论文中需要结合项目实际工作，详细论述在项目中是如何基于负载均衡算法实现 Web 系统负载均衡的。

第7章 2020下半年系统架构设计师
上午试题分析与解答

试题（1）

前趋图（Precedence Graph）是一个有向无环图，记为：→={(P$_i$, P$_j$)|P$_i$ must complete before P$_j$ may start}。假设系统中进程P={P$_1$, P$_2$, P$_3$, P$_4$, P$_5$, P$_6$, P$_7$}，且进程的前趋图如下：

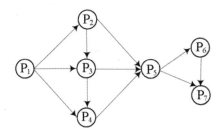

那么，该前驱图可记为 (1) 。

（1）A. →={(P$_1$, P$_2$), (P$_3$, P$_1$), (P$_4$, P$_1$), (P$_5$, P$_2$), (P$_5$, P$_3$), (P$_6$, P$_4$), (P$_7$, P$_5$), (P$_7$, P$_6$), (P$_5$, P$_6$), (P$_4$, P$_5$), (P$_6$, P$_7$) }

B. →={(P$_1$, P$_2$), (P$_1$, P$_3$), (P$_1$, P$_4$), (P$_2$, P$_5$), (P$_2$, P$_3$), (P$_3$, P$_4$), (P$_3$, P$_5$), (P$_4$, P$_5$), (P$_5$, P$_6$), (P$_5$, P$_7$), (P$_6$, P$_7$)}

C. →={(P$_1$, P$_2$), (P$_1$, P$_3$), (P$_1$, P$_4$), (P$_2$, P$_5$), (P$_2$, P$_3$), (P$_3$, P$_4$), (P$_5$, P$_3$), (P$_4$, P$_5$), (P$_5$, P$_6$), (P$_7$, P$_5$), (P$_6$, P$_7$)}

D. →={(P$_1$, P$_2$), (P$_1$, P$_3$), (P$_2$, P$_3$), (P$_2$, P$_5$), (P$_3$, P$_6$), (P$_3$, P$_4$), (P$_4$, P$_7$), (P$_5$, P$_6$), (P$_6$, P$_7$), (P$_6$, P$_5$), (P$_7$, P$_5$) }

试题（1）分析

本题考查操作系统基本概念。

前趋图（Precedence Graph）是一个有向无环图，记为DAG（Directed Acyclic Graph），用于描述进程之间执行的前后关系。图中的每个结点可用于描述一个程序段或进程，乃至一条语句；结点间的有向边则用于表示两个结点之间存在的偏序（Partial Order，亦称偏序关系）或前趋关系（Precedence Relation）"→"。

对于试题所示的前趋图，存在前趋关系：(P$_1$, P$_2$), (P$_1$, P$_3$), (P$_1$, P$_4$), (P$_2$, P$_5$), (P$_2$, P$_3$), (P$_3$, P$_4$), (P$_3$, P$_5$), (P$_4$, P$_5$), (P$_5$, P$_6$), (P$_5$, P$_7$), (P$_6$, P$_7$)

可记为：P={P$_1$, P$_2$, P$_3$, P$_4$, P$_5$, P$_6$, P$_7$ }

→={(P$_1$, P$_2$), (P$_1$, P$_3$), (P$_1$, P$_4$), (P$_2$, P$_5$), (P$_2$, P$_3$), (P$_3$, P$_4$), (P$_3$, P$_5$), (P$_4$, P$_5$), (P$_5$, P$_6$), (P$_5$, P$_7$), (P$_6$, P$_7$)}

注意：在前趋图中，没有前趋的结点称为初始结点（Initial Node），没有后继的结点称为终止结点（Final Node）。

参考答案

（1）B

试题（2）

在支持多线程的操作系统中，假设进程 P 创建了线程 T_1、T_2 和 T_3，那么下列说法正确的是 ___（2）___ 。

（2）A．该进程中已打开的文件是不能被 T_1、T_2 和 T_3 共享的

B．该进程中 T_1 的栈指针是不能被 T_2 共享的，但可被 T_3 共享

C．该进程中 T_1 的栈指针是不能被 T_2 和 T_3 共享的

D．该进程中某线程的栈指针是可以被 T_1、T_2 和 T_3 共享的

试题（2）分析

在同一进程中的各个线程都可以共享该进程所拥有的资源，如访问进程地址空间中的每一个虚地址；访问进程所拥有的已打开文件、定时器、信号量等，但是不能共享进程中某线程的栈指针。

参考答案

（2）C

试题（3）

假设某计算机的字长为 32 位，该计算机文件管理系统磁盘空间管理采用位示图（bitmap）记录磁盘的使用情况。若磁盘的容量为 300GB，物理块的大小为 4MB，那么位示图的大小为 ___（3）___ 个字。

（3）A．2400　　　　B．3200　　　　C．6400　　　　D．9600

试题（3）分析

本题考查操作系统文件管理方面的基础知识。

根据题意，若磁盘的容量为 300GB，物理块的大小为 4MB，则该磁盘的物理块数为 $300 \times 1024/4 = 76\,800$ 个，位示图的大小为 $76\,800/32 = 2400$ 个字。

参考答案

（3）A

试题（4）

实时操作系统主要用于有实时要求的过程控制等领域。因此，在实时操作系统中，对于来自外部的事件必须在 ___（4）___ 。

（4）A．一个时间片内进行处理

B．一个周转时间内进行处理

C．一个机器周期内进行处理

D．被控对象允许的时间范围内进行处理

试题（4）分析

本题考查操作系统基础知识。

实时是指计算机对于外来信息能够以足够快的速度进行处理，并在被控对象允许的时间范围内做出快速响应。因此，实时操作系统与分时操作系统的第一点区别是交互性强弱不同，分时系统交互性强，实时系统交互性弱但可靠性要求高；第二点区别是对响应时间的敏感性强，对随机发生的外部事件必须在被控制对象规定的时间内做出及时响应并对其进行处理；第三点区别是系统的设计目标不同，分时系统是设计成一个多用户的通用系统，交互能力强；而实时系统大都是专用系统。

参考答案

（4）D

试题（5）

通常在设计关系模式时，派生属性不会作为关系中的属性来存储。按照这个原则，假设原设计的学生关系模式为 Students（学号，姓名，性别，出生日期，年龄，家庭地址），那么该关系模式正确的设计应为___（5）___。

（5）A．Students（学号，性别，出生日期，年龄，家庭地址）

　　　B．Students（学号，姓名，性别，出生日期，年龄）

　　　C．Students（学号，姓名，性别，出生日期，家庭地址）

　　　D．Students（学号，姓名，出生日期，年龄，家庭地址）

试题（5）分析

本题考查关系数据库方面的基本概念。

在概念设计中，需要概括应用系统中的实体及其联系，确定实体和联系的属性。派生属性是指可以由其他属性通过计算来获得，若在系统中存储派生属性，会引起数据冗余，增加额外存储和维护负担，还可能导致数据的不一致性，故派生属性不会作为关系中的属性来存储。

本题中"年龄"是派生属性，该属性可以由"系统当前时间－出生日期"计算获得，故关系模式 Students 正确的设计是"年龄"不作为关系中的属性来存储。

参考答案

（5）C

试题（6）、（7）

给出关系 $R(U, F)$，$U=\{A, B, C, D, E\}$，$F\{A \rightarrow B, D \rightarrow C, BC \rightarrow E, AC \rightarrow B\}$，求属性闭包的等式成立的是___（6）___。$R$ 的候选关键字为___（7）___。

（6）A．$(A)_F^+ = U$　　　　B．$(B)_F^+ = U$　　　　C．$(AC)_F^+ = U$　　　　D．$(AD)_F^+ = U$

（7）A．AD　　　　　B．AB　　　　　C．AC　　　　　D．BC

试题（6）、（7）分析

本题考查关系数据库理论方面的基础知识。

设 F 为属性集 U 上的一组函数依赖，$X \subseteq U$，$X_F^+ = \{A|\ X \rightarrow A$ 能由 F 根据 Armstrong 公理导出\}，则称 X_F^+ 为属性集 X 关于函数依赖集 F 的闭包。

根据以上定义及求属性闭包算法，分别求解属性集闭包 $(A)_F^+$、$(B)_F^+$、$(AC)_F^+$、$(AD)_F^+$，并判断等式是否成立。

求解 $(A)_F^+$。根据 F 中的 $A \to B$ 函数依赖，可求得 $(A)_F^+ = AB \neq U$。

求解 $(B)_F^+$。由于 F 中不存在左部为 B 的函数依赖，故 $(B)_F^+ = B \neq U$。

求解 $(AC)_F^+$。根据 F 中的 $A \to B$ 函数依赖，可求得 $(AC)_F^+ = ABC \neq U$。

求解 $(AD)_F^+$。根据 F 中的 $A \to B, D \to C, BC \to E$ 函数依赖，通过求属性闭包算法可以求得 $(AD)_F^+ = ABCDE = U$。

由于在属性集 AD 中不存在一个真子集能决定全属性，故 AD 为 R 的候选码。

参考答案

（6）D　　（7）A

试题（8）

在分布式数据库中有分片透明、复制透明、位置透明和逻辑透明等基本概念。其中，__(8)__ 是指用户无需知道数据存放的物理位置。

（8）A．分片透明　　　B．逻辑透明　　　C．位置透明　　　D．复制透明

试题（8）分析

本题考查对分布式数据库基本概念的理解。

分片透明是指用户或应用程序不需要知道逻辑上访问的表具体是怎么分块存储的。复制透明是指采用复制技术的分布方法，用户不需要知道数据是复制到哪些节点，如何复制的。位置透明是指用户无需知道数据存放的物理位置。逻辑透明是指用户或应用程序无需知道局部场地使用的是哪种数据模型。

参考答案

（8）C

试题（9）

以下关于操作系统微内核架构特征的说法，不正确的是 __(9)__ 。

（9）A．微内核的系统结构清晰，利于协作开发

　　　B．微内核代码量少，系统具有良好的可移植性

　　　C．微内核有良好的伸缩性、扩展性

　　　D．微内核的功能代码可以互相调用，性能很高

试题（9）分析

本题考查操作系统基础知识。

微内核（Micro Kernel）是现代操作系统普遍采用的架构形式。它是一种能够提供必要服务的操作系统内核，被设计成在很小的内存空间内增加移植性，提供模块设计，这些必要的服务包括任务、线程、交互进程通信以及内存管理等。而操作系统其他所有服务（含设备驱动）在用户模式下运行，可以使用户安装不同的服务接口（API）。

微内核的主要优点在于结构清晰、内核代码量少，安全性和可靠性高、可移植性强、可伸缩性、可扩展性高；其缺点是难以进行良好的整体优化、进程间互相通信的开销大、内核功能代码不能被直接调用而带来服务的效率低。

参考答案

（9）D

试题（10）

　　分页内存管理的核心是将虚拟内存空间和物理内存空间皆划分成大小相同的页面，并以页面作为内存空间的最小分配单位。下图给出了内存管理单元的虚拟地址到物理地址的翻译过程，假设页面大小为 4KB，那么 CPU 发出虚拟地址 0010000000000100 后，其访问的物理地址是 __（10）__ 。

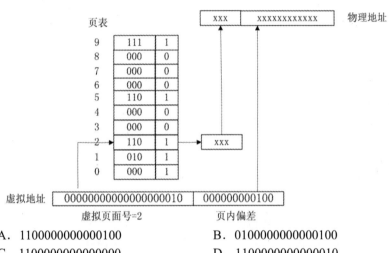

（10）A．1100000000000100　　　　　　B．0100000000000100
　　　　C．1100000000000000　　　　　　D．1100000000000010

试题（10）分析

　　本题考查计算机内存管理的基础知识。

　　虚拟内存管理是计算机体系结构设计中必须考虑的问题。计算机内存管理通过段页式管理算法，可以使计算机内存容量被无限延伸，以提升计算机处理能力。

　　分页式管理是将一个进程的逻辑地址空间分成若干个大小相等的片，称之为页面或页，并为各页加以编号，从 0 开始编码。相应地也把内存空间分成与页面相同大小的若干个存储块，称之为物理块或页框，也同样为它们加以编号。在为进程分配内存时，以块为单位将进程中若干个页分别装入多个可以不相邻的物理块中，从而实现无存储碎片的管理。分页式管理中，通常进程使用的地址是一种虚拟存储地址，必须通过页表转换才能访问到实际物理地址，虚拟地址一般由页面号和页内偏移组成，页面号是指需要访问页表的序号，而页内偏移是指在某页内相对 0 地址的偏移值。

　　因此，本题中给出虚拟地址 0010000000000100 中的页表序号是 02（10），图中页表 2 序列中内容是 110，因此物理地址应该是 110 加偏移地址，即 1100000000000100 是正确答案。

参考答案

　　（10）A

试题（11）

　　以下关于计算机内存管理的描述中，　__（11）__　属于段页式内存管理的描述。

　　（11）A．一个程序就是一段，使用基址极限对来进行管理
　　　　　　B．一个程序分为许多固定大小的页面，使用页表进行管理

C. 程序按逻辑分为多段，每一段内又进行分页，使用段页表来进行管理

D. 程序按逻辑分成多段，用一组基址极限对来进行管理。基址极限对存放在段表里

试题（11）分析

本题考查计算机内存管理的基础知识。

计算机内存管理有多种管理算法，从发展历史看，内存管理经历了固定分区、非固定分区、页式、段式和段页式等方法，当前较流行的是段页式内存管理。

页式内存管理：其核心是将虚拟内存空间和物理内存空间皆划分成大小相同的页面，并以页面作为内存空间的最小分配单位。一个程序的一个页面可以放在任意一个物理页面里。

段式内存管理：其核心是将一个程序按照逻辑单元分成多个程序段，每一个段使用自己单独的虚拟地址空间。采用段页表来进行管理。比如编译器可以将一个程序分成 5 个虚拟空间，即符号表、代码段、常数段、数据段和调用栈。

因此，选项 A 的管理方法属于分区式管理；选项 B 的管理方法属于页式管理；选项 D 的管理方法属于段式管理；只有选项 C 的管理方法属于段页式管理。

参考答案

（11）C

试题（12）

软件脆弱性是软件中存在的弱点（或缺陷），利用它可以危害系统安全策略，导致信息丢失、系统价值和可用性降低。嵌入式系统软件架构通常采用分层架构，它可以将问题分解为一系列相对独立的子问题，局部化在每一层中，从而有效地降低单个问题的规模和复杂性，实现复杂系统的分解。但是，分层架构仍然存在脆弱性。常见的分层架构的脆弱性包括 ___(12)___ 等两个方面。

（12）A. 底层发生错误会导致整个系统无法正常运行、层与层之间功能引用可能导致功能失效

B. 底层发生错误会导致整个系统无法正常运行、层与层之间引入通信机制势必造成性能下降

C. 上层发生错误会导致整个系统无法正常运行、层与层之间引入通信机制势必造成性能下降

D. 上层发生错误会导致整个系统无法正常运行、层与层之间功能引用可能导致功能失效

试题（12）分析

本题考查软件架构脆弱性方面的基础知识。

脆弱性表示人、事物、组织机构等面对波动性、随机性变化或者压力时表现出来的变化趋势，软件脆弱性是指软件中存在的弱点（或缺陷），利用它可以危害系统安全策略，导致信息丢失、系统价值和可用性降低等。通常在软件设计时，分层架构由于其良好的可扩展性和可维护性被广泛采纳，但是，分层架构也存在众多脆弱性问题，主要表现在以下两个方面：

① 一旦某个底层发生错误，那么整个程序将会无法正常运行，如产生一些数据溢出、空指针、空对象的安全问题，也有可能会得出错误的结果。

② 将系统隔离为多个相对独立的层,这就要求在层与层之间引入通信机制,这种本来"直来直去"的操作现在要层层传递,势必造成性能的下降。

参考答案

(12) B

试题 (13)

以下关于区块链应用系统中"挖矿"行为的描述中,错误的是 (13) 。

(13) A. 矿工"挖矿"取得区块链的记账权,同时获得代币奖励

　　　 B. "挖矿"本质上是在尝试计算一个 Hash 碰撞

　　　 C. "挖矿"是一种工作量证明机制

　　　 D. 可以防止比特币的双花攻击

试题 (13) 分析

本题考查区块链的基础知识。

以区块链技术最成功的应用比特币为例,矿工的"挖坑"行为,其动机是为了获得代币奖励;其技术本质是尝试计算一个 Hash 碰撞,从而完成工作量证明;对社区而言,成功挖矿的矿工获得记账权和代币奖励是区块链应用系统的激励机制,是社区自我维持的关键。然而,挖矿行为自身并不能防止双花攻击(即一笔钱可以花出去两次)。

参考答案

(13) D

试题 (14)

在 Linux 系统中,DNS 的配置文件是 (14) ,它包含了主机的域名搜索顺序和 DNS 服务器的地址。

(14) A. /etc/hostname　　　　　B. /dev/host.conf

　　　 C. /etc/resolv.conf　　　　 D. /dev/name.conf

试题 (14) 分析

本题考查 Linux 中 DNS 的配置知识。

在 Linux 中,DNS 的配置文件保存在/etc/resolv.conf。/etc/resolv.conf 是 DNS 客户机的配置文件,用于设置 DNS 服务器的 IP 地址及 DNS 域名,还包含了主机的域名搜索顺序。该文件是由域名解析器(一个根据主机名解析 IP 地址的库)使用的配置文件。它的格式比较简单,每行以一个关键字开头,后接一个或多个由空格隔开的参数。

参考答案

(14) C

试题 (15)

下面关于网络延迟的说法中,正确的是 (15) 。

(15) A. 在对等网络中,网络的延迟大小与网络中的终端数量无关

　　　 B. 使用路由器进行数据转发所带来的延迟小于交换机

　　　 C. 使用 Internet 服务能够最大限度地减小网络延迟

　　　 D. 服务器延迟的主要影响因素是队列延迟和磁盘 IO 延迟

试题（15）分析

本题考查网络延迟的基础知识。

网络中的延迟产生与以下几个方面有关：运算、读取和写入、数据传输以及数据传输过程中的拥塞所带来的延迟。在网络中，数据读写的速率较之于数据计算和传输的速率要小得多，因此数据读写的延迟是影响网络延迟的最大的因素。

在对等网络中，由于采用总线式的连接，因此网络中的终端数量越多，终端所能够分配到的转发时隙就越小，所带来的延迟也就越大。

路由器一般采取存储转发方式，需要对待转发的数据包进行重新拆包，分析其源地址和目的地址，再根据路由表对其进行路由和转发，而交换机采取的是直接转发方式，不对数据包的三层地址进行分析，因此路由器转发所带来的延迟要小于交换机。

数据在 Internet 中传输时，由于互联网中的转发数据量大且所需经过的节点多，势必会带来更大的延迟。

参考答案

（15）D

试题（16）、（17）

进行系统监视通常有三种方式：一是通过__（16）__，如 UNIX/Linux 系统中的 ps、last 等；二是通过系统记录文件查阅系统在特定时间内的运行状态；三是集成命令、文件记录和可视化技术的监控工具，如__（17）__。

（16）A．系统命令　　　B．系统调用　　　C．系统接口　　　D．系统功能

（17）A．Windows 的 netstat　　　　　B．Linux 的 iptables

　　　　C．Windows 的 Perfmon　　　　D．Linux 的 top

试题（16）、（17）分析

本题考查系统安全知识。

Windows 的 netstat 命令用来查看某个端口号是否被占用以及由哪个进程占用。

Perfmon（Performance Monitor）是 Windows 自带的性能监控工具，提供了图表化的系统性能实时监视器、性能日志和警报管理。通过添加性能计数器（Performance Counter）可以实现对 CPU、内存、网络、磁盘、进程等多类对象的上百个指标的监控。

iptables 是在 Linux 2.4 内核之后普遍使用的基于包过滤的防火墙工具，可以对流入和流出服务器的数据包进行很精细的控制。

top 命令是 Linux 下常用的性能分析工具，能够实时显示系统中各个进程的资源占用状况。

参考答案

（16）A　　（17）C

试题（18）～（21）

与电子政务相关的行为主体主要有三类，即政府、企（事）业单位及居民。因此，政府的业务活动也主要围绕着这三类行为主体展开。政府与政府、政府与企（事）业单位以及政府与居民之间的互动构成了 5 种不同的、却又相互关联的领域。其中人口信息采集、处理和利用业务属于__（18）__领域；营业执照的颁发业务属于__（19）__领域；户籍管理业务

属于　__(20)__　领域；参加政府工程投标活动属于　__(21)__　领域。

(18) A. 政府对企（事）业单位（G2B)　　　　B. 政府与政府（G2G)
　　　C. 企业对政府（B2G)　　　　　　　　D. 政府对居民（G2C)

(19) A. 政府对企（事）业单位（G2B)　　　　B. 政府与政府（G2G)
　　　C. 企业对政府（B2G)　　　　　　　　D. 政府对居民（G2C)

(20) A. 政府对企（事）业单位（G2B)　　　　B. 政府与政府（G2G)
　　　C. 企业对政府（B2G)　　　　　　　　D. 政府对居民（G2C)

(21) A. 政府对企（事）业单位（G2B)　　　　B. 政府与政府（G2G)
　　　C. 企业对政府（B2G)　　　　　　　　D. 政府对居民（G2C)

试题（18）～（21）分析

与电子政务相关的行为主体主要有三个，即政府、企（事）业单位及居民。因此，政府的业务活动也主要围绕着这三个行为主体展开。政府与政府，政府与企（事）业单位，以及政府与居民之间的互动构成了下面 5 个不同的、却又相互关联的领域。

（1）政府与政府（G2G)。

政府与政府之间的互动包括首脑机关与中央和地方政府组成部门之间的互动，中央政府与各级地方政府之间，政府的各个部门之间、政府与公务员和其他政府工作人员之间的互动。这个领域涉及的主要是政府内部的政务活动，包括国家和地方基础信息的采集、处理和利用，如人口信息；政府之间各种业务流所需要采集和处理的信息，如计划管理；政府之间的通信系统，如网络系统；政府内部的各种管理信息系统，如财务管理；以及各级政府的决策支持系统和执行信息系统，等等。

（2）政府对企（事）业单位（G2B)。

政府面向企业的活动主要包括政府向企（事）业单位发布的各种方针、政策、法规、行政规定，即企（事）业单位从事合法业务活动的环境；政府向企（事）业单位颁发的各种营业执照、许可证、合格证和质量认证等。

（3）政府对居民（G2C)。

政府对居民的活动实际上是政府面向居民所提供的服务。政府对居民的服务首先是信息服务，让居民知道政府的规定是什么，办事程序是什么，主管部门在哪里，以及各种关于社区公安和水、火、天灾等与公共安全有关的信息。户口、各种证件和牌照的管理等政府面向居民提供的各种服务。政府对居民提供的服务还包括各公共部门，如学校、医院、图书馆和公园等。

（4）企业对政府（B2G)。

企业面向政府的活动包括企业应向政府缴纳的各种税款，按政府要求应该填报的各种统计信息和报表，参加政府各项工程的竞、投标，向政府供应各种商品和服务，以及就政府如何创造良好的投资和经营环境，如何帮助企业发展等提出企业的意见和希望，反映企业在经营活动中遇到的困难，提出可供政府采纳的建议，向政府申请可能提供的援助等等。

（5）居民对政府（C2G)。

居民对政府的活动除了包括个人应向政府缴纳的各种税款和费用，按政府要求应该填报的各种信息和表格，以及缴纳各种罚款等外，更重要的是开辟居民参政、议政的渠道，使政府的各项工作不断得以改进和完善。政府需要利用这个渠道来了解民意，征求群众意见，以便更好地为人民服务。此外，报警服务（盗贼、医疗、急救、火警等）即在紧急情况下居民需要向政府报告并要求政府提供的服务，也属于这个范围。

参考答案

（18）B　　（19）A　　（20）D　　（21）C

试题（22）、（23）

软件文档是影响软件可维护性的决定因素。软件的文档可以分为用户文档和 __（22）__ 两类。其中，用户文档主要描述 __（23）__ 和使用方法，并不关心这些功能是怎样实现的。

（22）A．系统文档　　　　B．需求文档　　　C．标准文档　　　D．实现文档

（23）A．系统实现　　　　B．系统设计　　　C．系统功能　　　D．系统测试

试题（22）、（23）分析

本题考查软件文档的相关知识。

软件文档是影响软件可维护性的决定因素。根据文档内容，软件文档又可分为用户文档和系统文档两类。其中，用户文档主要描述系统功能和使用方法，并不关心这些功能是怎样实现的。

参考答案

（22）A　　（23）C

试题（24）、（25）

软件需求开发的最终文档经过评审批准后，就定义了开发工作的 __（24）__ ，它在客户和开发者之间构筑了产品功能需求和非功能需求的一个 __（25）__ ，是需求开发和需求管理之间的桥梁。

（24）A．需求基线　　　　B．需求标准　　　C．需求用例　　　D．需求分析

（25）A．需求用例　　　　B．需求管理标准　C．需求约定　　　D．需求变更

试题（24）、（25）分析

本题考查软件需求工程的相关知识。

需求基线指已经通过正式评审和批准的规格说明或产品，可作为进一步开发的基础，而且只有通过正式的变更控制过程才能修改它。建立需求基线的目的是防止需求的变化给程序架构造成重大影响。因此，它是团队成员已经承诺将在某一特定产品版本中实现的功能性和非功能性需求的一组集合，它在客户和开发者之间构筑了一个需求约定，是需求开发和需求管理之间的桥梁。

参考答案

（24）A　　（25）C

试题（26）～（28）

软件过程是制作软件产品的一组活动及其结果。这些活动主要由软件人员来完成，软件活动主要包括软件描述、 __（26）__ 、软件有效性验证和 __（27）__ 。其中， __（28）__ 定义了软件功能以及使用的限制。

（26）A．软件模型　　　B．软件需求　　　C．软件分析　　　D．软件开发

（27）A．软件分析　　　B．软件测试　　　C．软件演化　　　D．软件开发

（28）A．软件分析　　　B．软件测试　　　C．软件描述　　　D．软件开发

试题（26）～（28）分析

本题考查软件过程的相关知识。

软件过程（Software Procedure）是指软件生存周期所涉及的一系列相关过程。过程是活动的集合；活动是任务的集合；任务起着把输入进行加工然后输出的作用。活动的执行可以是顺序的、重复的、并行的、嵌套的或者是有条件地引发的。软件过程是指软件整个生命周期，包括需求获取、需求分析、设计、实现、测试、发布和维护的一个过程模型。一个软件过程定义了软件开发中采用的方法，但软件过程还包含该过程中应用的技术方法和自动化工具。过程定义一个框架，为有效交付软件，这个框架必须创建。软件过程构成了软件项目管理控制的基础，并且创建了一个环境以便于技术方法的采用、工作产品（模型、文档、报告、表格等）的产生、里程碑的创建、质量的保证、正常变更的正确管理。

软件过程中的活动主要由软件人员来完成，软件活动主要包括软件描述、软件开发、软件有效性验证和软件演化。其中，软件描述定义了软件功能以及使用的限制。

参考答案

（26）D　　（27）C　　（28）C

试题（29）、（30）

对应软件开发过程的各种活动，软件开发工具有需求分析工具、__（29）__、编码与排错工具、测试工具等。按描述需求定义的方法可将需求分析工具分为基于自然语言或图形描述的工具和基于__（30）__的工具。

（29）A．设计工具　　　B．分析工具　　　C．耦合工具　　　　D．监控工具

（30）A．用例　　　　　　　　　　　B．形式化需求定义语言

　　　C．UML　　　　　　　　　　　D．需求描述

试题（29）、（30）分析

本题考查软件系统工具相关知识。

软件系统工具的种类繁多，很难有统一的分类方法。通常可以按软件过程活动将软件工具分为软件开发工具、软件维护工具、软件管理和软件支持工具。其中，对应软件开发过程的各种活动，软件开发工具有需求分析工具、设计工具、编码与排错工具、测试工具等。

需求分析工具用以辅助软件需求分析活动，辅助系统分析员从需求定义出发，生成完整的、清晰的、一致的功能规范。功能规范是软件所要完成的功能精确而完整的陈述，描述该软件要做什么及只做什么，是软件开发者和用户间的契约，同时也是软件设计者和实现者的依据。功能规范应正确、完整地反映用户对软件的功能要求，其表达是清晰的、无歧义的。需求分析工具的目标就是帮助分析员形成这样的功能规范。按描述需求定义的方法可将需求分析工具分为基于自然语言或图形描述的工具和基于形式化需求定义语言的工具。

参考答案

（29）A　　（30）B

试题（31）、（32）

软件设计包括四个既独立又相互联系的活动： (31) 、软件结构设计、人机界面设计和 (32) 。

（31）A．用例设计　　　　　　　　B．数据设计
　　　C．程序设计　　　　　　　　D．模块设计

（32）A．接口设计　　　　　　　　B．操作设计
　　　C．输入输出设计　　　　　　D．过程设计

试题（31）、（32）分析

本题考查软件设计的基础知识。

软件设计包括四个既独立又相互联系的活动，即数据设计、软件结构设计、人机界面设计和过程设计，这四个活动完成以后就得到了全面的软件设计模型。

参考答案

（31）B　　（32）D

试题（33）、（34）

信息隐蔽是开发整体程序结构时使用的法则，通过信息隐蔽可以提高软件的 (33) 、可测试性和 (34) 。

（33）A．可修改性　　　　　　　　B．可扩充性
　　　C．可靠性　　　　　　　　　D．耦合性

（34）A．封装性　　　　　　　　　B．安全性
　　　C．可移植性　　　　　　　　D．可交互性

试题（33）、（34）分析

本题考查软件结构化设计的基础知识。

信息隐蔽是开发整体程序结构时使用的法则，即将每个程序的成分隐蔽或封装在一个单一的设计模块中，并且尽可能少地暴露其内部的处理过程。通过信息隐蔽可以提高软件的可修改性、可测试性和可移植性，它也是现代软件设计的一个关键性原则。

参考答案

（33）A　　（34）C

试题（35）

按照外部形态，构成一个软件系统的构件可以分为五类，其中， (35) 是指可以进行版本替换并增加构件新功能。

（35）A．装配的构件　　　　　　　B．可修改的构件
　　　C．有限制的构件　　　　　　D．适应性构件

试题（35）分析

本题考查软件构件的基础知识。

如果把软件系统看成是构件的集合，那么从构件的外部形态来看，构成一个系统的构件可分为五类：独立而成熟的构件得到了实际运行环境的多次检验；有限制的构件提供了接口，指出了使用的条件和前提；适应性构件进行了包装或使用了接口技术，把不兼容性、资源冲

突等进行了处理，可以直接使用；装配的构件在安装时，已经装配在操作系统、数据库管理系统或信息系统不同层次上，可以连续使用；可修改的构件可以进行版本替换，如果对原构件修改错误、增加新功能，可以利用重新"包装"或写接口来实现构件的替换。

参考答案

（35）B

试题（36）～（38）

中间件是提供平台和应用之间的通用服务，这些服务具有标准的程序接口和协议。中间件的基本功能包括：为客户端和服务器之间提供__(36)__；提供__(37)__保证交易的一致性；提供应用的__(38)__。

（36）A．连接和通信　　　　　　　　B．应用程序接口
　　　　C．通信协议支持　　　　　　　D．数据交换标准

（37）A．安全控制机制　　　　　　　B．交易管理机制
　　　　C．标准消息格式　　　　　　　D．数据映射机制

（38）A．基础硬件平台　　　　　　　B．操作系统服务
　　　　C．网络和数据库　　　　　　　D．负载均衡和高可用性

试题（36）～（38）分析

本题考查中间件的基础知识。

中间件提供平台和应用之间的通用服务，这些服务具有标准的程序接口和协议。中间件的基本功能包括：为客户端和服务器之间提供连接和通信；提供交易管理机制保证交易的一致性；提供应用的负载均衡和高可用性等。

参考答案

（36）A　　（37）B　　（38）D

试题（39）、（40）

应用系统开发中可以采用不同的开发模型，其中，__(39)__将整个开发流程分为目标设定、风险分析、开发和有效性验证、评审四个部分；__(40)__则通过重用来提高软件的可靠性和易维护性，程序在进行修改时产生较少的副作用。

（39）A．瀑布模型　　　　　　　　　B．螺旋模型
　　　　C．构件模型　　　　　　　　　D．对象模型

（40）A．瀑布模型　　　　　　　　　B．螺旋模型
　　　　C．构件模型　　　　　　　　　D．对象模型

试题（39）、（40）分析

本题考查软件开发模型的基础知识。

应用系统开发中可以采用不同的开发模型，包括瀑布模型、演化模型、原型模型、螺旋模型、喷泉模型和基于可重用构件的模型等。其中，螺旋模型将整个开发流程分为目标设定、风险分析、开发和有效性验证、评审四个部分；构件则通过重用来提高软件的可靠性和易维护性，程序在进行修改时产生较少的副作用。

参考答案

（39）B （40）C

试题（41）

关于敏捷开发方法的特点，不正确的是 （41） 。

（41）A．敏捷开发方法是适应性而非预设性

B．敏捷开发方法是面向过程的而非面向人的

C．采用迭代增量式的开发过程，发行版本小型化

D．敏捷开发中强调开发过程中相关人员之间的信息交流

试题（41）分析

本题考查敏捷开发方法的基础知识。

敏捷开发方法主要有两个特点：敏捷开发方法是适应性而非预设性的；敏捷开发方法是面向人而非面向过程的。敏捷开发方法以原型化开发方法为基础，采用迭代增量式开发，发行版本小型化。敏捷开发方法特别强调开发中相关人员之间的信息交流。

参考答案

（41）B

试题（42）、（43）

自动化测试工具主要使用脚本技术来生成测试用例，其中， （42） 是录制手工测试的测试用例时得到的脚本； （43） 是将测试输入存储在独立的数据文件中，而不是在脚本中。

（42）A．线性脚本 B．结构化脚本

C．数据驱动脚本 D．共享脚本

（43）A．线性脚本 B．结构化脚本

C．数据驱动脚本 D．共享脚本

试题（42）、（43）分析

本题考查软件测试的基础知识。

自动化测试工具主要使用脚本技术来生成测试用例，脚本是一组测试工具执行的指令集合。脚本的基本结构主要有五种：线性脚本是录制手工测试的测试用例时得到的脚本；结构化脚本具有各种逻辑结构和函数调用功能；共享脚本是指一个脚本可以被多个测试用例使用；数据驱动脚本是指将测试输入存储在独立的数据文件中，而不是脚本中；关键字驱动脚本是数据驱动脚本的逻辑扩展，用测试文件描述测试用例。

参考答案

（42）A （43）C

试题（44）～（47）

考虑软件架构时，重要的是从不同的视角（perspective）来检查，这促使软件设计师考虑架构的不同属性。例如，展示功能组织的 （44） 能判断质量特性，展示并发行为的 （45） 能判断系统行为特性。选择的特定视角或视图也就是逻辑视图、进程视图、实现视图和 （46） 。使用 （47） 来记录设计元素的功能和概念接口，设计元素的功能定义了它本身在系统中的角色，这些角色包括功能、性能等。

（44）A. 静态视角　　　B. 动态视角　　　C. 多维视角　　　D. 功能视角
（45）A. 开发视角　　　B. 动态视角　　　C. 部署视角　　　D. 功能视角
（46）A. 开发视图　　　B. 配置视图　　　C. 部署视图　　　D. 物理视图
（47）A. 逻辑视图　　　B. 物理视图　　　C. 部署视图　　　D. 用例视图

试题（44）～（47）分析

本题考查软件架构的相关知识。

在软件架构中，从不同的视角描述特定系统的体系结构，从而得到多个视图，并将这些视图组织起来以描述整体的软件架构模型。因此，在考虑体系结构时，可以从不同的视角来检查，这促使软件设计师考虑体系结构的不同属性。例如，展示功能组织的静态视角能判断质量特性，展示并发行为的动态视角能判断系统行为特性。选择的特定视角或视图也就是逻辑视图、进程视图、实现视图和配置视图。使用逻辑视图来记录设计元素的功能和概念接口，设计元素的功能定义了它本身在系统中的角色，这些角色包括功能、性能等。

参考答案

（44）A　　（45）B　　（46）B　　（47）A

试题（48）～（50）

在软件架构评估中，__(48)__是影响多个质量属性的特性，是多个质量属性的__(49)__。例如，提高加密级别可以提高安全性，但可能要耗费更多的处理时间，影响系统性能。如果某个机密消息的处理有严格的时间延迟要求，则加密级别可能就会成为一个__(50)__。

（48）A. 敏感点　　　B. 权衡点　　　C. 风险决策　　　D. 无风险决策
（49）A. 敏感点　　　B. 权衡点　　　C. 风险决策　　　D. 无风险决策
（50）A. 敏感点　　　B. 权衡点　　　C. 风险决策　　　D. 无风险决策

试题（48）～（50）分析

本题考查体系结构评估的相关知识。

敏感点（sensitivity point）和权衡点（tradeoff point）是关键的体系结构决策。敏感点是一个或多个构件（和／或构件之间的关系）的特性。研究敏感点可使设计人员或分析员明确在搞清楚如何实现质量目标时应注意什么。权衡点是影响多个质量属性的特性，是多个质量属性的敏感点。因此，改变加密级别可能会对安全性和性能产生非常重要的影响。提高加密级别可以提高安全性，但可能要耗费更多的处理时间，影响系统性能。如果某个机密消息的处理有严格的时间延迟要求，则加密级别可能就会成为一个权衡点。

参考答案

（48）B　　（49）A　　（50）B

试题（51）～（53）

针对二层 C/S 软件架构的缺点，三层 C/S 架构应运而生。在三层 C/S 架构中，增加了一个__(51)__。三层 C/S 架构是将应用功能分成表示层、功能层和__(52)__三个部分。其中__(53)__是应用的用户接口部分，担负与应用逻辑间的对话功能。

（51）A. 应用服务器　　B. 分布式数据库　　C. 内容分发　　　D. 镜像
（52）A. 硬件层　　　　B. 数据层　　　　　C. 设备层　　　　D. 通信层

（53）A．表示层　　　　B．数据层　　　　　C．应用层　　　　D．功能层

试题（51）～（53）分析

本题考查软件架构中三层 C/S 架构的相关知识。

传统的二层 C/S 结构存在以下几个局限：是单一服务器且以局域网为中心的，所以难以扩展至大型企业广域网或 Internet；受限于供应商；软硬件的组合及集成能力有限；难以管理大量的客户机。因此，三层 C/S 结构应运而生。

三层 C/S 结构是将应用功能分成表示层、功能层和数据层三部分，其解决方案是对这三层进行明确分割，并在逻辑上使其独立。原来的数据层作为 DBMS 已经独立出来，将表示层和功能层分离成各自独立的程序，使这两层间的接口简洁明了。三层 C/S 结构中，表示层是应用的用户接口部分，它担负着用户与应用间的对话功能。它用于检查用户从键盘等输入的数据，显示应用输出的数据。功能层相当于应用的本体，它是将具体的业务处理逻辑编入程序中。数据层就是 DBMS，负责管理对数据库数据的读写。

参考答案

（51）A　　（52）B　　（53）A

试题（54）、（55）

经典的设计模式共有 23 个，这些模式可以按两个准则来分类：一是按设计模式的目的划分，可分为＿＿（54）＿＿型、结构型和行为型三种模式；二是按设计模式的范围划分，可以把设计模式分为类设计模式和＿＿（55）＿＿设计模式。

（54）A．创建　　　　　B．实例　　　　　　C．代理　　　　　D．协同
（55）A．包　　　　　　B．模板　　　　　　C．对象　　　　　D．架构

试题（54）、（55）分析

软件模式主要可分为设计模式、分析模式、组织和过程模式等，每一类又可细分为若干个子类。在此着重介绍设计模式，目前它的使用最为广泛。设计模式主要用于得到简洁灵活的系统设计，GoF 的书中共有 23 个设计模式，这些模式可以按两个准则来分类：一是按设计模式的目的划分，可分为创建型、结构型和行为型三种模式；二是按设计模式的范围划分，即根据设计模式是作用于类还是作用于对象来划分，可以把设计模式分为类设计模式和对象设计模式。

参考答案

（54）A　　（55）C

试题（56）～（58）

创建型模式支持对象的创建，该模式允许在系统中创建对象，而不需要在代码中标识特定类的类型，这样用户就不需要编写大量、复杂的代码来初始化对象。在不指定具体类的情况下，＿＿（56）＿＿模式为创建一系列相关或相互依赖的对象提供了一个接口。＿＿（57）＿＿模式将复杂对象的构建与其表示相分离，这样相同的构造过程可以创建不同的对象。＿＿（58）＿＿模式允许对象在不了解要创建对象的确切类以及如何创建等细节的情况下创建自定义对象。

（56）A．Prototype　　　B．Abstract Factory　　C．Builder　　　　D．Singleton
（57）A．Prototype　　　B．Abstract Factory　　C．Builder　　　　D．Singleton

（58）A．Prototype　　　　B．Abstract Factory　　　　C．Builder　　　　D．Singleton

试题（56）～（58）分析

在系统中，创建性模式支持对象的创建。该模式允许在系统中创建对象，而不需要在代码中标识特定类的类型，这样用户就不需要编写大量、复杂的代码来初始化对象。它是通过该类的子类来创建对象的。

在不指定具体类的情况下，Abstract Factory 模式为创建一系列相关或相互依赖的对象提供了一个接口。根据给定的相关抽象类，Abstract Factory 模式提供了从一个相匹配的具体子类集创建这些抽象类的实例的方法。Abstract Factory 模式提供了一个可以确定合适的具体类的抽象类，这个抽象类可以用来创建实现标准接口的具体产品的集合。客户端只与产品接口和 Abstract Factory 类进行交互。使用这种模式，客户端不用知道具体的构造类。Abstract Factory 模式类似于 Factory Method 模式，但是 Abstract Factory 模式可以创建一系列的相关对象。

Builder 模式将复杂对象的构建与其表示相分离，这样相同的构造过程可以创建不同的对象。通过只指定对象的类型和内容，Builder 模式允许客户端对象构建一个复杂对象。客户端可以不受该对象构造的细节的影响。这样通过定义一个能够构建其他类实例的类，就可以简化复杂对象的创建过程。Builder 模式生产一个主要产品，而该产品中可能有多个类，但是通常只有一个主类。

Prototype 模式允许对象在不了解要创建对象的确切类以及如何创建等细节的情况下创建自定义对象。使用 Prototype 实例，便指定了要创建的对象类型，而通过复制这个 Prototype，就可以创建新的对象。Prototype 模式是通过先给出一个对象的 Prototype 对象，然后再初始化对象的创建。创建初始化后的对象再通过 Prototype 对象对其自身进行复制来创建其他对象。Prototype 模式使得动态创建对象更加简单，只要将对象类定义成能够复制自身就可以实现。

参考答案

（56）B　　（57）C　　（58）A

试题（59）～（63）

某公司欲开发一个在线教育平台。在架构设计阶段，公司的架构师识别出 3 个核心质量属性场景。其中"网站在并发用户数量 10 万的负载情况下，用户请求的平均响应时间应小于 3 秒"这一场景主要与　（59）　质量属性相关，通常可采用　（60）　架构策略实现该属性；"主站宕机后，系统能够在 10 秒内自动切换至备用站点并恢复正常运行"主要与　（61）　质量属性相关，通常可采用　（62）　架构策略实现该属性；"系统完成上线后，少量的外围业务功能和界面的调整与修改不超过 10 人·月"主要与　（63）　质量属性相关。

（59）A．性能　　　　　B．可用性　　　　　C．易用性　　　　　D．可修改性

（60）A．抽象接口　　B．信息隐藏　　　　C．主动冗余　　　　D．资源调度

（61）A．性能　　　　　B．可用性　　　　　C．易用性　　　　　D．可修改性

（62）A．记录/回放　　B．操作串行化　　　C．心跳　　　　　　D．增加计算资源

（63）A．性能　　　　　B．可用性　　　　　C．易用性　　　　　D．可修改性

试题（59）～（63）分析

本题考查质量属性的基础知识与应用。

架构的基本需求主要是在满足功能属性的前提下，关注软件质量属性，架构设计则是为满足架构需求（质量属性）寻找适当的"战术"（即架构策略）。

软件属性包括功能属性和质量属性，但是，软件架构（及软件架构设计师）重点关注的是质量属性。因为在大量的可能结构中，可以使用不同的结构来实现同样的功能性，即功能性在很大程度上是独立于结构的，架构设计师面临着决策（对结构的选择），而功能性所关心的是它如何与其他质量属性进行交互，以及它如何限制其他质量属性。

常见的 6 个质量属性为可用性、可修改性、性能、安全性、可测试性、易用性。质量属性场景是一种面向特定的质量属性的需求，由以下 6 部分组成：刺激源、刺激、环境、制品、响应、响应度量。

题目中描述的人员管理系统在架构设计阶段，公司的架构师识别出 3 个核心质量属性场景，其中"网站在并发用户数量 10 万的负载情况下，用户请求的平均响应时间应小于 3 秒"这一场景主要与性能质量属性相关，通常可采用提高计算效率、减少计算开销、控制资源使用、资源调度、负载均衡等架构策略实现该属性；"主站宕机后，系统能够在 10 秒内自动切换至备用站点并恢复正常运行"主要与可用性质量属性相关，通常可采用 Ping/Echo、心跳、异常检测、主动冗余、被动冗余、检查点等架构策略实现该属性；"系统完成上线后，少量的外围业务功能和界面的调整与修改不超过 10 人·月"主要与可修改性质量属性相关。

参考答案

（59）A　　（60）D　　（61）B　　（62）C　　（63）D

试题（64）

SYN Flooding 攻击的原理是　 (64) 　。

(64) A. 利用 TCP 三次握手，恶意造成大量 TCP 半连接，耗尽服务器资源，导致系统拒绝服务

　　　B. 操作系统在实现 TCP/IP 协议栈时，不能很好地处理 TCP 报文的序列号紊乱问题，导致系统崩溃

　　　C. 操作系统在实现 TCP/IP 协议栈时，不能很好地处理 IP 分片包的重叠情况，导致系统崩溃

　　　D. 操作系统协议栈在处理 IP 分片时，对于重组后超大的 IP 数据包不能很好地处理，导致缓存溢出而系统崩溃

试题（64）分析

本题考查网络安全知识。

SYN Flooding 是一种常见的 DOS（denial of service，拒绝服务）和 DDoS（distributed denial of service，分布式拒绝服务）攻击方式。它使用 TCP 协议缺陷，发送大量的伪造的 TCP 连接请求，使得被攻击方 CPU 或内存资源耗尽，最终导致被攻击方无法提供正常的服务。

参考答案

（64）A

试题（65）

下面关于 Kerberos 认证的说法中，错误的是 __(65)__。

(65) A．Kerberos 是在开放的网络中为用户提供身份认证的一种方式

　　　B．系统中的用户要相互访问必须首先向 CA 申请票据

　　　C．KDC 中保存着所有用户的账号和密码

　　　D．Kerberos 使用时间戳来防止重放攻击

试题（65）分析

本题目考查 Kerberos 认证系统的认证流程知识。

Kerberos 提供了一种单点登录（SSO）的方法。考虑这样一个场景，在一个网络中有不同的服务器，比如，打印服务器、邮件服务器和文件服务器。这些服务器都有认证的需求。很自然的，让每个服务器自己实现一套认证系统是不合理的，而是提供一个中心认证服务器（AS-Authentication Server）供这些服务器使用。这样任何客户端就只需维护一个密码就能登录所有服务器。

因此，在 Kerberos 系统中至少有三个角色：认证服务器（AS），客户端（Client）和普通服务器（Server）。客户端和服务器将在 AS 的帮助下完成相互认证。

在 Kerberos 系统中，客户端和服务器都有一个唯一的名字。同时，客户端和服务器都有自己的密码，并且它们的密码只有自己和认证服务器 AS 知道。

客户端在进行认证时，需首先向密钥分发中心来申请初始票据。

参考答案

(65) B

试题（66）、（67）

某软件公司根据客户需求，组织研发出一套应用软件，并与本公司的职工签订了保密协议，但是本公司某研发人员将该软件中的算法和部分程序代码公开发表。该软件研发人员 __(66)__，该软件公司丧失了这套应用软件的 __(67)__。

(66) A．与公司共同享有该软件的著作权，是正常行使发表权

　　　B．与公司共同享有该软件的著作权，是正常行使信息网络传播权

　　　C．不享有该软件的著作权，其行为涉嫌侵犯公司的专利权

　　　D．不享有该软件的著作权，其行为涉嫌侵犯公司的软件著作权

(67) A．计算机软件著作权　　　　　　B．发表权

　　　C．专利权　　　　　　　　　　　D．商业秘密

试题（66）、（67）分析

本题考查知识产权基础知识。

根据题目描述，该软件公司的研发人员参与开发的该软件是职务作品，因此该软件著作权属于公司。

软件著作权的客体是指计算机软件，即计算机程序及其有关文档。

软件著作权包括人身权、财产权等，人身权包括署名权、修改权、保护作品完整权等权力，财产权包括复制权、发行权、展览权、改编权、信息网络传播权等权利。发表权指决定

软件是否公之于众的权利；发行权是指以出售或者赠与方式向公众提供软件的原件或者复制件的权利；信息网络传播权是指以有线或者无线方式向公众提供软件，使公众可以在其个人选定的时间和地点获得软件的权利。

研发人员将该软件中的算法和部分程序代码公开发表，使该公司丧失了商业秘密。

参考答案

（66）D　　（67）D

试题（68）

按照《中华人民共和国著作权法》的权利保护期，　（68）　受到永久保护。

（68）A．发表权　　　B．修改权　　　C．复制权　　　D．发行权

试题（68）分析

本题考查知识产权基础知识。

发表权指决定软件是否公之于众的权利；修改权是指对软件进行增补、删节，或者改变指令、语句顺序的权利；复制权是将软件制作一份或者多份的权利；发行权是指以出售或者赠与方式向公众提供软件的原件或者复制件的权利。

修改权属于软件著作权中的人身权，得到永久保护。

参考答案

（68）B

试题（69）

为近似计算 XYZ 三维空间内由三个圆柱 $x^2+y^2\leq1$，$y^2+z^2\leq1$，$x^2+z^2\leq1$ 相交部分 V 的体积，以下四种方案中，　（69）　最容易理解，最容易编程实现。

（69）A．在 $z=0$ 平面中的圆 $x^2+y^2\leq1$ 上，近似计算二重积分

　　　　B．画出 V 的形状，将其分解成多个简单形状，分别计算体积后，再求和

　　　　C．将 V 看作多个区域的交集，利用有关并集、差集的体积计算交集体积

　　　　D．V 位于某正立方体 M 内，利用 M 内均匀分布的随机点落在 V 中的比例进行计算

试题（69）分析

本题考查应用数学-随机模拟的基础知识。

由于三个圆柱相交部分很难画图，很难想象其形状，也很难确定其边界参数，因此，方案 A、B、C 的计算都有相当难度。方案 D 的计算非常容易，在计算机上利用伪随机数，很容易取得正立方体 $\{-1\leq x,y,z\leq1\}$ 内均匀分布的随机点，也很容易判断该点是否位于 V 内。对大量的随机点，很容易统计在该正立方体中的随机点位于 V 中的比例。该比例值的 8 倍就近似地等于 V 的体积。

参考答案

（69）D

试题（70）

某厂生产的某种电视机，销售价为每台 2500 元，去年的总销售量为 25 000 台，固定成本总额为 250 万元，可变成本总额为 4000 万元，税率为 16%，则该产品年销售量的盈亏平衡点为　（70）　台（只有在年销售量超过它时才能盈利）。

（70）A．5000　　　　B．10 000　　　　C．15 000　　　　D．20 000

试题（70）分析

本题考查应用数学-管理经济学的基础知识。

可变成本总额与销售的电视机台数有关。去年销售了 25 000 台，可变成本总额为 4000 万元，因此，每台电视机的可变成本为 4000/2.5=1600 元。

如果年销售量为 N 台，则总成本=固定成本+$N×$每台的可变成本=250+0.16N（万元）。总收益=0.25N（1–16%）=0.21N（万元）。

对于盈亏平衡点的年销售量 N，250+0.16N=0.21N，所以 N=5000（台）。

参考答案

（70）A

试题（71）～（75）

The purpose of systems design is to specify a(n) __(71)__ , which defines the technologies to be used to build the proposed information systems. This task is accomplished by analyzing the data models and process models that were initially created during __(72)__ . The __(73)__ is used to establish physical processes and data stores across a network. To complete this activity, the analyst may involve a number of system designers and __(74)__ , which may be involved in this activity to help address business data, process, and location issues. The key inputs to this task are the facts, recommendations, and opinions that are solicited from various sources and the approved __(75)__ from the decision analysis phase.

（71）A．physical model　　　　　　B．prototype system
　　　C．database schema　　　　　　D．application architecture

（72）A．requirements analysis　　　　B．problem analysis
　　　C．cause-effect analysis　　　　D．decision analysis

（73）A．entity-relationship diagram　　B．physical data flow diagram
　　　C．data flow diagram　　　　　D．physical database model

（74）A．system users　　　　　　　B．system analyst
　　　C．system owner　　　　　　　D．project manager

（75）A．system architecture　　　　　B．system proposal
　　　C．technical model　　　　　　D．business procedure

参考译文

系统设计的目的是确定一种应用体系架构，该架构定义了用于构建所建议信息系统的技术。通过分析最初在需求分析期间创建的数据模型和过程模型来完成该项任务。 物理数据流程图用于在整个网络上建立物理过程和数据存储。为了完成此活动，分析人员可能需要许多系统设计人员和系统用户参与到该活动中，帮助处理业务数据、流程和位置问题。该任务的关键输入是从各种来源获取的事实、建议和意见，以及在决策分析阶段获批的系统建议。

参考答案

（71）D　（72）A　（73）B　（74）A　（75）B

第8章 2020下半年系统架构设计师
下午试题 I 分析与解答

试题一（共 25 分）

阅读以下关于软件架构设计与评估的叙述，在答题纸上回答问题 1 和问题 2。

【说明】

某公司拟开发一套在线软件开发系统，支持用户通过浏览器在线进行软件开发活动。该系统的主要功能包括代码编辑、语法高亮显示、代码编译、系统调试、代码仓库管理等。在需求分析与架构设计阶段，公司提出的需求和质量属性描述如下：

（a）根据用户的付费情况对用户进行分类，并根据类别提供相应的开发功能；

（b）在正常负载情况下，系统应在 0.2 秒内对用户的界面操作请求进行响应；

（c）系统应该具备完善的安全防护措施，能够对黑客的攻击行为进行检测与防御；

（d）系统主站点断电后，应在 3 秒内将请求重定向到备用站点；

（e）系统支持中文昵称，但用户名必须以字母开头，长度不少于 8 个字符；

（f）系统宕机后，需要在 15 秒内发现错误并启用备用系统；

（g）在正常负载情况下，用户的代码提交请求应该在 0.5 秒内完成；

（h）系统支持硬件设备灵活扩容，应保证在 2 人·天内完成所有的部署与测试工作；

（i）系统需要为针对代码仓库的所有操作情况进行详细记录，便于后期查阅与审计；

（j）更改系统的 Web 界面风格需要在 4 人·天内完成；

（k）系统本身需要提供远程调试接口，支持开发团队进行远程排错。

在对系统需求、质量属性和架构特性进行分析的基础上，该公司的系统架构师给出了两种候选的架构设计方案，公司目前正在组织相关专家对候选系统架构进行评估。

【问题 1】（13 分）

针对该系统的功能，李工建议采用管道–过滤器（pipe and filter）的架构风格，而王工则建议采用仓库（repository）架构风格。请指出该系统更适合采用哪种架构风格，并针对系统的主要功能，从数据处理方式、系统的可扩展性和处理性能三个方面对这两种架构风格进行比较与分析，填写表 1-1 中的（1）～（4）空白处。

表 1-1 两种架构风格的比较与分析

架构风格名称	数据处理方式	系统可扩展性	处理性能
管道–过滤器	数据驱动机制，处理流程事先确定，交互性差	（2）	劣势：需要数据格式转换，性能降低 优势：支持过滤器并发调用，性能提高

续表

架构风格名称	数据处理方式	系统可扩展性	处理性能
仓库	___(1)___	数据与处理解耦合，可动态添加和删除处理组件	劣势：___(3)___ 优势：___(4)___

【问题 2】（12 分）

在架构评估过程中，质量属性效用树（utility tree）是对系统质量属性进行识别和优先级排序的重要工具。请将合适的质量属性名称填入图 1-1 中（1）、（2）空白处，并选择题干描述的（a）～（k）填入（3）～（6）空白处，完成该系统的效用树。

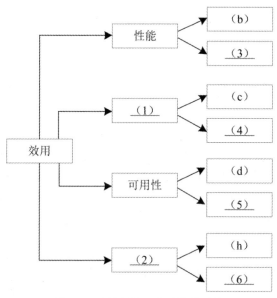

图 1-1　在线软件开发系统效用树

试题一分析

本题考查软件架构评估方面的知识与应用，主要包括质量属性效用树和架构分析两个部分。

此类题目要求考生认真阅读题目对系统需求的描述，经过分类、概括等方法，从中确定软件功能需求、软件质量属性、架构风险、架构敏感点、架构权衡点等内容，并采用效用树这一工具对架构进行评估。

【问题 1】

本问题考查考生对影响系统架构风格选型的理解与掌握。根据系统要求，李工建议采用管道–过滤器（pipe and filter）的架构风格，而王工则建议采用仓库（repository）架构风格。考生需要从系统的主要功能和要求，从数据处理方式、系统的可扩展性和处理性能三个方面对这两种架构风格的优势和劣势进行比较与分析。具体如下表所示。

架构风格名称	数据处理方式	系统可扩展性	处理性能
管道–过滤器	数据驱动机制，处理流程事先确定，交互性差	数据与处理紧密关联，调整处理流程需要系统重新启动	劣势：需要数据格式转换，性能降低 优势：支持过滤器并发调用，性能提高
仓库	数据存储在中心仓库，处理流程独立，支持交互式处理	数据与处理解耦合，可动态添加和删除处理组件	劣势：数据与处理分离，需要加载数据，性能降低 优势：数据处理组件之间一般无依赖关系，可并发调用，提高性能

经过综合比较与分析，可以看出该系统更适合使用仓库风格。

【问题 2】

在架构评估过程中，质量属性效用树（utility tree）是对系统质量属性进行识别和优先级排序的重要工具。质量属性效用树主要关注性能、可用性、安全性和可修改性等四个用户最为关注的质量属性，考生需要对题干的需求进行分析，逐一找出这四个质量属性对应的描述，然后填入空白处即可。

经过对题干进行分析，可以看出：

（a）根据用户的付费情况对用户进行分类，并根据类别提供相应的开发功能（功能需求）；

（b）在正常负载情况下，系统应在 0.2 秒内对用户的界面操作请求进行响应（性能）；

（c）系统应该具备完善的安全防护措施，能够对黑客的攻击行为进行检测与防御（安全性）；

（d）系统主站点断电后，应在 3 秒内将请求重定向到备用站点（可用性）；

（e）系统支持中文昵称，但用户名必须以字母开头，长度不少于 8 个字符（功能需求）；

（f）系统宕机后，需要在 15 秒内发现错误并启用备用系统（可用性）；

（g）在正常负载情况下，用户的代码提交请求应该在 0.5 秒内完成（性能）；

（h）系统支持硬件设备灵活扩容，应保证在 2 人·天内完成所有的部署与测试工作（可修改性）；

（i）系统需要为针对代码仓库的所有操作情况进行详细记录，便于后期查阅与审计（安全性）；

（j）更改系统的 Web 界面风格需要在 4 人·天内完成（可修改性）；

（k）系统本身需要提供远程调试接口，支持开发团队进行远程排错（可测试性）。

试题一参考答案

【问题 1】

该系统更适合采用仓库架构风格。

（1）数据存储在中心仓库，处理流程独立，支持交互式处理。

（2）数据与处理紧密关联，调整处理流程需要系统重新启动。

（3）数据与处理分离，需要加载数据，性能降低。

（4）数据处理组件之间一般无依赖关系，可并发调用，提高性能。

【问题 2】

（1）安全性　　　　（2）可修改性

（3）（g）　　　　　　　（4）（i）
（5）（f）　　　　　　　（6）（j）

从下列的 4 道试题（试题二至试题五）中任选 2 道解答。

试题二（共 25 分）

阅读下列说明，回答问题 1 至问题 3，将解答填入答题纸的对应栏内。

【说明】

某企业委托软件公司开发一套包裹信息管理系统，以便于对该企业通过快递收发的包裹信息进行统一管理。在系统设计阶段，需要对不同快递公司的包裹单信息进行建模，其中，邮政包裹单如图 2-1 所示。

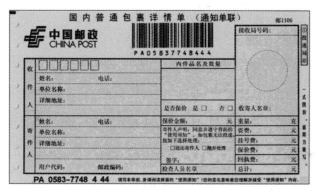

图 2-1　包裹单示意图

【问题 1】（14 分）

请说明关系型数据库开发中，逻辑数据模型设计过程包含哪些任务？该包裹单的逻辑数据模型中应该包含哪些实体？并给出每个实体的主键属性。

【问题 2】（6 分）

请说明什么是超类实体？结合图中包裹单信息，试设计一种超类实体，给出完整的属性列表。

【问题 3】（5 分）

请说明什么是派生属性，并结合图 2-1 的包裹单信息说明哪个属性是派生属性。

试题二分析

本题考查数据库设计与建模相关知识及应用。

数据库设计过程包括了逻辑数据建模和物理数据建模，逻辑数据建模阶段主要构造实体联系图表达实体及其属性和实体间的联系，物理数据建模阶段主要根据所选数据库系统设计数据库模式。实体联系图（Entity Relationship Diagram）指以实体、联系、属性三个基本概念概括数据的基本结构，从而描述静态数据结构的概念模式。实体是具有公共性质的可相互区别的现实世界对象的集合，可以是具体的，也可以是抽象的概念或联系。属性是实体所具有的模拟特性，一个实体可由若干个属性来刻画。联系是数据对象彼此之间存在的相互关系。

此类题目要求考生认真阅读题目对问题的描述，准确理解数据库设计的主要任务和实体联系图中各个元素的含义，结合图中所给出的包裹单示意图中所描述的数据项，分析其关系确定实体、属性和联系。

【问题 1】

在关系型数据库开发中，逻辑数据模型建设的主要任务是构建实体联系图。构建过程中，首先通过上下文数据模型确定实体及其联系，为每个实体确定其标识性属性并添加完整属性，在此基础上利用规范化技术对所建立逻辑数据模型进行优化，一般需要满足第三范式 3NF 要求。对图 2-1 所示包裹单中所有数据项进行分析，主要涉及的实体包括收件人、寄件人及其之间的关联实体包裹单，其余数据项设计为上述三个实体的属性即可。

【问题 2】

数据库建模中可以对属性相似的实体进行进一步的抽象，通过将多个实体中相同的属性组合起来构造出新的抽象实体，即超类实体，原有多个实体称之为子类实体，通过两者之间的继承关系来表达抽象实体和具体实体的关系。图 2-1 中收件人和寄件人的属性都包括了姓名、电话、单位名称、详细地址和邮政编码等信息，可以设计出一个超类实体"用户"来实现通用属性的抽象表示。

【问题 3】

在数据库优化过程中，第三范式要求消除派生属性，即某个实体的非主键属性由该实体其他非主键属性决定，那么该属性可以称之为派生属性。图 2-1 所示属性中，包裹单的属性"费用总计"是由资费、挂号费、保价费、回执费等计算得出，所以是派生属性。

试题二参考答案

【问题 1】

逻辑数据模型设计过程包含的任务：

（1）构建系统上下文数据模型，包含实体及实体之间的联系。

（2）绘制基于主键的数据模型，为每个实体添加主键属性。

（3）构建全属性数据模型，为每个实体添加非主键属性。

（4）利用规范化技术建立系统规范化数据模型。

包裹单的逻辑数据模型中包含的实体：

（1）收件人（主键：电话）。

（2）寄件人（主键：电话）。

（3）包裹单（主键：编号）。

【问题 2】

超类实体是将多个实体中相同的属性组合起来构造出的新实体。

用户（姓名、电话、单位名称、详细地址）

【问题 3】

派生属性是指某个实体的非主键属性由该实体其他非主键属性决定。

包裹单中的总计是由资费、挂号费、保价费、回执费计算得出，所以是派生属性。

试题三（共 25 分）

阅读以下关于开放式嵌入式软件架构设计的相关描述，回答问题 1 至问题 3。

【说明】

某公司一直从事宇航系统研制任务，随着宇航产品综合化、网络化技术发展的需要，公司的业务量急剧增加，研制新的软件架构已迫在眉睫。公司架构师王工广泛调研了多种现代架构的基础，建议采用基于 FACE（Future Airborne Capability Environment）的宇航系统开放式软件架构，以实现宇航系统的跨□□□用，实现宇航软件高质量、低成本的开发。公司领导肯定了王工的提案，并指出公司□□□□□□ FACE 的开放式软件架构，应注意每个具体项目在实施中如何有效实现从□□□□□□□□□基于软件需求的软件架构设计方法，并做好开放式软件架构□□□□□

【问题 1】（9 分）

王工指出，软件开发中□□□□□□□□□□□□□□不考虑软件需求便进行软件架构设计很可能导致架构□□□□□□□□□□射到软件架构至关重要。请从描述语言、非功能性需□□□□□□□□□□□□方面，用 300 字以内的文字说明软件需求到架构的映射□□□

【问题 2】（10 分）

图 3-1 是王工给□□□□□□□□□□ I/O 服务、平台服务、传输服务和可移植组件等 5 个□□□□□□□□□□接口。请分析图 3-1 给出的 FACE 架构的相关信息，用□□□□□□个段的含义。

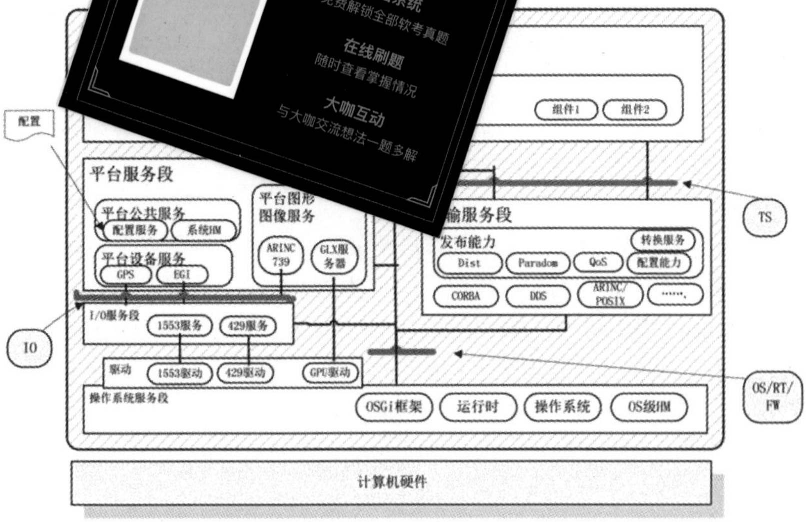

图 3-1　FACE 架构

【问题 3】（6 分）

FACE 架构的核心能力是可支持应用程序的跨平台执行和可移植性，要达到可移植能力，必须解决应用程序的紧耦合和封装的障碍。请用 200 字以内的文字简要说明在可移植性上，应用程序的紧耦合和封装问题的主要表现分别是什么，并给出解决方案。

试题三分析

FACE（Future Airborne Capability Environment）是近年来宇航领域提出的一种面向服务的、安全可靠、可移植、可扩展的开放式嵌入式系统架构，可实现宇航软件的跨平台复用以及高质量、低成本的开发工作。从图 3-1 可以看出，FACE 将宇航软件分为 5 个功能服务段，各段之间通过标准的服务接口或传输服务实现功能间的相互调用。架构设计是软件系统开发中的重要环节，其架构的优劣直接影响着软件系统的功能实现，因此，架构能否全面反映需求是架构设计的重中之重。

【问题 1】

通常在软件开发过程中，需求会随着开发深入而有所变化，而架构又不能完全地将需求全部反映出来，因此，如何把软件需求映射到软件架构是至关重要一个问题。在架构设计时，架构设计师应密切关注需求到架构的映射存在以下 5 方面的难点：

（1）需求和架构描述语言存在差异：软件需求是频繁获取的非正规的自然语言，而软件架构常用某种正式语言。

（2）非功能属性难以在架构中描述：系统属性中描述的非功能性需求通常很难在架构模型中形成规约。

（3）需求和架构的一致性难以保障：从软件需求映射到软件架构的过程中，保持一致性和可追溯性很难，且复杂程度很高，因为单一的软件需求可能定位到多个软件架构的关注点。反之，架构元素也可能有多个软件需求。

（4）用迭代和同步演化方法开发软件时，由于需求的不完整而带来的架构设计困难：架构设计必须基于一个准确的需求开展，而有些软件需求只能在建模后甚至是在架构实现时才能被准确理解。

（5）难以确定和细化包含这些需求的架构相关信息：大规模系统必须满足数以千计的需求，会导致很难确定和细化包含这些需求的架构相关信息。

【问题 2】

从图 3-1 可知，FACE 架构由 5 个基本段组成，每段内又分为多个功能服务，从这些服务可以看出每段的基本能力。例如，操作系统段是 FACE 架构的基本功能，除基本操作系统外，还涵盖了运行库，操作系统的健康监控（HM），图中所给出的 OSGi 框架，实现功能组件"即插即用"能力。如果考生掌握了面向服务的架构风格，就不难给出各个段的具体含义。

（1）操作系统服务段：为 FACE 架构其他段提供操作系统、运行时和操作系统级健康监控等服务。通过开放式 OSGi 框架为上层功能提供 OS 标准接口，并可实现上层组件的即插即用能力。本段是 FACE 架构的基本服务段。

（2）I/O 服务段：主要针对专用 I/O 设备进行抽象，屏蔽平台服务段软件与硬件设备的关系，形成一种虚拟设备，这里隐含着对系统中的所有硬件 I/O 的虚拟化。由于图形服务软件和 GPU 处理器紧密相关，因此 I/O 服务段不对 GPU 驱动进行抽象。

（3）平台服务段：主要是指平台/用户需要的共性服务软件，主要涵盖跨平台的系统管理、共享设备服务，以及健康管理等。如：系统级健康监控（HM）、配置、日志和流媒体等服务。本段主要包括平台公共服务、平台设备服务和平台图像服务等三类。

（4）传输服务段：通过使用传统跨平台中间件软件（如 CORBA、DDA 等），为平台上层可移植组件段提供平台性的数据交换服务，可移植组件将通过传输服务段提供的服务实现交换，禁止组件间直接调用。本段应具备 QoS 质量特征服务、配置能力服务以及分布式传输服务等。

（5）可移植组件段：为用户软件段，提供了多组件使用能力和功能服务。主要包括公共服务和可移植组件两类。

【问题 3】

紧耦合和封装是软件模块化设计中最难以解决的两个问题，要使软件具备良好的可移植性、可复用性，就必须清楚其问题的表现形式。

紧耦合是应用程序移植的一个障碍，进一步说，就是计算平台的硬件设备和软件模块及其沟通之间的耦合代表了一个应用程序的可移植性方面的障碍。原因是便携性使得每个平台设备都有一个接口控制文件（ICD），描述了由硬件所支持的消息和协议，应用程序对消息和协议的支持将紧密耦合于硬件。若要移植，需要太多的工作来修改应用程序以支持不同的结构元素。

为了尽量减少支持新的硬件设备所需要的工作，可采用分离原则，通过隔离实现硬件特定信息和少数模块的代码，来减少耦合性。

通常紧耦合问题主要表现在 I/O 问题、业务逻辑问题和表现问题。

传统的应用程序不可移植的另一个原因是这些应用程序被紧密耦合到一组固定的接口，而这些数据的每个数据源或槽（sinks）都暴露出了设备的特殊接口，这些特殊接口在每个平台中都是不同的。这样，支持平台设备的接口控制文件（ICD）是被硬编码到应用程序中，就导致应用程序不能成功在不同计算平台上执行。

为了解决这种接口控制文件（ICD）被硬编码而难以封装的问题，可以通过提供数据源或槽的软件服务的方法，从紧耦合组件分解出应用程序，并将平台相关部分加入计算环境中，在计算平台内提供数据源或槽的软件服务，并实现接口标准化。

通常封装问题主要表现在：ICD 硬编码问题、组件的紧耦合问题、直接调用问题。

试题三参考答案

【问题 1】

（1）需求和架构描述语言存在差异：软件需求是频繁获取的非正规的自然语言，而软件架构常用的是一种正式语言。

（2）非功能属性难于在架构中描述：系统属性中描述的非功能性需求通常很难在架构模型中形成规约。

（3）需求和架构的一致性难于保障：从软件需求映射到软件架构的过程中，保持一致性和可追溯性很难，且复杂程度很高，因为单一的软件需求可能定位到多个软件架构的关注点。反之，架构元素也可能有多个软件需求。

【问题 2】

操作系统服务段：为 FACE 架构其他段提供操作系统、运行时和操作系统级健康监控等服务。通过开放式 OSGi 框架为上层功能提供 OS 标准接口，并可实现上层组件的即插即用能力。

I/O 服务段：主要针对专用 I/O 设备进行抽象，屏蔽平台服务段软件与硬件设备的关系。由于图形服务软件和 GPU 处理器紧密相关，因此 I/O 服务段不对 GPU 驱动进行抽象。

平台服务段：主要是指用户需要的共性软件，如：系统级健康监控（HM）、配置、日志和流媒体等服务。本段可包括平台公共服务、平台设备服务和平台图像服务等三类。

传输服务段：主要为上层可移植组件段提供平台性的数据交换服务。可移植组件将通过传输服务段提供的服务实现交换，禁止组件间直接调用。

可移植组件段：提供了多组件使用能力和功能服务。主要包括公共服务和可移植组件两类。

【问题 3】

紧耦合问题主要表现在：I/O 问题、业务逻辑问题和表现问题。

解决方案：可采用分离原则，通过隔离实现硬件特定信息和少数模块的代码，减少耦合性。

封装问题主要表现在：ICD 硬编码问题、组件的紧耦合问题、直接调用问题。

解决方案：可以通过提供数据源或槽的软件服务的方法，将紧耦合组件分解出应用程序，并将平台相关部分加入计算环境中，在计算平台内提供数据源或槽的软件服务，并实现接口标准化。

试题四（共 25 分）

阅读以下关于数据库缓存的叙述，在答题纸上回答问题 1 至问题 3。

【说明】

某互联网文化发展公司因业务发展，需要建立网上社区平台，为用户提供一个对网络文化产品（如互联网小说、电影、漫画等）进行评论、交流的平台。该平台的部分功能如下：

（a）用户帖子的评论计数器；

（b）支持粉丝列表功能；

（c）支持标签管理；

（d）支持共同好友功能等；

（e）提供排名功能，如当天最热前 10 名帖子排名、热搜榜前 5 排名等；

（f）用户信息的结构化存储；

（g）提供好友信息的发布/订阅功能。

该系统在性能上需要考虑高性能、高并发，以支持大量用户的同时访问。开发团队经过综合考虑，在数据管理上决定采用 Redis+数据库（缓存+数据库）的解决方案。

【问题 1】（10 分）

Redis 支持丰富的数据类型，并能够提供一些常见功能需求的解决方案。请选择题干描述的（a）～（g）功能选项，填入表 4-1 中（1）～（5）的空白处。

表 4-1　Redis 数据类型与业务功能对照表

数据类型	存储的值	可实现的业务功能
STRING	字符串、整数或浮点数	（1）
LIST	列表	（2）
SET	无序集合	（3）
HASH	包括键值对的无序散列表	（4）
ZSET	有序集合	（5）

【问题 2】（7 分）

该网上社区平台需要为用户提供 7×24 小时的不间断服务。同时在系统出现宕机等故障时，能在最短时间内通过重启等方式重新建立服务。为此，开发团队选择了 Redis 持久化支持。Redis 有两种持久化方式，分别是 RDB（Redis DataBase）持久化方式和 AOF（Append Only File）持久化方式。开发团队最终选择了 RDB 方式。

请用 200 字以内的文字，从磁盘更新频率、数据安全、数据一致性、重启性能和数据文件大小五个方面比较两种方式，并简要说明开发团队选择 RDB 的原因。

【问题 3】（8 分）

缓存中存储当前的热点数据，Redis 为每个 KEY 值都设置了过期时间，以提高缓存命中率。为了清除非热点数据，Redis 选择"定期删除+惰性删除"策略。如果该策略失效，Redis 内存使用率会越来越高，一般应采用内存淘汰机制来解决。

请用 100 字以内的文字简要描述该策略的失效场景，并给出三种内存淘汰机制。

试题四分析

本题考查数据库缓存的基本概念和具体应用。

【问题 1】

本问题考查 Redis 数据库缓存产品基本数据类型的常见应用。

（1）STRING 类型：常规的 key/value 缓存应用，常规计数如粉丝数等。

（2）LIST 类型：各类列表应用，如关注列表、好友列表、订阅列表等。

（3）SET 类型：与 LIST 类似，但提供去重操作，也提供集合操作，可实现共同关注、共同喜好、共同好友等功能。

（4）HASH 类型：存储部分变更数据，如用户数据等。

（5）ZSET 类型：类似 SET 但提供自动排序，也可实现带权重的队列，如各类排行榜等。

【问题 2】

本问题考查 Redis 持久化存储的基本概念及应用。

Redis 提供了两种持久化存储的机制，分别是 RDB（Redis DataBase）持久化方式和 AOF（Append Only File）持久化方式。RDB 持久化方式是指在指定的时间间隔内将内存中的数据集快照写入磁盘，是 Redis 默认的持久化方式。AOF 方式是指 redis 会将每一个收到的写命令都通过 write 函数追加到日志文件中。

两种方式各有优缺点，大致的比较如下：

（1）磁盘更新频率：AOF 比 RDB 文件更新频率高。

（2）数据安全：AOF 比 RDB 更安全。

（3）数据一致性：RDB 间隔一段时间存储，可能发生数据丢失和不一致；AOF 通过 append 模式写文件，即使发生服务器宕机，也可通过 redis-check-aof 工具解决数据一致性问题。

（4）重启性能：RDB 性能比 AOF 好。

（5）数据文件大小：AOF 文件比 RDB 文件大。

该项目的实际需求是：在系统出现宕机等故障时，需要在最短时间内通过重启等方式重新建立服务，因此重启性能是最需要考虑的因素，故该开发团队选择 RDB 方式。

【问题 3】

本问题考查 Redis 使用过程中数据清除相关的概念。

缓存中一般用来存储当前的热点数据，Redis 为每个 KEY 值都设置了过期时间，以提高缓存命中率。为了清除非热点数据，Redis 选择"定期删除+惰性删除"策略。

"定期删除+惰性删除"策略也会存在失效的可能。比如，如果"定期删除"没删除 KEY，也没即时去请求 KEY，也就是说"惰性删除"也没生效。这样，Redis 默认的"定期删除+惰性删除"策略就失效了。

如果该策略失效，Redis 内存使用率会越来越高，一般应采用内存淘汰机制来解决。常见的内存淘汰机制有：

（1）从已设置过期时间的数据集最近最少使用的数据淘汰。

（2）从已设置过期时间的数据集将要过期的数据淘。

（3）从已设置过期时间的数据集任意选择数据淘汰。

（4）从数据集最近最少使用的数据淘汰。

（5）从数据集任意选择数据淘汰。

试题四参考答案

【问题 1】

（1）（a）

（2）（b）、（g）

（3）（c）、（d）

（4）（f）

（5）（e）

【问题 2】

磁盘更新频率：AOF 比 RDB 文件更新频率高。

数据安全：AOF 比 RDB 更安全。

数据一致性：RDB 间隔一段时间存储，可能发生数据丢失和不一致；AOF 通过 append 模式写文件，即使发生服务器宕机，也可通过 redis-check-aof 工具解决数据一致性问题。

重启性能：RDB 性能比 AOF 好。

数据文件大小：AOF 文件比 RDB 文件大。

综合上述五个方面的比较，考虑在系统出现宕机等故障时，需要在最短时间内通过重启等方式重新建立服务，因此开发团队最终选择了 RDB 方式。

【问题 3】

失效场景：如果"定期删除"没删除 KEY，也没即时去请求 KEY，也就是说"惰性删除"也没生效。这样，Redis 默认的"定期删除+惰性删除"策略就失效了。

对此，可采用内存淘汰机制解决：

（1）从已设置过期时间的数据集最近最少使用的数据淘汰。

（2）从已设置过期时间的数据集将要过期的数据淘汰。

（3）从已设置过期时间的数据集任意选择数据淘汰。

（4）从数据集最近最少使用的数据淘汰。

（5）从数据集任意选择数据淘汰。

试题五（共 25 分）

阅读以下关于 Web 系统架构设计的叙述，在答题纸上回答问题 1 至问题 3。

【说明】

某公司拟开发一款基于 Web 的工业设备监测系统，以实现对多种工业设备数据的分类采集、运行状态监测以及相关信息的管理。该系统应具备以下功能：

现场设备状态采集功能：根据数据类型对设备监测指标状态信号进行分类采集；

设备采集数据传输功能：利用可靠的传输技术，实现将设备数据从制造现场传输到系统后台；

设备监测显示功能：对设备的运行状态、工作状态以及报警状态进行监测并提供相应的图形化显示界面；

设备信息管理功能：支持设备运行历史状态、报警记录、参数信息的查询。

同时，该系统还需满足以下非功能性需求：

（a）系统应支持大于 100 个工业设备的并行监测；

（b）设备数据从制造现场传输到系统后台的传输时间小于 1s；

（c）系统应 7×24 小时工作；

（d）可抵御常见 XSS 攻击；

（e）系统在故障情况下，应在 0.5 小时内恢复；

（f）支持数据审计。

面对系统需求，公司召开项目组讨论会议，制定系统设计方案，最终决定采用三层拓扑结构，即现场设备数据采集层、Web 监测服务层和前端 Web 显示层。

【问题 1】（6 分）

请按照性能、安全性和可用性等三类非功能性需求分类，选择题干描述的（a）～（f）填入（1）～（3）。

表 5-1　非功能性需求归类表

非功能性需求类别	非功能性需求
性能	（1）
安全性	（2）
可用性	（3）

【问题 2】（14 分）

该系统的 Web 监测服务层拟采用 SSM（spring+spring MVC+Mybatis）框架进行系统研发。SSM 框架的工作流程图如图 5-1 所示，请从下面给出的（a）～（k）中进行选择，补充完善图 5-1 中（1）～（7）处空白的内容。

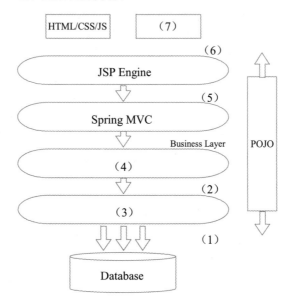

图 5-1　SSM 框架工作流程图

（a）Connection Pool

（b）Struts2

（c）Persistent Layer

（d）Mybatis

（e）HTTP

（f）MVC

（g）Kafka

（h）View Layer

（i）JSP

（j）Controller Layer

（k）Spring

【问题 3】（5 分）

该工业设备检测系统拟采用工业控制领域中统一的数据访问机制，实现与多种不同设备的数据交互，请用 200 字以内的文字说明采用标准的数据访问机制的原因。

试题五分析

本题考查 Web 系统架构设计相关知识及如何在实际问题中综合应用。

此类题目要求考生认真阅读题目对现实系统需求的描述，结合 Web 系统设计相关知识、实现技术等完成 Web 系统分析设计。

【问题 1】

　　软件质量属性有可用性、可修改性、性能、安全性、可测试性、易用性等。可用性关注的是系统产生故障的可能性和从故障中恢复的能力；性能关注的是系统对事件的响应时间；安全性关注的是系统保护合法用户正常使用系统、阻止非法用户攻击系统的能力；可测试性关注的是系统发现错误的能力；易用性关注的是对用户来说完成某个期望任务的容易程度和系统所提供的用户支持的种类。

【问题 2】

　　SSM 框架是 spring MVC，spring 和 Mybatis 框架的整合，是标准的 MVC 模式。其使用 spring MVC 负责请求的转发和视图管理；spring 实现业务对象管理；Mybatis 作为数据对象的持久化引擎。

　　因此，基于 SSM 的工业设备监测系统设计架构如下图所示。

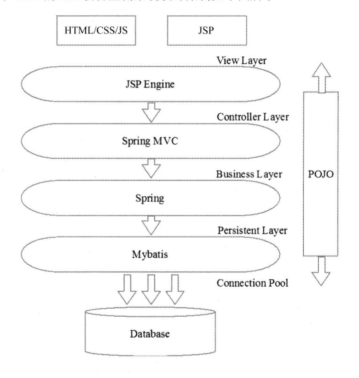

【问题 3】

　　标准的数据访问机制可以在硬件供应商和软件开发商之间建立一套完整的规则。只要遵循这套规则，数据交互对两者来说都是透明的，硬件供应商只需考虑应用程序的多种需求和传输协议，软件开发商也不必了解硬件的实质和操作过程，实现对设备数据采集的统一管理。

　　例如，OPC（OLE for Process Control）即用于过程控制的 OLE，是一个工业标准。OPC 是为了不同供应厂商的设备和应用程序之间的软件接口标准化，使其间的数据交换更加简单化的目的而提出的。作为结果，可以向用户提供不依赖于特定开发语言和开发环境且可以自由组合使用的过程控制软件组件产品。利用 OPC 的系统，是由按照应用程序（客户程序）的要求提供数据采集服务的 OPC 服务器，使用 OPC 服务器所必需的 OPC 接口，以及接受服务的 OPC 应用程序所构成。OPC 服务器是按照各个供应厂商的硬件所开发的，使之可以吸收各个供应厂商硬件和系统的差异，从而实现不依存于硬件的系统构成。同时利用一种叫作 Variant 的数据类型，可以不依存于硬件中固有数据类型。

试题五参考答案

【问题 1】

（1）（a）（b）

（2）（d）（f）

（3）（c）（e）

【问题 2】

（1）（a）

（2）（c）

（3）（d）

（4）（k）

（5）（j）

（6）（h）

（7）（i）

【问题 3】

该工业设备检测系统需与不同设备进行数据交互，采用标准的数据访问机制可以在硬件供应商和软件开发商之间建立一套完整的规则。只要遵循这套规则，数据交互对两者来说都是透明的，硬件供应商只需考虑应用程序的多种需求和传输协议，软件开发商也不必了解硬件的实质和操作过程，实现对设备数据采集的统一管理。

第9章 2020下半年系统架构设计师

下午试题 II 写作要点

> 从下列的 4 道试题（试题一至试题四）中任选一道解答。请在答题纸上的指定位置将所选择试题的题号框涂黑。若多涂或者未涂题号框，则对题号最小的一道试题进行评分。

试题一 论企业集成架构设计及应用

企业集成架构（Enterprise Integration Architecture，EIA）是企业集成平台的核心，也是解决企业信息孤岛问题的关键。企业集成架构设计包括了企业信息、业务过程、应用系统集成架构的设计。实现企业集成的技术多种多样，早期的集成方式是通过在不同的应用之间开发一对一的专用接口来实现应用之间的数据集成，即采用点到点的集成方式；后来提出了利用集成平台的方式来实现企业集成，可以将分散的信息系统通过一个统一的接口，以可管理、可重复的方式实现单点集成。企业集成架构设计技术方案按照要解决的问题类型可以分为数据集成、应用集成和企业集成。

请围绕"论企业集成架构设计及应用"论题，依次从以下三个方面进行论述。

1. 概要叙述你参与的软件开发项目以及承担的主要工作。

2. 详细说明三类企业集成架构设计技术分别要解决的问题及其含义，并阐述每种技术具体包含了哪些集成模式。

3. 根据你所参与的项目，说明采用了哪些企业集成架构设计技术，其实施效果如何。

试题一写作要点

一、简要描述所参与的软件系统开发项目，并明确指出在其中承担的主要任务和开展的主要工作。

二、详细说明三类企业集成架构设计技术分别要解决的问题及其含义，并阐述每种技术具体包含了哪些集成模式。

1. 数据集成

数据集成是为了解决不同应用和系统间的数据共享和交换需求，具体包括共享信息管理、共享模型管理和数据操作管理三个部分。共享信息管理通过定义统一的集成服务模型和共享信息访问机制，完成对集成平台运行过程中产生数据信息的共享、分发和存储管理；共享模型管理则提供数据资源配置管理、集成资源关系管理、资源运行生命周期管理及相应的业务数据协同监控管理等功能；数据操作管理则为集成平台用户提供数据操作服务，包括多通道的异构模型之间的数据转换、数据映射、数据传递和数据操作等功能服务。

数据集成的模式包括：数据联邦、数据复制模式、基于结构的数据集成模式。

2. 应用集成

应用集成是指两个或多个应用系统根据业务逻辑的需要而进行的功能之间的互相调用和互操作。应用集成需要在数据集成的基础上完成。应用集成在底层的网络集成和数据集成的基础上实现异构应用系统之间应用层次上的互操作。它们共同构成了实现企业集成化运行最顶层集成所需要的技术层次上的支持。

应用集成的模式包括：集成适配器模式、集成信使模式、集成面板模式和集成代理模式。

3. 企业集成

企业应用软件系统从功能逻辑上可以分为表示、业务逻辑和数据三个层次。其中表示层负责完成系统与用户交互的接口定义；业务逻辑层主要根据具体业务规则完成相应业务数据的处理；数据层负责存储由业务逻辑层处理所产生的业务数据，它是系统中相对稳定的部分。支持企业间应用集成和交互的集成平台通常采用多层结构，其目的是在最大程度上提高系统的柔性。在集成平台的具体设计开发中，还需要按照功能的通用程度对系统实现模块进行分层。

企业集成的模式包括：前端集成模式、后端集成模式和混合集成模式。

三、针对考生本人所参与的项目中使用的企业集成架构设计技术，说明实施过程和具体实施效果。

试题二　论软件测试中缺陷管理及其应用

软件缺陷指的是计算机软件或程序中存在的某种破坏正常运行能力的问题、错误，或者隐藏的功能缺陷。缺陷的存在会导致软件产品在某种程度上不能满足用户的需要。在目前的软件开发过程中，缺陷是不可避免的。软件测试是发现缺陷的主要手段，其核心目标就是尽可能多地找出软件代码中存在的缺陷，进而保证软件质量。软件缺陷管理是软件质量管理的一个重要组成部分。

请围绕"论软件测试中缺陷管理及其应用"论题，依次从以下三个方面进行论述。

1. 概要叙述你参与管理和开发的软件项目以及承担的主要工作。
2. 详细论述常见的缺陷种类和级别，论述缺陷管理的基本流程。
3. 结合你具体参与管理和开发的实际项目，说明是如何进行缺陷管理的，请说明具体实施过程以及应用效果。

试题二写作要点

一、简要叙述所参与管理和开发的软件项目，并明确指出其中承担的主要任务和开展的主要工作。

二、根据 IEEE 标准，软件测试中所发现的缺陷主要包括：输入/输出错误；逻辑错误；计算错误；接口错误；数据错误等；从软件测试角度还可以将缺陷分为五类：功能缺陷；系统缺陷；加工缺陷；数据缺陷；代码缺陷。不同企业的缺陷分类往往不同。

根据缺陷后果的严重程度，可以将缺陷分为多个不同的级别，例如 Beizer 将缺陷分为十级：轻微、中等、使人不悦、影响使用、严重、非常严重、极为严重、无法容忍、灾难性、传染性等。

缺陷管理是对软件测试环节中缺陷状态的完整跟踪和管理，确保每个被发现的缺陷都得到妥善处理。缺陷管理的目的是对各个阶段测试发现的缺陷进行跟踪管理，以保证各级缺陷的修复率达到标准，主要实现以下目标：保证信息的一致性；保证缺陷得到有效的跟踪；缩短沟通时间，解决问题更高效；收集缺陷数据并进行数据分析，作为缺陷度量的依据。

缺陷管理基本的流程如下：

（1）缺陷提交：测试人员发现缺陷后提交缺陷报告。

（2）缺陷审查：确定缺陷问题、种类和级别。

（3）修复流程：缺陷审查通过后进入修复流程，缺陷报告会转发给相应的软件开发人员进行修复。

（4）验证流程：开发人员提交修复后的代码，进入验证流程。通过回归测试等方法验证缺陷问题已经修复。

（5）缺陷关闭：在确认缺陷已完全解决后，关闭该缺陷。

部分缺陷管理流程中，还包括对缺陷状态的跟踪。

三、考生需结合自身参与项目的实际状况，指出其参与管理和开发的项目中所进行的缺陷管理活动，说明缺陷管理的具体实施过程，并对实际应用效果进行分析。

试题三　论云原生架构及其应用

近年来，随着数字化转型不断深入，科技创新与业务发展不断融合，各行各业正在从大工业时代的固化范式进化成面向创新型组织与灵活型业务的崭新模式。在这一背景下，以容器和微服务架构为代表的云原生技术作为云计算服务的新模式，已经逐渐成为企业持续发展的主流选择。云原生架构是基于云原生技术的一组架构原则和设计模式的集合，旨在将云应用中的非业务代码部分进行最大化剥离，从而让云设施接管应用中原有的大量非功能特性（如弹性、韧性、安全、可观测性、灰度等），使业务不再有非功能性业务中断困扰的同时，具备轻量、敏捷、高度自动化的特点。云原生架构有利于各组织在公有云、私有云和混合云等新型动态环境中，构建和运行可弹性扩展的应用，其代表技术包括容器、服务网格、微服务、不可变基础设施和声明式 API 等。

请围绕"论云原生架构及其应用"论题，依次从以下三个方面进行论述。

1. 概要叙述你参与管理和开发的软件项目以及承担的主要工作。

2. 服务化、弹性、可观测、韧性和自动化是云原生架构重要的设计原则。请简要对这些设计原则的内涵进行阐述。

3. 具体阐述你参与管理和开发的项目是如何采用云原生架构的，并围绕上述四类设计原则，详细论述在项目设计与实现过程中遇到了哪些实际问题，是如何解决的。

试题三写作要点

一、简要叙述所参与管理和开发的软件项目，需要明确指出在其中承担的主要任务和开展的主要工作。

二、云原生架构的设计原则具体描述如下：

（1）服务化原则。当代码规模超出小团队的合作范围时，就有必要进行服务化拆分，包括拆分为微服务架构、小服务（mini service）架构，通过服务化架构把不同生命周期的模块分离出来，分别进行业务迭代，避免迭代频繁模块被慢速模块拖慢，从而加快整体的进度和稳定性。同时服务化架构以面向接口编程，服务内部的功能高度内聚，模块间通过公共功能模块的提取增加软件的复用程度。

（2）弹性原则。大部分系统部署上线需要根据业务量的估算，准备一定规模的机器，传统上线过程中需要经历采购申请、供应商洽谈、机器部署上电、软件部署、性能压测等阶段，周期很长，重新调整也非常困难。针对这种情况，弹性原则是指系统的部署规模可以随着业务量的变化自动伸缩，无须根据事先的容量规划准备固定的硬件和软件资源，从而提高资源利用率，降低成本。

（3）可观测原则。可观测性原则是指主动通过日志、链路跟踪和度量等手段，每次业务请求背后的多次服务调用的耗时、返回值和参数都清晰可见，甚至可以下钻到三方软件调用、SQL 请求、节点拓扑、网络响应等。具备可观测能力可以使运维、开发和业务人员实时掌握软件运行情况，并结合多个维度的数据指标，获得前所未有的关联分析能力，不断对业务健康度和用户体验进行数字化衡量和持续优化。

（4）韧性原则。韧性原则是指当软件所依赖的软硬件组件出现各种异常时，软件需要表现出抵御能力，这些异常通常包括硬件故障、硬件资源瓶颈、业务流量超出软件设计能力、故障和灾难、软件 bug、黑客攻击等对业务可用性带来致命影响的因素。韧性从多个维度诠释了软件持续提供业务服务的能力，核心目标是提升软件的 MTBF（Mean Time Between Failure，平均无故障时间）。

（5）自动化原则。自动化原则是指通过多种技术手段和自动化交付工具，一方面标准化企业内部的软件交付过程，另一方面在标准化的基础上进行自动化，通过配置数据自描述和面向终态的交付过程，让自动化工具理解交付目标和环境差异，实现整个软件交付和运维的自动化。

三、论文中需要结合项目实际工作，详细论述在项目中是如何采用云原生架构进行系统的设计与实现的，并围绕云原生架构的设计原则，论述遇到了哪些实际问题，是采用何种方法解决的。

试题四　论数据分片技术及其应用

数据分片就是按照一定的规则，将数据集划分成相互独立、正交的数据子集，然后将数据子集分布到不同的节点上。通过设计合理的数据分片规则，可将系统中的数据分布在不同的物理数据库中，达到提升应用系统数据处理速度的目的。

请围绕"论数据分片技术及其应用"论题，依次从以下三个方面进行论述。

1. 概要叙述你参与管理和开发的软件项目以及承担的主要工作。

2. Hash 分片、一致性 Hash（Consistent Hash）分片和按照数据范围（Range Based）分片是三种常用的数据分片方式。请简要阐述三种分片方式的原理。

3. 具体阐述你参与管理和开发的项目采用了哪些分片方式，并具体说明其实现过程和应用效果。

试题四写作要点

一、简要叙述所参与管理和开发的软件项目，需要明确指出在其中承担的主要任务和开展的主要工作。

二、三种分片方式的具体描述如下。

1. Hash 方式

数据分片的 Hash 方式是基于哈希表的思想，即按照数据的某一特征(key)来计算哈希值，并将哈希值与系统中的节点建立映射关系，从而将哈希值不同的数据分布到不同的节点上。

按照 Hash 方式做数据分片，优点是映射关系非常简单，需要管理的元数据也非常少，只需要记录节点的数目以及 Hash 方式即可。但是，Hash 方式的缺点也非常明显。首先，当加入或者删除一个节点的时候，大量的数据需要移动。其次，Hash 方式很难解决数据不均衡的问题，如原始数据的特征值分布不均匀，导致大量的数据集中到一个物理节点上；或者对于可修改的记录数据，单条记录的数据变大。

2. 一致性 Hash 方式

一致性 hash 是将数据按照特征值映射到一个首尾相接的 Hash 环上，同时也将节点（按照 IP 地址或者机器名 Hash）映射到这个环上。对于数据，从数据在环上的位置开始，顺时针找到的第一个节点即为数据的存储节点。可以看到相比于 Hash 方式，一致性 Hash 方式需要维护的元数据额外包含了节点在环上的位置，但这个数据量是较小的。同时，一致性 Hash 在增加或者删除节点的时候，受到影响的数据是比较有限的，只会影响到 Hash 环上相应的节点，不会发生大规模的数据迁移。

3. 按照数据范围方式

按照数据范围（Range Based）方式是按照关键值划分成不同的区间，每个物理节点负责一个或者多个区间。按照数据范围方式跟一致性 Hash 有相似之处，可以理解为物理节点在 Hash 环上的位置是动态变化的。在按照数据范围方式中，区间的大小不是固定的，每个数据区间的数据量与区间的大小也是没有关系的。比如说，一部分数据非常集中，那么区间大小应该是比较小的，即以数据量的大小为片段标准。在实际工程中，一个节点往往负责多个区间，每个区间成为一个块，每个块有一个阈值，当达到这个阈值之后就会分裂成两个块。这样做的目的在于当有节点加入的时候快速达到均衡。

三、论文中需要结合项目实际工作，详细论述项目采用了哪些分片方式，并具体说明其实现过程和应用效果。

第10章 2021下半年系统架构设计师
上午试题分析与解答

试题（1）

前趋图（Precedence Graph）是一个有向无环图，记为：→={$(P_i, P_j)|P_i$ must complete before P_j may start}。假设系统中进程P={P_1，P_2，P_3，P_4，P_5，P_6，P_7，P_8}，且进程的前趋图如下：

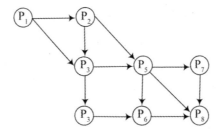

那么，该前驱图可记为 ___（1）___ 。

（1）A. →={(P_1, P_2), (P_3, P_1), (P_4, P_1), (P_5, P_2), (P_5, P_3), (P_6, P_4), (P_7, P_5), (P_7, P_6), (P_5, P_6), (P_4, P_5), (P_6, P_7), (P_7, P_8)}

B. →={(P_1, P_2), (P_1, P_3), (P_2, P_5), (P_2, P_3), (P_3, P_4), (P_3, P_5), (P_4, P_5), (P_5, P_6), (P_5, P_7), (P_8, P_5), (P_6, P_7), (P_7, P_8)}

C. →={(P_1, P_2), (P_1, P_3), (P_2, P_3), (P_2, P_5), (P_3, P_4), (P_3, P_5), (P_4, P_6), (P_5, P_6), (P_5, P_7), (P_5, P_8), (P_6, P_8), (P_7, P_8)}

D. →={(P_1, P_2), (P_1, P_3), (P_2, P_3), (P_2, P_5), (P_3, P_6), (P_3, P_4), (P_4, P_7), (P_5, P_6), (P_6, P_7), (P_6, P_5), (P_7, P_5), (P_7, P_8)}

试题（1）分析

本题考查操作系统基本概念。

前趋图（Precedence Graph）是一个有向无循环图，记为DAG（Directed Acyclic Graph），用于描述进程之间执行的先后关系。图中的每个结点可用于描述一个程序段或进程，乃至一条语句；结点间的有向边则用于表示两个结点之间存在的偏序（Partial Order，亦称偏序关系）或前趋关系（Precedence Relation）"→"。在前趋图中，把没有前趋的结点称为初始结点（Initial Node），把没有后继的结点称为终止结点（Final Node）。

对于试题所示的前趋图，存在前趋关系：(P_1, P_2), (P_1, P_3), (P_2, P_3), (P_2, P_5), (P_3, P_4), (P_3, P_5), (P_4, P_6), (P_5, P_6), (P_5, P_7), (P_5, P_8), (P_6, P_8), (P_7, P_8)

可记为：P={P_1，P_2，P_3，P_4，P_5，P_6，P_7，P_8 }

→={(P_1, P_2), (P_1, P_3), (P_2, P_3), (P_2, P_5), (P_3, P_4), (P_3, P_5), (P_4, P_6), (P_5, P_6),

(P_5, P_7), (P_5, P_8), (P_6, P_8), (P_7, P_8)}

参考答案

（1）C

试题（2）

某计算机系统页面大小为 4K，进程 P1 的页面变换表如下所示。若 P1 要访问数据的逻辑地址为十六进制 1B1AH，那么该逻辑地址经过变换后，其对应的物理地址应为十六进制 __(2)__ 。

页号	物理块号
0	1
1	6
2	3
3	8

（2）A. 1024H　　　　　B. 3B1AH　　　　　C. 6B1AH　　　　　D. 8B1AH

试题（2）分析

根据题意，页面大小为 4K，逻辑地址为十六进制 1B1AH，其页号为 1，页内地址为 B1AH，查页表后可知物理块号为 6，该地址经过变换后，其物理地址应为物理块号 6 拼上页内地址 B1AH，即十六进制 6B1AH。

参考答案

（2）C

试题（3）

某操作系统文件管理采用索引节点法。每个文件的索引节点有 8 个地址项，每个地址项大小为 4 字节，其中 5 个地址项为直接地址索引，2 个地址项是一级间接地址索引，1 个地址项是二级间接地址索引，磁盘索引块和磁盘数据块大小均为 1KB。若要访问文件的逻辑块号分别为 1 和 518，则系统应分别采用 __(3)__ 。

（3）A. 直接地址索引和直接地址索引

　　　B. 直接地址索引和一级间接地址索引

　　　C. 直接地址索引和二级间接地址索引

　　　D. 一级间接地址索引和二级间接地址索引

试题（3）分析

本题考查操作系统文件管理方面的基础知识。

根据题意，磁盘索引块为 1KB 字节，每个地址项大小为 4 字节，故每个磁盘索引块可存放 1024/4=256 个物理块地址。又因为文件索引节点中有 8 个地址项，分直接地址、一级间接地址和二级间接地址索引。

（1）直接地址索引：文件索引节点中有 5 个地址项为直接地址索引，这意味着文件逻辑块号为 0～4 的为直接地址索引。

（2）一级间接地址索引：文件索引节点中有 2 个地址项为一级间接地址索引，地址项指出的两个物理块分别存放的是两张一级间接地址索引表。一张间接地址索引表指出文件逻辑块号为 5～260 对应的物理块号，另一张间接地址索引表指出文件逻辑块号为 261～516 对应的物理块号。

（3）二级间接地址索引：文件索引节点中有 1 个地址项为二级间接地址索引，该地址项指出的物理块存放了 256 个间接索引表的地址，这 256 个间接索引表存放逻辑块号为 517～66 052 的物理块号。

综上，若要访问文件的逻辑块号分别为 5 和 518，则系统应分别采用直接地址索引和二级间接地址索引。

参考答案

（3）C

试题（4）

假设系统中互斥资源 R 的可用数为 25。T_0 时刻进程 P1、P2、P3、P4 对资源 R 的最大需求数、已分配资源数和尚需资源数的情况如表 a 所示。若 P1 和 P3 分别申请资源 R 数为 1 和 2，则系统 ___（4）___ 。

表 a T_0 时刻进程对资源的需求情况

进程	最大需求数	已分配资源数	尚需资源数
P1	10	6	4
P2	11	4	7
P3	9	7	2
P4	12	6	6

（4）A．只能先给 P1 进行分配，因为分配后系统状态是安全的

　　B．只能先给 P3 进行分配，因为分配后系统状态是安全的

　　C．可以同时给 P1、P3 进行分配，因为分配后系统状态是安全的

　　D．不能给 P3 进行分配，因为分配后系统状态是不安全的

试题（4）分析

本题考查操作系统进程方面的基础知识。

根据题意，资源 R 的可用数为 25。T_0 时刻系统已分配给进程 P1、P2、P3、P4 的资源数共计 23，剩余可用资源数为 2。在表 a 中，P1、P2、P4 的尚需资源数＞2，若将资源分配给 P1、P2、P4，则分配后系统状态是不安全的；而 P3 的尚需资源数为 2，故只能先给 P3 进行分配，因为分配后系统状态是安全的。

参考答案

（4）B

试题（5）、（6）

某企业开发信息管理系统平台进行 E-R 图设计，人力部门定义的员工实体具有属性：员工号、姓名、性别、出生日期、联系方式和部门；培训部门定义的培训师实体具有属性：培训师号、姓名和职称，其中职称={初级培训师，中级培训师，高级培训师}。这种情况属

于　(5)　，在合并 E-R 图时，解决这一冲突的方法是　(6)　。

(5) A．属性冲突　　　　B．结构冲突　　　　C．命名冲突　　　　D．实体冲突

(6) A．员工实体和培训师实体均保持不变

　　B．保留员工实体，删除培训师实体

　　C．员工实体中加入职称属性，删除培训师实体

　　D．将培训师实体所有属性并入员工实体，删除培训师实体

试题（5）、（6）分析

本题考查数据库设计基础知识。

面向不同的应用设计 E-R 图，在构建实体时只需要考虑应用中所需要的属性。因此，面向不同应用的 E-R 图，其实体名称及属性可能会不同。同一现实中的对象，在不同 E-R 图中属性不同，称为结构冲突，合并时取属性的并集，名称不同含义相同，也要做统一处理，可在视图设计时面向不同应用设计各自的视图。

参考答案

(5) B　　(6) C

试题（7）、（8）

若关系 R、S 如下表所示，则关系 R 与 S 进行自然连接运算后的属性列数和元组个数分别为　(7)　；关系代数表达式 $\pi_{1,5}(\sigma_{2<5}(R \times S))$ 与关系代数表达式　(8)　等价。

R					S	
A	B	C	D		B	C
6	6	1	5		6	1
6	1	5	1		1	5
6	1	5	4		6	3
6	3	7	4			

(7) A．6 和 7　　　　B．4 和 4　　　　C．4 和 3　　　　D．3 和 4

(8) A．$\pi_{A,R.B}(\sigma_{S.B<R.B}(R \times S))$　　　　B．$\pi_{A,B}(\sigma_{R.B<S.B}(R \times S))$

　　C．$\pi_{A,S.B}(\sigma_{S.B<R.B}(R \times S))$　　　　D．$\pi_{A,S.B}(\sigma_{R.B<S.B}(R \times S))$

试题（7）、（8）分析

本题考查关系运算方面的基础知识。

根据自然连接要求，两个关系中进行比较的分量必须是相同的属性组，并且在结果中将重复属性列去掉，故 $R \bowtie S$ 后的属性列数为 4。同时，自然连接是一种特殊的等值连接，即 R 关系中的 B、C 属性与 S 关系中的 B、C 属性进行等值连接，并去掉重复属性列。R 与 S 自然连接的结果如下表所示。

$$R \bowtie S$$

A	B	C	D
6	6	1	5
6	1	5	1
6	1	5	4

经上述分析可知，$R \bowtie S$ 后的属性列数为 4、元组个数为 3。

关系代数表达式 $\pi_{1,5}(\sigma_{2<5}(R \times S))$ 中，$R \times S$ 的 6 个属性列为 $R.A$、$R.B$、$R.C$、$R.D$、$S.B$ 和 $S.C$，或写为：A、B、C、D、$S.B$ 和 $S.C$。$\sigma_{2<5}(R \times S)$ 表示关系进行笛卡儿积后，选取第二个属性 $R.B$ 小于第五个属性 $S.B$ 的元组；$\pi_{1,5}(\sigma_{2<5}(R \times S))$ 表示从 $\sigma_{2<5}(R \times S)$ 结果中投影第一个和第五个属性列，即投影 $R.A$ 和 $S.B$ 属性列。

参考答案

（7）C　　（8）D

试题（9）

一般说来，SoC 称为系统级芯片，也称片上系统，它是一个有专用目标的集成电路产品。以下关于 SoC 不正确的说法是　(9)　。

（9）A．SoC 是一种技术，是以实际的、确定的系统功能开始，到软/硬件划分，并完成设计的整个过程

　　　 B．SoC 是一款具有运算能力的处理器芯片，可面向特定用途进行定制的标准产品

　　　 C．SoC 是信息系统核心的芯片集成，是将系统关键部件集成在一块芯片上，完成信息系统的核心功能

　　　 D．SoC 是将微处理器、模拟 IP 核、数字 IP 核和存储器（或片外存储控制接口）集成在单一芯片上，是面向特定用途的标准产品

试题（9）分析

本题考查片上系统（SoC）的基础知识。

SoC（System on Chip）是一种集成芯片。一般说来，SoC 称为系统级芯片，也称片上系统。SoC 是一个有专用目标的集成电路，其中包含完整系统并有嵌入软件的全部内容。同时它又是一种技术，用以实现从确定系统功能开始，到软/硬件划分，并完成设计的整个过程。

从狭义角度讲，它是信息系统核心的芯片集成，是将系统关键部件集成在一块芯片上。从广义角度讲，SoC 是一个微小型系统，如果将中央处理器（CPU）视为大脑，那么 SoC 就是包括大脑、心脏、眼睛和手的系统。一般将 SoC 定义为将微处理器、模拟 IP 核、数字 IP 核和存储器（或片外存储控制接口）集成在单一芯片上，它通常是客户定制的，或是面向特定用途的标准产品。

选项 A、C、D 的表述符合上述定义，是正确的。选项 B 是将 SoC 定义为具有运算能力的处理器芯片，该表述过于片面，因此，B 选项的说法是不正确的。

参考答案

（9）B

试题（10）

嵌入式实时操作系统与一般操作系统相比，具备许多特点。以下不属于嵌入式实时操作系统特点的是　(10)　。

（10）A．可剪裁性　　　B．实时性　　　C．通用性　　　D．可固化性

试题（10）分析

本题考查嵌入式实时操作系统的基础知识。

操作系统是计算机系统的资源管理者，是对系统软/硬件资源实施统一管理的一组程序，同时也为应用提供公共服务。而嵌入式系统是为了特定应用而专门构建的一套计算机系统。那么，嵌入式实时操作系统就是运行在嵌入式系统中，用于管理嵌入式计算机中的软、硬件的资源管理者。因此，嵌入式实时操作系统应具备操作系统和嵌入式系统的双重特征。

因此，嵌入式实时操作系统的主要特点应包括：可剪裁性、强实时性、强紧凑性、高质量代码、强定制性、标准接口、强稳定性和弱交互性、强确定性、操作简洁和方便、较强的硬件适应性和可固化性。从题干的选项中可以看出，A、B、D 是嵌入式实时操作系统的主要特点，而 C 选项的通用性不是其主要特点，通用性是一般操作系统应具备的特点。

参考答案

（10）C

试题（11）

基于网络的数据库系统（Netware Database System，NDB）是基于 4G/5G 的移动通信之上，在逻辑上可以把嵌入式设备看作远程服务器的一个客户端。以下有关 NDB 的描述中，不正确的是　（11）　。

（11）A．NDB 主要由客户端、通信协议和远程服务器等三部分组成

　　　B．NDB 的客户端主要负责提供接口给嵌入式程序，通信协议负责规范客户端与远程服务器之间的通信，远程服务器负责维护服务器上的数据库数据

　　　C．NDB 具有客户端小、无需支持可剪裁性、代码可重用等特点

　　　D．NDB 是以文件方式存储数据库数据，即数据按照一定格式储存在磁盘中，使用时由应用程序通过相应的驱动程序甚至直接对数据文件进行读写

试题（11）分析

本题考查网络数据库的基础知识。

基于网络的数据库系统（NDB）是指把数据库技术引入计算机网络系统中，借助于网络技术将存储于数据库中的大量信息及时发布出去；而计算机网络借助于成熟的数据库技术对网络中的各种数据进行有效管理，并实现用户与网络中的数据库进行实时动态数据交互。NDB 主要由客户端、通信协议和远程服务器等三部分组成，客户端主要负责提供接口给嵌入式程序，通信协议负责规范客户端与远程服务器之间的通信，远程服务器负责维护服务器上的数据库数据。NDB 由于建立在网络系统之上，它具备分布式、瘦客户端、可剪裁、可重组、可重用等特点，尤其是数据存储呈现了分布存储的特征。因此，选项 A、B、C 是正确的，选项 D 仅仅描述了单节点数据的存储和访问方式，与题干不符，因此选项 D 的说法是不正确的。

参考答案

（11）D

试题（12）

人工智能技术已成为当前国际科技竞争的核心技术之一，AI 芯片是占据人工智能市场的法宝。AI 芯片有别于通常的处理器芯片，它应具备四种关键特征。　（12）　是 AI 芯片的关键特点。

（12）A．新型的计算范式、信号处理能力、低精度设计、专用开发工具

　　　B．新型的计算范式、训练和推断、大数据处理能力、可重构的能力

　　　C．训练和推断、大数据处理能力、可定制性、专用开发工具

　　　D．训练和推断、低精度设计、新型的计算范式、图像处理能力

试题（12）分析

本题考查 AI 芯片的基础知识。

AI 芯片已被广泛应用于人工智能的各个领域，通常 AI 包括以下三类：

（1）经过软硬件优化可以高效支持 AI 应用的通用芯片，例如 GPU、FPGA。

（2）专门为特定的 AI 产品或者服务而设计的芯片，称之为 ASIC（Application-Specific Integrated Circuit），主要侧重加速机器学习（尤其是神经网络、深度学习），这也是目前 AI 芯片应用最多的形式。

（3）受生物脑启发设计的神经形态计算芯片，这类芯片不采用经典的冯·诺依曼架构，而是基于神经形态架构设计，以 IBM Truenorth 为代表。

AI 芯片的关键特征包括：

（1）新型的计算范式：AI 计算在传统计算模式上增加了新的计算特质，如处理的内容往往是非结构化数据（视频、图片等）。

（2）训练和推断：AI 系统通常涉及训练（Training）和推断（Inference）过程。简单来说，训练是指在已有数据中学习来获得某些能力的过程；而推断过程则是指对新的数据，使用这些能力完成特定任务（比如分类、识别等）。

（3）大数据处理能力：人工智能的发展高度依赖海量的数据。满足高效能机器学习的数据处理要求是 AI 芯片需要考虑的最重要因素。

（4）数据精度：低精度设计是 AI 芯片的一个趋势，在针对推断的芯片中更加明显。对一些应用来说，降低精度的设计不仅加速了机器学习算法的推断（也可能是训练），甚至可能更符合神经形态计算的特征。

（5）可重构的能力：针对特定领域（包括具有类似需求的多种应用）而不针对特定应用的设计，将是 AI 芯片设计的一个指导原则，具有可重构能力的 AI 芯片可以在更多应用中大显身手，并且可以通过重新配置，适应新的 AI 算法、架构和任务。

（6）开发工具：类似于传统 CPU 需要编译工具的支持，AI 芯片也需要软件工具链的支持，才能将不同的机器学习任务和神经网络转换为可以在 AI 芯片上高效执行的指令代码，如 NVIDIA GPU 通过 CUDA 工具获得成功。

因此，A 选项的信号处理能力、C 选项的可定制性和 D 选项的图像处理能力不是 AI 芯片的关键特点，只有 B 选项的说法是正确的。

参考答案

（12）B

试题（13）

以下关于以太网交换机转发表的叙述中，正确的是　（13）　。

（13）A．交换机的初始 MAC 地址表为空

B．交换机接收到数据帧后，如果没有相应的表项，则不转发该帧

C．交换机通过读取输入帧中的目的地址添加相应的 MAC 地址表项

D．交换机的 MAC 地址表项是静态增长的，重启时地址表清空

试题（13）分析

本题考查交换机的基本原理。

交换机的初始 MAC 地址表为空，然后依据接收到的数据帧中的原地址添加相应的 MAC 地址表项，构建转发表。在数据帧转发时，如果转发表中没有相应目的地址的表项，转发该帧到所有接口。交换机的 MAC 地址表项重启时不清空。

参考答案

（13）A

试题（14）

Internet 网络核心采取的交换方式为＿＿（14）＿＿。

（14）A．分组交换　　　　　　　　B．电路交换

　　　C．虚电路交换　　　　　　　D．消息交换

试题（14）分析

本题考查 Internet 网络核心、骨干网络及其相关知识。

网络核心主要解决的问题是如何将数据从源主机通过网络核心送达目标主机。电路交换是指呼叫双方在开始通话之前，首先由交换设备在两者之间建立一条专用电路，并且在整个通话期间独占该条电路直到结束。其通信过程一般分为电路建立阶段、通信阶段、电路拆除阶段三部分。常见的该类设备有电话交换机、程控数字交换系统。报文交换又叫作消息交换，以报文作为传送单元。在这种交换方式中，发送方不需要提前搭建电路，不管接收方是否空闲，可随时向其所在的交换机发送消息。交换机收到的报文消息先存储于缓冲器的队列中，然后根据报文头中的地址信息计算出路由，确定输出线路。分组交换是将用户的消息划分为一定长度的数据分组，然后在分组数据上加上控制信息和地址，然后经过分组交换机发送到目的地址。虚电路交换是分组交换的一种，与报文分组交换的区别在于其通信方式类似于电路交换，需要提前建立连接，即虚电路。Internet 的网络核心采用的是报文分组交换方式，实现协议为 Internet 协议。

参考答案

（14）A

试题（15）

SDN（Software Defined Network）的网络架构中不包含＿＿（15）＿＿。

（15）A．逻辑层　　　B．控制层　　　C．转发层　　　D．应用层

试题（15）分析

本题考查 SDN 网络的基本架构。

SDN 架构包括应用层、控制层和转发层（基础设施层）。

参考答案

（15）A

试题（16）、（17）

在 Web 服务器的测试中，反映其性能的指标不包括___(16)___，常见的 Web 服务器性能评测方法有基准性能测试、压力测试和___(17)___。

（16）A. 链接正确跳转　　　　　B. 最大并发连接数

　　　　C. 响应延迟　　　　　　　D. 吞吐量

（17）A. 功能测试　　　　　　　B. 黑盒测试

　　　　C. 白盒测试　　　　　　　D. 可靠性测试

试题（16）、（17）分析

本题考查软件测试方面的基础知识。

Web 测试是软件测试的一部分，是针对 Web 应用的一类测试。在 Web 服务器的测试中，连接速度、最大并发连接数、响应延迟等均能反映其性能指标。常见的 Web 服务器性能评测方法有基准性能测试、压力测试和可靠性测试。

黑盒测试主要用来检查软件的每个功能是否能够正常使用；白盒测试则是通过检查软件的内部逻辑结构，对软件中的逻辑路径进行覆盖测试。

参考答案

（16）A　（17）D

试题（18）

企业数字化转型的五个发展阶段依次是___(18)___。

（18）A. 初始级发展阶段、单元级发展阶段、流程级发展阶段、网络级发展阶段、生态级发展阶段

　　　　B. 初始级发展阶段、单元级发展阶段、系统级发展阶段、网络级发展阶段、生态级发展阶段

　　　　C. 初始级发展阶段、单元级发展阶段、流程级发展阶段、网络级发展阶段、优化级发展阶段

　　　　D. 初始级发展阶段、流程级发展阶段、系统级发展阶段、网络级发展阶段、生态级发展阶段

试题（18）分析

本题考查企业数字化转型方面的基础知识。

数字化转型是建立在数字化转换、数字化升级基础上，进一步触及企业核心业务，以新建一种商业模式为目标的高层次转型。数字化转型是开发数字化技术及支持能力，以新建一个富有活力的数字化商业模式。企业数字化转型共分为五个发展阶段：初始级发展阶段、单元级发展阶段、流程级发展阶段、网络级发展阶段、生态级发展阶段。

基于数据要素在不同发展阶段所发挥驱动作用的不同，数字化转型的发展战略、新型能力、系统性解决方案、治理体系、业务创新转型等 5 个视角在不同发展阶段有不同的发展状态和特征。

参考答案

（18）A

试题（19）

从信息化建设的角度出发，信息化的内容主要包括　（19）　。

① 信息资源的开发利用　　　　　　② 信息网络的全面覆盖
③ 信息技术的广泛应用　　　　　　④ 信息产业的大力发展
⑤ 信息化政策法规和标准规范建设　⑥ 信息化人才的培养

（19）A. ①②③　　　　　　　　　　B. ①②③④
　　　 C. ①②③④⑤　　　　　　　　D. ①②③④⑤⑥

试题（19）分析

本题考查信息化建设方面的基础知识。

企业信息化建设是指企业利用计算机技术、网络技术等一系列现代化技术，通过对信息资源的深度开发和广泛利用，不断提高生产、经营、管理、决策的效率和水平，从而提高企业经济效益和企业竞争力的过程。从内容上看，企业信息化主要包括企业产品设计的信息化、企业生产过程的信息化、企业产品销售的信息化、经营管理信息化、决策信息化以及信息化人才队伍的培养等多个方面。

参考答案

（19）D

试题（20）

政府、企业等对信息化的需求是组织信息化的原动力，它决定了组织信息化的价值取向和成果效益水平。而需求本身又是极为复杂的，它是一个系统的、多层次的目标体系。组织信息化需求通常包含三个层次，即　（20）　。三个层次的需求并不是相互孤立的，而是有着内在的联系。

（20）A. 战略需求，运作需求，功能需求
　　　 B. 战略需求，运作需求，技术需求
　　　 C. 市场需求，技术需求，用户需求
　　　 D. 市场需求，技术需求，领域需求

试题（20）分析

本题考查信息化方面的基础知识。

信息化对经济全球化、经济增长、社会生活、国际关系有巨大的推动力。组织在社会生活中最具代表性的有四种类型：政府、企业、社团、家庭。信息化会对这些组织产生以下推动，第一种是信息化对组织的结构产生影响，组织结构发生革新；第二种是信息化对组织的管理产生影响，组织管理能力发生革新和提升；第三种是信息化对组织的经营产生了推动，提高了组织的经营能力；第四种是信息化对信息化人才的需求增加，推动了信息化的发展。组织对信息化的需求是组织信息化的原动力，决定了组织信息化的价值取向和成果效益水平，它来自于三个层次，即战略层次、运作层次、技术需求，同时这些信息化的需求还要满足组织的系统性要求。

参考答案

（20）B

试题（21）

为了加强软件产品管理，促进我国软件产业的发展，信息产业部颁布了《软件产品管理办法》。"办法"规定，"软件产品的开发、生产、销售、进出口等活动应遵守我国有关法律、法规和标准规范。任何单位和个人不得开发、生产、销售、进出口含有以下内容的软件产品：__(21)__ 。"

① 侵犯他人的知识产权　　　　　　② 含有计算机病毒

③ 可能危害计算机系统安全　　　　④ 含有国家规定禁止传播的内容

⑤ 不符合我国软件标准规范　　　　⑥ 未经国家正式批准

（21）A．①②③　　　　　　　　　B．①②③④

　　　C．①②③④⑤　　　　　　　D．①②③④⑤⑥

试题（21）分析

本题考查软件产品管理方面的基础知识。

软件产品的开发、生产、销售、进出口等活动应当遵守我国有关法律、法规和标准规范。任何单位和个人不得开发、生产、销售、进出口含有下列内容的软件产品：侵犯他人知识产权的，含有计算机病毒的，可能危害计算机系统安全的，不符合我国软件标准规范的，含有法律、行政法规等禁止的内容的。

参考答案

（21）C

试题（22）

某软件企业在项目开发过程中目标明确，实施过程遵守既定的计划与流程，资源准备充分，权责到人，对整个流程进行严格的监测、控制与审查，符合企业管理体系与流程制度。因此，该企业达到了 CMMI 评估的 __(22)__ 。

（22）A．可重复级　　　B．已定义级　　　C．量化级　　　D．优化级

试题（22）分析

本题考查能力成熟度模型集成方面的基础知识。

能力成熟度模型集成（CMMI）是一种软件能力成熟度评估标准，主要用于指导软件开发过程的改进和进行软件开发能力的评估。CMMI 共有 5 个级别，代表软件团队能力成熟度的 5 个等级，从低到高依次为初始级、可重复级、已定义级、量化级、优化级，数字越大成熟度越高，高成熟度等级表示有比较强的软件综合开发能力。

参考答案

（22）B

试题（23）

产品配置是指一个产品在其生命周期各个阶段所产生的各种形式（机器可读或人工可读）和各种版本的 __(23)__ 的集合。

（23）A．需求规格说明、设计说明、测试报告

　　　B．需求规格说明、设计说明、计算机程序

　　　C．设计说明、用户手册、计算机程序

　　D．文档、计算机程序、部件及数据

试题（23）分析

　　本题考查配置管理方面的相关知识。

　　配置管理是 PMBOK、ISO 9000 和 CMMI 中的重要组成元素，它在产品开发的生命周期中，提供了结构化的、有序化的、产品化的管理方法，是项目管理的基础工作。配置管理是通过技术及行政手段对产品及其开发过程和生命周期进行控制、规范的一系列措施和过程。

　　产品配置是指一个产品在其生命周期各个阶段所产生的各种形式（机器可读或人工可读）和各种版本的文档、计算机程序、部件及数据的集合。该集合中的每一个元素称为该产品配置中的一个配置项。

参考答案

　　（23）D

试题（24）

　　需求管理的主要活动包括　（24）　。

　　（24）A．变更控制、版本控制、需求跟踪、需求状态跟踪

　　　　　B．需求获取、变更控制、版本控制、需求跟踪

　　　　　C．需求获取、需求建模、变更控制、版本控制

　　　　　D．需求获取、需求建模、需求评审、需求跟踪

试题（24）分析

　　本题考查需求管理方面的基础知识。

　　需求管理是完整管理模式中的一环，同其他特性，诸如完整性、一致性等不可分割，彼此相关而成一体。需求管理指明了系统开发所要做和必须做的每一件事，指明了所有设计应该提供的功能和必然受到的制约。需求管理的过程，贯穿于整个项目生命周期，力图实现最终产品同需求的最佳结合。需求管理的主要活动包括变更控制、版本控制、需求跟踪、需求状态跟踪。

参考答案

　　（24）A

试题（25）

　　　（25）　包括编制每个需求与系统元素之间的联系文档，这些元素包括其他需求、体系结构、设计部件、源代码模块、测试、帮助文件和文档等。

　　（25）A．需求描述　　　B．需求分析　　　C．需求获取　　　D．需求跟踪

试题（25）分析

　　本题考查需求分析方面的基础知识。

　　需求分析是相关人员经过深入细致的调研和分析，准确理解用户和项目的功能、性能、可靠性等具体要求，将用户非形式的需求表述转化为完整的需求定义，从而确定系统必须做什么的过程。

　　需求跟踪包括编制每个需求与系统元素之间的联系文档，这些元素包括其他需求、体系结构、设计部件、源代码模块、测试、帮助文件和文档等。需求跟踪是为了建立和维护从用

户需求开始到测试之间的一致性与完整性，确保所有的实现是以用户需求为基础，对于需求实现是否全部覆盖，同时确保所有的输出与用户需求的符合性。

参考答案

（25）D

试题（26）

按照传统的软件生命周期方法学，可以把软件生命周期划分为　（26）　。

（26）A. 软件定义、软件开发、软件测试、软件维护

　　　B. 软件定义、软件开发、软件运行、软件维护

　　　C. 软件分析、软件设计、软件开发、软件维护

　　　D. 需求获取、软件设计、软件开发、软件测试

试题（26）分析

本题考查软件生命周期相关的基础知识。

软件生命周期又称为软件生存周期或系统开发生命周期，是软件从产生到报废的全过程。总体可划分为软件定义、软件开发、软件运行与维护三大阶段，具体包括了：问题定义、可行性分析、总体设计、详细设计、编码、调试和测试、验收与运行、维护升级到废弃等阶段。

参考答案

（26）B

试题（27）

以下关于敏捷方法的描述中，不属于敏捷方法核心思想的是　（27）　。

（27）A. 敏捷方法是适应型，而非可预测型

　　　B. 敏捷方法以过程为本

　　　C. 敏捷方法是以人为本，而非以过程为本

　　　D. 敏捷方法是迭代增量式的开发过程

试题（27）分析

本题考查敏捷方法相关的基础知识。

敏捷方法是一种软件开发方法，旨在通过快速迭代持续交付可以工作的软件项目，而敏捷开发是一种以人为核心、迭代、循序渐进的开发方法。在敏捷开发中，软件项目的构建被切分成多个子项目，各个子项目的成果都经过测试，具备集成和可运行的特征。

参考答案

（27）B

试题（28）

RUP（Rational Unified Process）软件开发生命周期是一个二维的软件开发模型。其中，RUP 的 9 个核心工作流中不包括　（28）　。

（28）A. 业务建模　　　　　　　　　B. 配置与变更管理

　　　C. 工具　　　　　　　　　　　D. 环境

试题（28）分析

本题考查 RUP（Rational Unified Process）的基础知识。

RUP 中有 9 个核心工作流，分为 6 个核心过程工作流和 3 个核心支持工作流，包括：业务建模工作流、需求工作流、分析和设计工作流、实现工作流、测试工作流、部署工作流、配置与变更管理工作流、项目管理工作流、环境工作流。

参考答案

（28）C

试题（29）

在软件开发和维护过程中，一个软件会有多个版本，__（29）__工具用来存储、更新、恢复和管理一个软件的多个版本。

（29）A. 软件测试　　　B. 版本控制　　　C. UML 建模　　　D. 逆向工程

试题（29）分析

本题考查软件配置管理方面的基础知识。

软件配置管理是一种标识、组织和控制修改的技术，应用于整个软件工程过程。软件配置管理活动就是为了标识变更、控制变更、确保变更正确实现，并向其他有关人员报告变更。

版本控制是指对软件开发过程中各种程序代码、配置文件及说明文档等文件变更的管理，是软件配置管理的核心思想之一，版本控制最主要的功能就是追踪文件的变更。

参考答案

（29）B

试题（30）

结构化设计是一种面向数据流的设计方法，以下不属于结构化设计工具的是__（30）__。

（30）A. 盒图　　　B. HIPO 图　　　C. 顺序图　　　D. 程序流程图

试题（30）分析

本题考查结构化设计方面的基础知识。

结构化设计是一种面向数据流的设计方法，盒图、HIPO 图、程序流程图均属于结构化设计工具，而 UML 顺序图主要用于描述系统中多个对象之间的消息交互。

参考答案

（30）C

试题（31）、（32）

软件设计过程中，可以用耦合和内聚两个定性标准来衡量模块的独立程度。耦合衡量不同模块彼此间互相依赖的紧密程度，应采用以下设计原则__（31）__。内聚衡量一个模块内部各个元素彼此结合的紧密程度，以下属于高内聚的是__（32）__。

（31）A. 尽量使用内容耦合、少用控制耦合和特征耦合、限制公共环境耦合的范围、完全不用数据耦合

　　　B. 尽量使用数据耦合、少用控制耦合和特征耦合、限制公共环境耦合的范围、完全不用内容耦合

　　　C. 尽量使用控制耦合、少用数据耦合和特征耦合、限制公共环境耦合的范围、完全不用内容耦合

　　　D. 尽量使用特征耦合、少用数据耦合和控制耦合、限制公共环境耦合的范围、完

全不用内容耦合

（32）A．偶然内聚　　　B．时间内聚　　　C．功能内聚　　　D．逻辑内聚

试题（31）、（32）分析

本题考查软件设计方面的基础知识。

在软件设计中通常使用耦合性和内聚性作为衡量模块独立程度的标准，划分模块的一个准则是高内聚低耦合。耦合性是软件系统结构中各模块间相互联系紧密程度的一种度量，模块之间联系越紧密，其耦合性就越强，模块的独立性则越差。内聚性表示内部聚集、关联的程度，衡量了一个模块内部各个元素彼此结合的紧密程度。针对于耦合性应采用的设计原则为：尽量使用数据耦合、少用控制耦合和特征耦合、限制公共环境耦合的范围、完全不用内容耦合；在偶然内聚、时间内聚、功能内聚、逻辑内聚中，属于高内聚的是功能内聚。

参考答案

（31）B　　（32）C

试题（33）

UML（Unified Modeling Language）是面向对象设计的建模工具，独立于任何具体程序设计语言，以下 (33) 不属于 UML 中的模型。

（33）A．用例图　　　B．协作图　　　C．活动图　　　D．PAD 图

试题（33）分析

本题考查统一建模语言的基础知识。

UML 是一种对系统进行可视化表示、描述、构造和文档化的标准建模语言，UML 图包括用例图、协作图、活动图、序列图、部署图、构件图、类图、状态图等，是模型中信息的图形表达方式。PAD 是问题分析图，它用二维树形结构的图来表示程序的控制流，既可描述程序逻辑，也可描绘数据结构，通常用于结构化设计。

参考答案

（33）D

试题（34）

使用 McCabe 方法可以计算程序流程图的环形复杂度，下图的环形复杂度为 (34) 。

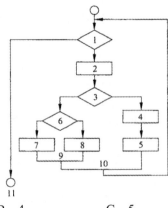

（34）A．3　　　　　　B．4　　　　　　C．5　　　　　　D．6

试题（34）分析

本题考查程序复杂度度量方面的基础知识。

McCabe 度量方法是由托马斯·麦克凯提出的一种基于程序控制流的复杂性度量方法。McCabe 复杂性度量又称环路度量，它认为程序的复杂性很大程度上取决于程序图的复杂性。单一的顺序结构最为简单，循环和选择所构成的环路越多，程序就越复杂。这种方法以图论为工具，先画出程序图，然后用该图的环路数作为程序复杂性的度量值。程序图是退化的程序流程图，也就是说，把程序流程图的每一个处理符号都退化成一个结点，原来连接不同处理符号的流线变成连接不同结点的有向弧，这样得到的有向图就称为程序图。有了描绘程序流程图的程序图之后，可以用 3 种方法计算环形复杂度，分别是：

（1）程序图中的区域数等于环形复杂度。

（2）程序图中边的条数–结点数+2 等于环形复杂度。

（3）程序图中判定结点数+1 等于环形复杂度。

通过以上 3 种方法中的任意一种都可计算出程序流程图的环形复杂度，本题程序流程图的环形复杂度为 4。

参考答案

（34）B

试题（35）

以下关于软件构件的叙述中，错误的是　（35）　。

（35）A．构件的部署必须能跟它所在的环境及其他构件完全分离

　　　 B．构件作为一个部署单元是不可拆分的

　　　 C．在一个特定进程中可能会存在多个特定构件的拷贝

　　　 D．对于不影响构件功能的某些属性可以对外部可见

试题（35）分析

本题考查软件构件的概念。

一般地讲，构件指系统中可以明确辨识的构成成分，而软件构件指软件系统中具有一定意义的、相对独立的构成成分，是可以被重用的软件实体，构件提供了软件重用的基本支持。

构件有以下几个基本属性：

（1）构件是可独立配置的单元，因此构件必须自包容。

（2）构件强调与环境和其他构件的分离，因此构件的实现是严格封装的，外界没机会或没必要知道构件内部的实现细节。

（3）构件可以在适当的环境中被复合使用，因此构件需要提供清楚的接口规范，可以与环境交互。

（4）在任何环境中，最多仅有特定构件的一份副本。

参考答案

（35）C

试题（36）

面向构件的编程目前缺乏完善的方法学支持，构件交互的复杂性带来了很多问题，

其中 __(36)__ 问题会产生数据竞争和死锁现象。

(36) A. 多线程　　　　B. 异步　　　　C. 封装　　　　D. 多语言支持

试题（36）分析

本题考查软件构件知识。

多个线程同时对同一个数据进行修改操作的现象称为数据竞争（Data Race）。数据竞争会造成很多不可预料的结果，死锁就是其中的一种。

参考答案

(36) A

试题（37）、（38）

为实现对象重用，COM 支持两种形式的对象组装。在 __(37)__ 重用形式下，一个外部对象拥有指向一个内部对象的唯一引用，外部对象只是把请求转发给内部对象；在 __(38)__ 重用形式下，直接把内部对象的接口引用传给外部对象的客户，而不再转发请求。

(37) A. 聚集　　　　B. 包含　　　　C. 链接　　　　D. 多态

(38) A. 引用　　　　B. 转发　　　　C. 包含　　　　D. 聚集

试题（37）、（38）分析

本题考查 COM 对象的概念。

COM 对象建立在二进制可执行代码级的基础上，因此，COM 对象是语言无关的。这一特性使得用不同编程语言开发的组件对象进行交互成为可能。接口是一组逻辑上相关的函数集合，其函数也被称为接口成员函数，对象通过接口成员函数为客户提供各种形式的服务。

在 COM 模型中，对象本身对于客户来说是不可见的，客户请求服务时，只能通过接口进行。

包含（或包容，Containment）和聚集（或聚合，Aggregation）是 COM 组件体现重用性的两种形式。

在包含形式下，外部组件程序包含内部组件程序，客户通过外部组件的接口间接地使用内部组件程序的功能，是一个对象拥有指向另一个对象的引用，外部对象只是把请求转发给内部对象（即调用内部对象的方法），客户无法感知到内部组件的存在，也无法知道内部组件有什么接口。

在聚集形式下，客户访问内部组件不是经过外部组件的转发，而是直接访问内部组件的接口。但是客户仅仅是通过接口访问内部组件，同样无法感知到内部组件的存在。

参考答案

(37) B　　(38) D

试题（39）～（41）

信息系统面临多种类型的网络安全威胁。其中，信息泄露是指信息被泄露或透露给某个非授权的实体；__(39)__ 是指数据被非授权地进行增删、修改或破坏而受到损失；__(40)__ 是指对信息或其他资源的合法访问被无条件地阻止；__(41)__ 是指通过对系统进行长期监听，利用统计分析方法对诸如通信频度、通信的信息流向、通信总量的变化等参数进行研究，从而发现有价值的信息和规律。

（39）A. 非法使用　　　　　　　　　　B. 破坏信息的完整性
　　　　C. 授权侵犯　　　　　　　　　　D. 计算机病毒
（40）A. 拒绝服务　　　B. 陷阱门　　　C. 旁路控制　　　D. 业务欺骗
（41）A. 特洛伊木马　　B. 业务欺骗　　C. 物理侵入　　　D. 业务流分析

试题（39）～（41）分析

本题考查计算机网络和信息安全的基础知识。

网络安全威胁可以归结为下面几种类型：

（1）信息泄露：保护的信息被泄露或透露给某个非授权的实体。

（2）破坏信息的完整性：数据被非授权地进行增删、修改或破坏而受到损失。

（3）拒绝服务：信息使用者对信息或其他资源的合法访问被无条件地阻止。

（4）非法使用（非授权访问）：某一资源被某个非授权的人，或以非授权的方式使用。

（5）窃听：用各种可能的合法或非法的手段窃取系统中的信息资源和敏感信息。例如对通信线路中传输的信号搭线监听，或者利用通信设备在工作过程中产生的电磁泄露截取有用信息等。

（6）业务流分析：通过对系统进行长期监听，利用统计分析方法对诸如通信频度、通信的信息流向、通信总量的变化等参数进行研究，从中发现有价值的信息和规律。

（7）假冒：通过欺骗通信系统或用户，达到非法用户冒充成为合法用户，或者特权小的用户冒充成为特权大的用户的目的。黑客大多采用假冒攻击。

（8）旁路控制：攻击者利用系统的安全缺陷或安全性上的脆弱之处获得非授权的权利或特权。例如，攻击者通过各种攻击手段发现原本应保密，但是却又暴露出来的一些系统"特性"，利用这些"特性"，攻击者可以绕过防线守卫者侵入系统的内部。

（9）授权侵犯：被授权以某一目的使用某一系统或资源的某个人，却将此权限用于其他非授权的目的，也称作"内部攻击"。

（10）抵赖：这是一种来自用户的攻击，涵盖范围比较广泛，比如，否认自己曾经发布过的某条消息、伪造一份对方来信等。

（11）计算机病毒：在计算机系统运行过程中能够实现传染和侵害功能的一种程序，行为类似病毒，故称为计算机病毒。

（12）信息安全法律法规不完善：由于当前约束操作信息行为的法律法规还很不完善，存在很多漏洞，很多人打法律的擦边球，这就给信息窃取、信息破坏者以可乘之机。

参考答案

（39）B　　（40）A　　（41）D

试题（42）、（43）

软件测试是保障软件质量的重要手段。　（42）　是指被测试程序不在机器上运行，而采用人工监测和计算机辅助分析的手段对程序进行监测。　（43）　也称为功能测试，不考虑程序的内部结构和处理算法，只检查软件功能是否能按照要求正常使用。

（42）A. 静态测试　　B. 动态测试　　C. 黑盒测试　　　D. 白盒测试
（43）A. 系统测试　　B. 集成测试　　C. 黑盒测试　　　D. 白盒测试

试题（42）、（43）分析

本题考查软件测试的基础知识。

静态测试的方法主要有人工（手工）评审与静态分析（人工或机器自动检测）两大类。静态测试不实际执行被测试的程序。

黑盒测试只检查程序功能是否按照需求规格说明书的规定正常使用，程序是否能适当地接收输入数据而产生正确的输出信息。黑盒测试着眼于程序外部特性，不考虑内部逻辑结构，主要针对软件界面和软件功能进行测试。

参考答案

（42）A　（43）C

试题（44）、（45）

基于架构的软件设计（Architecture-Based Software Design，ABSD）方法是架构驱动的方法，该方法是一个　（44）　的方法，软件系统的架构通过该方法得到细化，直到能产生　（45）　。

（44）A．自顶向下　　　　　　　　　B．自底向上
　　　C．原型　　　　　　　　　　　D．自顶向下和自底向上结合
（45）A．软件质量属性　　　　　　　B．软件连接件
　　　C．软件构件或模块　　　　　　D．软件接口

试题（44）、（45）分析

本题考查软件架构设计的相关知识。

基于架构的软件设计（Architecture-Based Software Design，ABSD）方法强调由商业、质量和功能需求的组合驱动软件架构设计。ABSD 是一个自顶向下，递归细化的软件开发方法，它以软件系统功能的分解为基础，通过选择架构风格实现质量和商业需求，并强调在架构设计过程中使用软件架构模板。采用 ABSD 方法，并不意味着需求抽取和分析活动可以终止，而是应该与设计活动并行。设计活动可以从项目总体功能框架明确后就开始，因此该方法特别适用于开发一些不能预先决定所有需求的软件系统，如软件产品线系统或长生命周期系统等，也可为需求不能在短时间内明确的软件项目提供指导。

ABSD 方法有三个基础：第一个基础是功能分解，在功能分解中使用已有的基于模块的内聚和耦合技术；第二个基础是通过选择体系结构风格来实现质量和商业需求；第三个基础是软件模板的使用。

采用 ABSD 方法进行软件开发时，需要经历架构需求分析、架构设计、架构文档化、架构复审、架构实现和架构演化六个阶段。

架构需求分析阶段需要明确用户对目标软件系统在功能、行为、性能、设计约束等方面的期望。其主要活动包括需求获取、标识构件和架构评审。需求获取活动需要定义开发人员必须实现的软件功能，使得用户能够完成他们的任务，从而满足功能需求。与此同时，还要获得软件质量属性，满足一些非功能性需求。标识构件活动首先需要获得系统的基本结构，然后对基本结构进行分组，最后将基本结构打包成构件。架构需求评审活动组织一个由系统涉众（用户、系统分析师、架构师、设计实现人员等）组成的小组，对架构需求及相关

构件进行审查。审查的主要内容包括所获取的需求是否真实反映了用户需求，构件合并是否合理等。

架构设计阶段是一个迭代过程，利用架构需求生成并调整架构决策。主要活动包括提出架构模型、将已标识的构件映射到架构中、分析构件之间的相互作用、产生系统架构和架构设计评审。

架构文档化的主要活动是对架构设计进行分析与整理，生成架构规格说明书和测试架构需求的质量设计说明书。

在一个主版本的软件架构分析之后，需要安排一次由外部人员（客户代表和领域专家）参加的架构复审。架构复审需要评价架构是否能够满足需求，质量属性需求是否在架构中得以体现、层次是否清晰、构件划分是否合理等，从而标识潜在的风险，及早发现架构设计中的缺陷和错误。

架构实现主要是对架构进行实现的过程，主要活动包括架构分析与设计、构件实现、构件组装和系统测试。

架构演化阶段主要解决用户在系统开发过程中发生的需求变更问题。主要活动包括架构演化计划、构件变动、更新构件的相互作用、构件的组装与测试和技术评审。

参考答案

（44）A　　（45）C

试题（46）、（47）

4+1 视图模型可以从多个视图或视角来描述软件架构。其中，　（46）　用于捕捉设计的并发和同步特征；　（47）　描述了在开发环境中软件的静态组织结构。

（46）A．逻辑视图　　　　　B．开发视图　　　　C．过程视图　　　　D．物理视图

（47）A．类视图　　　　　　B．开发视图　　　　C．过程视图　　　　D．用例视图

试题（46）、（47）分析

本题考查软件架构建模与文档化的相关知识。

把体系结构描述语言和多视图结合起来描述系统的体系结构，能使系统更易于理解，方便系统相关人员之间进行交流，并且有利于系统的一致性检测以及系统质量属性的评估。学术界已经提出若干多视图的方案，典型的包括 4+1 模型（逻辑视图、进程视图、开发视图、物理视图，加上统一的场景）、Hofmesiter 的 4 视图模型（概念视图、模块视图、执行视图、代码视图）、CMU-SEI 的 Views and Beyond 模型（模块视图、构件和连接子视图、分配视图）等。此外，工业界也提出了若干多视图描述 SA 模型的标准，如 IEEE 标准 1471-2000（软件密集型系统体系结构描述推荐实践）、开放分布式处理参考模型（RM-ODP）、统一建模语言（UML）以及 IBM 公司推出的 Zachman 框架等。需要说明的是，现阶段的 ADL 大多没有显式地支持多视图，并且上述多视图并不一定只描述设计阶段的模型。

"4+1"模型：从五个不同的视角来描述软件体系结构，每个视角只关心系统的一个侧面，五个视角结合在一起才能反映软件体系结构的全部内容。这五个视角分别为：

①逻辑视图：主要支持系统的功能需求，它直接面向最终用户；②开发视图：主要支持软件模块的组织和管理，它直接面向编程人员；③进程视图（过程视图）：主要关注一些非

功能性的需求，如系统的性能和可用性等，它直接面向系统集成人员；④物理视图：主要关注如何把软件映射到硬件上，通常要解决系统拓扑结构、系统安装、通信等问题，它直接面向系统工程人员；⑤场景视图：是重要系统活动的抽象描述，可以使上述四个视图有机联系起来，可认为是最重要的需求抽象。逻辑视图、开发视图描述系统的静态结构；进程视图和物理视图描述系统的动态结构。

参考答案

（46）C　　（47）B

试题（48）

软件架构风格是描述某一特定应用领域中系统组织方式的惯用模式。按照软件架构风格，物联网系统属于　（48）　软件架构风格。

（48）A．层次型　　　　B．事件系统　　　　C．数据流　　　　D．C2

试题（48）分析

本题考查软件架构风格的相关知识。

软件体系结构设计的一个核心目标是重复的体系结构模式，即达到体系结构级的软件重用。也就是说，在不同的软件系统中，使用同一体系结构。基于这个目的，主要任务是研究和实践软件体系结构的风格和类型问题。

软件体系结构风格是描述某一特定应用领域中系统组织方式的惯用模式。体系结构风格定义一个系统家族，即一个体系结构定义一个词汇表和一组约束。词汇表中包含一些构件和连接件类型，而这组约束指出系统是如何将这些构件和连接件组合起来的。体系结构风格反映了领域中众多系统所共有的结构和语义特性，并指导如何将各个模块和子系统有效地组织成一个完整的系统。对软件体系结构风格的研究和实践促进对设计的重用，一些经过实践证实的解决方案也可以可靠地用于解决新的问题。例如，如果某人把系统描述为"客户端/服务器"模式，则不必给出设计细节，我们立刻就会明白系统是如何组织和工作的。

参考答案

（48）A

试题（49）、（50）

特定领域软件架构（Domain Specific Software Architecture，DSSA）是指特定应用领域中为一组应用提供组织结构参考的标准软件架构。从功能覆盖的范围角度，　（49）　定义了一个特定的系统族，包含整个系统族内的多个系统，可作为该领域系统的可行解决方案的一个通用软件架构；　（50）　定义了在多个系统和多个系统族中功能区域的共有部分。在子系统级上涵盖多个系统族的特定部分功能。

（49）A．垂直域　　　B．水平域　　　C．功能域　　　D．属性域

（50）A．垂直域　　　B．水平域　　　C．功能域　　　D．属性域

试题（49）、（50）分析

本题考查特定领域软件架构的相关知识。

DSSA（Domain Specific Software Architecture）就是在一个特定应用领域中为一组应用提供组织结构参考的标准软件体系结构。对 DSSA 研究的角度、关心的问题不同导致了对

DSSA 的不同定义。通过对众多的 DSSA 的定义和描述的分析，可知 DSSA 的必备特征如下：

（1）一个严格定义的问题域和问题解域。

（2）具有普遍性。使其可以用于领域中某个特定应用的开发。

（3）对整个领域的构件组织模型的恰当抽象。

（4）具备该领域固定的、典型的在开发过程中可重用的元素。

一般的 DSSA 的定义并没有对领域的确定和划分给出明确说明。从功能覆盖的范围角度，有两种方式来理解 DSSA 中领域的含义。

（1）垂直域：定义了一个特定的系统族，包含整个系统族内的多个系统，结果是在该领域中可作为系统的可行解决方案的一个通用软件体系结构。

（2）水平域：定义了在多个系统和多个系统族中功能区域的共有部分。在子系统级上涵盖多个系统族的特定部分功能。

在垂直域上定义的 DSSA 只能应用于一个成熟的、稳定的领域，但这个条件比较难以满足；若将领域分割成较小的范围，则相对更容易，也容易得到一个一致的解决方案。

参考答案

（49）A　（50）B

试题（51）、（52）

某公司拟开发一个个人社保管理系统，该系统的主要功能需求是根据个人收入、家庭负担、身体状态等情况，预估计算个人每年应支付的社保金，该社保金的计算方式可能随着国家经济的变化而动态改变。针对上述需求描述，该软件系统适宜采用 __（51）__ 架构风格设计，该风格的主要特点是 __（52）__ 。

（51）A．Layered system　　　　　　B．Data flow

　　　C．Event system　　　　　　　D．Rule-based system

（52）A．将业务逻辑中频繁变化的部分定义为规则

　　　B．各构件间相互独立

　　　C．支持并发

　　　D．无数据不工作

试题（51）、（52）分析

本题考查软件架构风格的相关知识。

数据流（Data flow）体系结构是一种计算机体系结构，直接与传统的冯·诺依曼体系结构或控制流体系结构进行了对比。数据流体系结构没有概念上的程序计数器，指令的可执行性和执行仅基于指令输入参数的可用性来确定，因此，指令执行的顺序是不可预测的，即行为是不确定的。数据流体系结构风格主要包括批处理风格和管道-过滤器风格。

在批处理风格的软件体系结构中，每个处理步骤是一个单独的程序，每一步必须在前一步结束后才能开始，并且数据必须是完整的，以整体的方式传递。它的基本构件是独立的应用程序，连接件是某种类型的媒质。连接件定义了相应的数据流图，表达拓扑结构。

管道-过滤器体系结构风格的特点如下，当数据源源不断地产生，系统就需要对这些数据进行若干处理（分析、计算、转换等）。现有的解决方案是把系统分解为几个序贯的处理

步骤，这些步骤之间通过数据流连接，一个步骤的输出是另一个步骤的输入。每个处理步骤由一个过滤器（Filter）实现，处理步骤之间的数据传输由管道（Pipe）负责。每个处理步骤（过滤器）都有一组输入和输出，过滤器从管道中读取输入的数据流，经过内部处理，然后产生输出数据流并写入管道中。因此，管道-过滤器风格的基本构件是过滤器，连接件是数据流传输管道，将一个过滤器的输出传到另一过滤器的输入。

调用/返回风格是指在系统中采用了调用与返回机制。利用调用/返回实际上是一种分而治之的策略，其主要思想是将一个复杂的大系统分解为一些子系统，以便降低复杂度，并且增加可修改性。程序从其执行起点开始执行该构件的代码，程序执行结束，将控制返回给程序调用构件。调用/返回体系结构风格主要包括主程序/子程序风格、面向对象风格、层次型风格以及客户端/服务器风格。

层次型（Layered system）体系结构风格中，层次系统组成一个层次结构，每一层为上层服务，并作为下层的客户。在一些层次系统中，除了一些精心挑选的输出函数外，内部的层接口只对相邻的层可见。这样的系统中构件在层上实现了虚拟机。连接件通过决定层间如何交互的协议来定义，拓扑约束包括对相邻层间交互的约束。由于每一层最多只影响两层，同时只要给相邻层提供相同的接口，允许每层用不同的方法实现，同样为软件重用提供了强大的支持。

虚拟机体系结构风格的基本思想是人为构建一个运行环境，在这个环境之上，可以解析与运行自定义的一些语言，这样来增加架构的灵活性。虚拟机体系结构风格主要包括解释器风格和规则系统风格。

解释器体系结构风格中，一个解释器通常包括完成解释工作的解释引擎，一个包含将被解释的代码的存储区，一个记录解释引擎当前工作状态的数据结构，以及一个记录源代码被解释执行进度的数据结构。具有解释器风格的软件中含有一个虚拟机，可以仿真硬件的执行过程和一些关键应用。解释器通常被用来建立一种虚拟机以弥合程序语义与硬件语义之间的差异。其缺点是执行效率较低。典型的例子是专家系统。

规则系统（Rule-based system）体系结构风格中，基于规则的系统包括规则集、规则解释器、规则/数据选择器及工作内存。

独立构件风格主要强调系统中的每个构件都是相对独立的个体，它们之间不直接通信，以降低耦合度，提升灵活性。独立构件风格主要包括进程通信和事件系统（Event system）风格。事件系统风格是基于事件的隐式调用，事件系统风格的思想是构件不直接调用一个过程，而是触发或广播一个或多个事件。系统中的其他构件中的过程在一个或多个事件中注册，当一个事件被触发，系统自动调用在这个事件中注册的所有过程，这样，一个事件的触发就导致了另一模块中的过程的调用。

参考答案

（51）D　　（52）A

试题（53）、（54）

在架构评估过程中，评估人员所关注的是系统的质量属性。其中，__（53）__是指系统的响应能力，即要经过多长时间才能对某个事件做出响应，或者在某段时间内系统所能处理的

事件的　__(54)__ 。

(53) A．安全性　　　　B．性能　　　　C．可用性　　　　D．可靠性

(54) A．个数　　　　B．速度　　　　C．消耗　　　　D．故障率

试题 (53)、(54) 分析

本题考查软件架构评估的相关知识。

性能是软件架构评估中关注的重要质量属性。性能（performance）是指系统的响应能力，即要经过多长时间才能对某个事件做出响应，或者在某段事件内系统所能处理的事件的个数。经常用单位时间内所处理事务的数量或系统完成某个事务处理所需的时间来对性能进行定量的表示。性能测试经常要使用基准测试程序。

参考答案

(53) B　　(54) A

试题 (55)

在一个分布式软件系统中，一个构件失去了与另一个远程构件的连接。在系统修复后，连接于 30 秒之内恢复，系统可以重新正常工作。这一描述体现了软件系统的 __(55)__ 。

(55) A．安全性　　　　B．可用性　　　　C．兼容性　　　　D．可移植性

试题 (55) 分析

本题考查软件质量属性的相关知识。

可用性（availability）是系统能够正常运行的时间比例。经常用两次故障之间的时间长度或在出现故障时系统能够恢复正常的速度来表示。因此，在一个分布式软件系统中，一个构件失去了与另一个远程构件的连接。在系统修复后，连接于 30 秒之内恢复，系统可以重新正常工作。这一描述体现了软件系统的可用性。

参考答案

(55) B

试题 (56)、(57)

安全性是根据系统可能受到的安全威胁的类型来分类的。其中，__(56)__ 保证信息不泄露给未授权的用户、实体或过程；__(57)__ 保证信息的完整和准确，防止信息被篡改。

(56) A．可控性　　　　B．机密性　　　　C．安全审计　　　　D．健壮性

(57) A．可控性　　　　B．完整性　　　　C．不可否认性　　　　D．安全审计

试题 (56)、(57) 分析

本题考查软件质量属性的相关知识。

安全性（security）是指系统在向合法用户提供服务的同时能够阻止非授权用户使用的企图或拒绝服务的能力。安全性是根据系统可能受到的安全威胁的类型来分类的。安全性又可划分为机密性、完整性、不可否认性及可控性等特性。其中，机密性保证信息不泄露给未授权的用户、实体或过程；完整性保证信息的完整和准确，防止信息被非法修改；可控性保证对信息的传播及内容具有控制的能力，防止为非法者所用。

参考答案

(56) B　　(57) B

试题（58）、（59）

在架构评估中，场景是从　　(58)　　的角度对与系统的交互的描述，一般采用　　(59)　　三方面来对场景进行描述。

(58) A．系统设计者　　　　　　　　　　B．系统开发者

　　　C．风险承担者　　　　　　　　　　D．系统测试者

(59) A．刺激源、制品、响应　　　　　　B．刺激、制品、响应

　　　C．刺激、环境、响应　　　　　　　D．刺激、制品、环境

试题（58）、（59）分析

本题考查软件架构评估的相关知识。

在进行架构评估时，一般首先要精确地得出具体的质量目标，并以之作为判定该架构优劣的标准。为得出这些目标而采用的机制叫作场景。场景是从风险承担者的角度对与系统的交互的简短描述。在架构评估中，一般采用刺激（stimulus）、环境（environment）和响应（response）三方面来对场景进行描述。

参考答案

(58) C　　　(59) C

试题（60）～（61）

在架构评估中，　　(60)　　是一个或多个构件（和／或构件之间的关系）的特性。改变加密级别的设计决策属于　　(61)　　，因为它可能会对安全性和性能产生非常重要的影响。

(60) A．敏感点　　　B．非风险点　　　C．权衡点　　　D．风险点

(61) A．敏感点　　　B．非风险点　　　C．权衡点　　　D．风险点

试题（60）、（61）分析

本题考查软件架构评估的相关知识。

敏感点（sensitivity point）和权衡点（tradeoff point）是关键的架构决策。敏感点是一个或多个构件（和／或构件之间的关系）的特性。研究敏感点可使设计人员或分析员明确在搞清楚如何实现质量目标时应注意什么。权衡点是影响多个质量属性的特性，是多个质量属性的敏感点。例如，改变加密级别可能会对安全性和性能产生非常重要的影响。提高加密级别可以提高安全性，但可能要耗费更多的处理时间，影响系统性能。如果某个机密消息的处理有严格的时间延迟要求，则加密级别可能就会成为一个权衡点。

风险承担者（stakeholders）也称为利益相关人。系统的架构涉及很多人的利益，这些人都对架构施加各种影响，以保证自己的目标能够实现。

参考答案

(60) A　　　(61) C

试题（62）、（63）

在三层 C/S 架构中，　　(62)　　是应用的用户接口部分，负责与应用逻辑间的对话功能；　　(63)　　是应用的本体，负责具体的业务处理逻辑。

(62) A．表示层　　　B．感知层　　　C．设备层　　　D．业务逻辑层

(63) A．数据层　　　B．分发层　　　C．功能层　　　D．算法层

试题（62）、（63）分析

本题考查软件架构风格的相关知识。

C/S（客户端/服务器）软件体系结构是基于资源不对等，且为实现共享而提出的，在 20 世纪 90 年代逐渐成熟起来。两层 C/S 体系结构有三个主要组成部分：数据库服务器、客户应用程序和网络。服务器（后台）负责数据管理，客户机（前台）完成与用户的交互任务。称为"胖客户机，瘦服务器"。

与两层 C/S 结构相比，三层 C/S 结构增加了一个应用服务器。整个应用逻辑驻留在应用服务器上，只有表示层存在于客户机上，故为"瘦客户机"。应用功能分为表示层、功能层、数据层三层。表示层是应用的用户接口部分，通常使用图形用户界面；功能层是应用的主体，实现具体的业务处理逻辑；数据层是数据库管理系统。以上三层逻辑上独立。

参考答案

（62）A　　（63）C

试题（64）

赵某购买了一款有注册商标的应用 App，擅自复制成光盘出售，其行为是侵犯　(64)　的行为。

（64）A．注册商标专用权　　　　　　B．软件著作权

　　　　C．光盘所有权　　　　　　　　D．软件专利权

试题（64）分析

本题考查知识产权的基础知识。

未经软件著作权人许可，复制及部分复制、向公众发行著作权人的软件的，属于侵犯他人软件著作权的行为。

参考答案

（64）B

试题（65）

下列关于著作权归属的表述，正确的是　(65)　。

（65）A．改编作品的著作权归属于改编人

　　　　B．职务作品的著作权都归属于企业法人

　　　　C．委托作品的著作权都归属于委托人

　　　　D．合作作品的著作权归属于所有参与和组织创作的人

试题（65）分析

本题考查知识产权的基础知识。

改编他人作品也有可能会享有著作权，若是满足著作权的登记条件，那么改编已有作品而产生的作品，其著作权由改编人享有，但行使著作权时不得侵犯原作品的著作权。

职务作品的著作权可能归属于作者或者企业法人，需要根据具体情况进行分析。

接受他人委托开发的软件，其著作权的归属由委托人与受托人签订书面合同约定；无书面合同或者合同未作明确约定的，其著作权由受托人享有。

两人以上合作创作的作品，著作权由合作作者共同享有。没有参加创作的人，不能成为

合作作者。合作作品可以分割使用的，作者对各自创作的部分可以单独享有著作权，但行使著作权时不得侵犯合作作品整体的著作权。

参考答案

（65）A

试题（66）

X 公司接受 Y 公司的委托开发了一款应用软件，双方没有订立任何书面合同。在此情形下，___（66）___享有该软件的著作权。

（66）A. X、Y 公司共同　　　　　　　B. X 公司
　　　　C. Y 公司　　　　　　　　　D. X、Y 公司均不

试题（66）分析

本题考查知识产权的基础知识。

接受他人委托开发的软件，其著作权的归属由委托人与受托人签订书面合同约定；无书面合同或者合同未作明确约定的，其著作权由受托人享有。

参考答案

（66）B

试题（67）、（68）

某 Web 网站向 CA 申请了数字证书。用户登录过程中可通过验证___（67）___确认该数字证书的有效性，以___（68）___。

（67）A. CA 的签名　　　　　　　　B. 网站的签名
　　　　C. 会话密钥　　　　　　　　D. DES 密码
（68）A. 向网站确认自己的身份　　　B. 获取访问网站的权限
　　　　C. 和网站进行双向认证　　　D. 验证该网站的真伪

试题（67）、（68）分析

本题考查数字证书在网站认证方面的知识。

CA 向网站颁发的数字证书中包含有 CA 的签名，用户登录的过程中，可以使用 CA 的公钥来对 CA 签名进行验证，如验证通过，则能够确定该网站为真，否则，该网站为假。

参考答案

（67）A　　（68）D

试题（69）

非负变量 x 和 y，在 $x \leq 4$，$y \leq 3$ 和 $x+2y \leq 8$ 的约束条件下，目标函数 $2x+3y$ 的最大值为___（69）___。

（69）A. 13　　　　B. 14　　　　C. 15　　　　D. 16

试题（69）分析

本题考查应用数学的知识。

这是一个线性规划问题。在 (x,y) 平面上，约束条件 $0 \leq x \leq 4$，$0 \leq y \leq 3$ 和 $x+2y \leq 8$ 所确定的区域（可行解区）是一个凸五边形，其顶点分别为 $(0,0)$，$(0,3)$，$(2,3)$，$(4,2)$，$(4,0)$，相应的目标函数值分别为 0，9，13，14，8。由于凸多边形上的线性目标函数的极

值必然在该多边形的顶点处达到，因此，该目标函数在 $x=4$，$y=2$ 时达到最大值 14。

参考答案

（69）B

试题（70）

某项目包括 A～G 七个作业，各作业之间的衔接关系和所需时间如下表：

作　业	A	B	C	D	E	F	G
紧前作业	-	A	A	B	C,D	-	E,F
所需天数	5	7		8	3	20	4

其中，作业 C 所需的时间，乐观估计为 5 天，最可能为 14 天，保守估计为 17 天。假设其他作业都按计划进度实施，为使该项目按进度计划如期全部完成，作业 C　（70）　。

（70）A．必须在期望时间内完成　　　　B．必须在 14 天内完成

　　　　C．比期望时间最多可拖延 1 天　　D．比期望时间最多可拖延 2 天

试题（70）分析

本题考查应用数学的知识。

作业 C 所需的时间期望值为（5+4×14+17）/6=13 天。该项目进度计划的网络图如下。

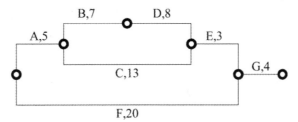

该网络图的关键路径为 A-B-D-E-G，该项目所需的期望时间为 5+7+8+3+4=27 天。

为使该项目能在 27 天内完成，作业 C 应在作业 B 和作业 D 实施期间并行做，即作业 C 应在 7+8=15 天内完成。因此作业 C 可以比期望时间 13 天最多拖延 2 天。

参考答案

（70）D

试题（71）～（75）

The prevailing distributed computing model of the current era is called client/server computing. A　（71）　 is a solution in which the presentation, presentation logic, application logic, data manipulation and data layers are distributed between client PCs and one or more servers. A　（72）　 is a personal computer that does not have to be very powerful in terms of processor speed and memory because it only presents the interface to the user. A　（73）　 is a personal computer, notebook computer, or workstation that is typically more powerful in terms of processor speed, memory, and storage capacity. A　（74）　 hosts one or more shared database but also executes all database commands and services for information systems. A（n）　（75）　 hosts Internet or intranet Web sites, it communicates with clients by returning to them documents and data.

（71）A．Client/Server system   B．Client-side
　　　C．Serve-sider   D．Database

（72）A．Serve-sider   B．Browser
　　　C．Fat client   D．Thin client

（73）A．Cloud platform   B．Cluster system
　　　C．Fat client   D．Thin client

（74）A．Transaction server   B．Database server
　　　C．Application server   D．Message server

（75）A．Database server   B．Message server
　　　C．Web server   D．Application server

参考译文

　　当前时代流行的分布式计算模型称为客户端/服务器计算。客户端/服务器系统是一种解决方案，其中展示、表示逻辑、应用逻辑、数据操作和数据层分布在客户端 PC 和一个或多个服务器之间。瘦客户端是一种个人计算机，在处理器速度和内存方面不必非常强大，因为它只向用户提供界面。胖客户端是个人计算机、笔记本电脑或工作站，通常在处理器速度、内存和存储容量方面更强大。数据库服务器储存一个或多个共享数据库，但也执行信息系统的所有数据库命令和服务。Web 服务器承载互联网或企业网网站，它通过向客户返回文档和数据与客户进行通信。

参考答案

　　（71）A　（72）D　（73）C　（74）B　（75）C

第 11 章　2021 下半年系统架构设计师

下午试题 I 分析与解答

试题一（共 25 分）

阅读以下关于软件架构设计与评估的叙述，在答题纸上回答问题 1 和问题 2。

【说明】

某公司拟开发一套机器学习应用开发平台，支持用户使用浏览器在线进行基于机器学习的智能应用开发活动。该平台的核心应用场景是用户通过拖拽算法组件灵活定义机器学习流程，采用自助方式进行智能应用设计、实现与部署，并可以开发新算法组件加入平台中。在需求分析与架构设计阶段，公司提出的需求和质量属性描述如下：

（a）平台用户分为算法工程师、软件工程师和管理员等三种角色，不同角色的功能界面有所不同；

（b）平台应该具备数据库保护措施，能够预防核心数据库被非授权用户访问；

（c）平台支持分布式部署，当主站点断电后，应在 20 秒内将请求重定向到备用站点；

（d）平台支持初学者和高级用户两种界面操作模式，用户可以根据自己的情况灵活选择合适的模式；

（e）平台主站点宕机后，需要在 15 秒内发现错误并启用备用系统；

（f）在正常负载情况下，机器学习流程从提交到开始执行，时间间隔不大于 5 秒；

（g）平台支持硬件扩容与升级，能够在 3 人·天内完成所有部署与测试工作；

（h）平台需要对用户的所有操作过程进行详细记录，便于审计工作；

（i）平台部署后，针对界面风格的修改需要在 3 人·天内完成；

（j）在正常负载情况下，平台应在 0.5 秒内对用户的界面操作请求进行响应；

（k）平台应该与目前国内外主流的机器学习应用开发平台的界面风格保持一致；

（l）平台提供机器学习算法的远程调试功能，支持算法工程师进行远程调试。

在对平台需求、质量属性描述和架构特性进行分析的基础上，公司的架构师给出了三种候选的架构设计方案，公司目前正在组织相关专家对平台架构进行评估。

【问题 1】（9 分）

在架构评估过程中，质量属性效用树（utility tree）是对系统质量属性进行识别和优先级排序的重要工具。请将合适的质量属性名称填入图 1-1 中（1）、（2）空白处，并从题干中的（a）～（l）中选择合适的质量属性描述，填入（3）～（6）空白处，完成该平台的效用树。

【问题 2】（16 分）

针对该系统的功能，赵工建议采用解释器（interpreter）架构风格，李工建议采用管道-过滤器（pipe-and-filter）的架构风格，王工则建议采用隐式调用（implicit invocation）架构风格。请针对平台的核心应用场景，从机器学习流程定义的灵活性和学习算法的可扩展性两个方面对三种架构风格进行对比与分析，并指出该平台更适合采用哪种架构风格。

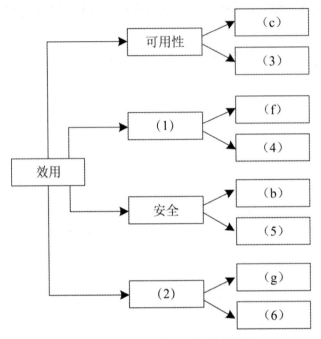

图 1-1　机器学习应用开发平台效用树

试题一分析

　　本题考查软件架构评估和软件架构设计方面的知识与应用，主要包括质量属性效用树和架构分析与选择两个部分。

　　此类题目要求考生认真阅读题目对系统需求的描述，经过分类、概括等方法，从中确定软件功能需求、软件质量属性、架构风险、架构敏感点、架构权衡点等内容，并采用效用树这一工具对架构进行评估。

　　在进行架构选择时，需要充分分析、理解题干中对软件特征的论述，并根据应用场景对候选的架构风格选择进行对比，描述各自的优势和不足，并最终选择合适的架构风格。

【问题 1】

　　在架构评估过程中，质量属性效用树（utility tree）是对系统质量属性进行识别和优先级排序的重要工具。质量属性效用树主要关注性能、可用性、安全性和可修改性等四个用户最为关注的质量属性，考生需要对题干的需求进行分析，逐一找出这四个质量属性对应的描述，然后填入空白处即可。

　　经过对题干进行分析，可以看出：

　　（a）平台用户分为算法工程师、软件工程师和管理员等三种角色，不同角色的功能界面有所不同；（功能需求）

（b）平台应该具备数据库保护措施，能够预防核心数据库被非授权用户访问；（安全性）

（c）平台支持分布式部署，当主站点断电后，应在 20 秒内将请求重定向到备用站点；（可用性）

（d）平台支持初学者和高级用户两种界面操作模式，用户可以根据自己的情况灵活选择合适的模式；（功能需求）

（e）平台主站点宕机后，需要在 15 秒内发现错误并启用备用系统；（可用性）

（f）在正常负载情况下，机器学习流程从提交到开始执行，时间间隔不大于 5 秒；（性能）

（g）平台支持硬件扩容与升级，能够在 3 人·天内完成所有部署与测试工作；（可修改性）

（h）平台需要对用户的所有操作过程进行详细记录，便于审计工作；（安全性）

（i）平台部署后，针对界面风格的修改需要在 3 人·天内完成；（可修改性）

（j）在正常负载情况下，平台应在 0.5 秒内对用户的界面操作请求进行响应；（性能）

（k）平台应该与目前国内外主流的机器学习应用开发平台的界面风格保持一致；（易用性）

（l）平台提供机器学习算法的远程调试功能，支持算法工程师进行远程调试。（可测试性）

【问题 2】

本题考查考生对系统架构风格选型的理解与掌握。针对该系统的功能，赵工建议采用解释器（interpreter）架构风格，李工建议采用管道-过滤器（pipe-and-filter）的架构风格，王工则建议采用隐式调用（implicit invocation）架构风格。需要考生针对平台的核心应用场景，从机器学习流程定义的灵活性和学习算法的可扩展性两个方面对三种架构风格进行对比与分析。

（1）在机器学习流程定义的灵活性方面：

解释器风格通常将机器学习流程建模为有向无环图，采用工作流的方式灵活定义应用流程，灵活性最高。

管道-过滤器风格通常将机器学习流程建模为数据处理流程，但数据处理流程一般是确定的，灵活性较差。

隐式调用风格通常将机器学习流程建模为若干个处理过程的松耦合组合，需要增加某种额外的控制方式定义流程的流转关系，复杂度较高，灵活性较差。

（2）在学习算法的可扩展性方面：

解释器风格按照输入输出格式将学习算法封装为组件，通过解释器机制动态增加或删除算法组件，并支持动态调用，可扩展性最高。

管道-过滤器风格按照输入输出格式将学习算法封装为组件，如果需要增加或删除组件，需要停止平台并进行重新部署，可扩展性最差。

隐式调用风格按照输入输出格式将学习算法封装为处理函数，支持动态增加和删除函数，可扩展性较高。

经过综合比较与分析，可以看出该系统更适合使用解释器风格，这也是目前主流的低代码机器学习平台普遍采用的架构风格。

试题一参考答案

【问题 1】

（1）性能　（2）可修改性　（3）（e）　（4）（j）　（5）（h）　（6）（i）

【问题 2】

（1）在机器学习流程定义的灵活性方面：

解释器风格：通常将机器学习流程建模为有向无环图，采用工作流的方式灵活定义应用流程。

管道-过滤器风格：通常将机器学习流程建模为数据处理流程，但数据处理流程一般是确定的，灵活性较差。

隐式调用风格：通常将机器学习流程建模为若干个处理过程的松耦合组合，需要增加某种额外的控制方式定义流程的流转关系，复杂度较高，灵活性较差。

（2）在学习算法的可扩展性方面：

解释器风格：按照输入输出格式将学习算法封装为组件，通过解释器机制动态增加或删除算法组件，并支持动态调用。

管道-过滤器风格：按照输入输出格式将学习算法封装为组件，如果需要增加或删除组件，需要停止平台并进行重新部署。

隐式调用风格：按照输入输出格式将学习算法封装为处理函数，支持动态增加和删除函数。

基于上述分析，可以看出该平台更适合采用解释器风格。

> 从下列的 4 道试题（试题二至试题五）中任选 2 道解答。

试题二（共 25 分）

阅读以下关于软件系统设计与建模的叙述，在答题纸上回答问题 1 至问题 3。

【说明】

某医院拟委托软件公司开发一套预约挂号管理系统，以便为患者提供更好的就医体验，为医院提供更加科学的预约管理。本系统的主要功能描述如下：（a）注册登录，（b）信息浏览，（c）账号管理，（d）预约挂号，（e）查询与取消预约，（f）号源管理，（g）报告查询，（h）预约管理，（i）报表管理和（j）信用管理等。

【问题 1】（6 分）

若采用面向对象方法对预约挂号管理系统进行分析，得到如图 2-1 所示的用例图。请将合适的参与者名称填入图 2-1 中的（1）和（2）处，使用题干给出的功能描述（a）～（j），完善用例（3）～（12）的名称，将正确答案填在答题纸上。

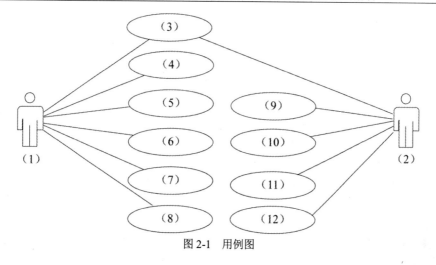

图 2-1　用例图

【问题 2】（10 分）

　　预约人员（患者）登录系统后发起预约挂号请求，进入预约界面。进行预约挂号时使用数据库访问类获取医生的相关信息，在数据库中调用医生列表，并调取医生出诊时段表，将医生出诊时段反馈到预约界面，并显示给预约人员；预约人员选择医生及就诊时间后确认预约，系统返回预约结果，并向用户显示是否预约成功。

　　采用面向对象方法对预约挂号过程进行分析，得到如图 2-2 所示的顺序图。使用题干中给出的描述，完善图 2-2 中对象（1），及消息（2）～（4）的名称，将正确答案填在答题纸上；请简要说明在描述对象之间的动态交互关系时，协作图与顺序图存在哪些区别。

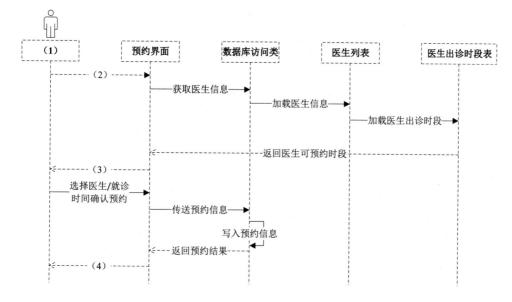

图 2-2　顺序图

【问题 3】（9 分）

采用面向对象方法开发软件，通常需要建立对象模型、动态模型和功能模型，请分别介绍这 3 种模型，并详细说明它们之间的关联关系；针对上述模型，说明哪些模型可用于软件的需求分析。

试题二分析

本题主要考查面向对象需求分析与设计建模方法的相关知识及工程实践的应用，特别是考查考生对统一建模语言 UML 的掌握。

此类试题要求考生认真阅读题目对现实问题的描述，根据所学的用例图和顺序图的概念，从题目中提取相应的要素，按照给出的提示，完成用例图和顺序图，并能够区分 UML 中不同模型的应用场景。

【问题 1】

本问题考查系统建模中用例图的设计与应用。考生应该在熟记基本概念的基础上，结合实际问题灵活掌握并应用这些概念。

在解答本题时，首先需要对题目中描述的基本功能需求（a）～（j）进行分析与梳理，确定系统的所有参与者与用例，结合问题 1 中已经给出的参与者与用例之间的关系，完成整个用例图的设计。

【问题 2】

本问题考查系统建模中顺序图的设计与应用，以及顺序图和协作图的区别。考生应该在熟记基本概念的基础上，结合实际问题灵活掌握并应用这些概念。

在解答本题时，需要结合问题 2 中题干的描述，分析系统中消息的交互过程，完善顺序图中的对象名和消息名。顺序图是显示对象之间交互的图，这些对象是按时间顺序排列的，其着重描述对象按时间顺序的消息交换。协作图用于描述系统的行为是如何由系统的成分协作实现的图，着重描述系统成分如何协同工作。在掌握基本概念的基础上，要求考生能够区分两种模型的使用场景。

【问题 3】

本问题考查在面向对象分析与设计过程中使用的对象模型、动态模型和功能模型的概念知识。

其中，对象模型用于描述系统数据结构；动态模型用于描述系统控制结构；功能模型用于描述系统功能。这 3 种模型都涉及数据、控制和操作等共同的概念，但侧重点不同，从不同侧面反映了系统的实质性内容，综合起来全面地反映了对目标系统的需求。功能模型指明了系统应该"做什么"；动态模型明确规定了什么时候做；对象模型则定义了做事情的实体。对象模型、动态模型和功能模型均可用于软件的需求分析。

试题二参考答案

【问题 1】

（1）预约人员（患者）

（2）医院管理人员

（3）（a）

（4）～（8）：（b）、（c）、（d）、（e）、（g）（顺序可变）

（9）～（12）：（f）、（h）、（i）、（j）（顺序可变）

【问题 2】

（1）预约人员

（2）预约挂号

（3）显示医生可预约时段

（4）显示预约结果

顺序图是显示对象之间交互的图，这些对象是按时间顺序排列的，其着重描述对象按时间顺序的消息交换。

协作图用于描述系统的行为是如何由系统的成分协作实现的图，着重描述系统成分如何协同工作。

【问题 3】

对象模型用于描述系统数据结构；动态模型用于描述系统控制结构；功能模型用于描述系统功能。

这 3 种模型都涉及数据、控制和操作等共同的概念，但侧重点不同，从不同侧面反映了系统的实质性内容，综合起来全面地反映了对目标系统的需求。

功能模型指明了系统应该"做什么"；动态模型明确规定了什么时候做；对象模型则定义了做事情的实体。

对象模型、动态模型和功能模型均可用于软件的需求分析。

试题三（共 25 分）

阅读以下关于嵌入式数据架构设计的相关描述，在答题纸上回答问题 1 至问题 3。

【说明】

数据架构（Data architecture）是系统架构设计的主要工作之一。它主要用于描述业务数据以及数据间的关系。数据架构着重考虑"数据需求"，关注的是持久化数据的组织。数据架构的设计过程主要包括：数据定义、数据分布与数据管理。某公司为了适应宇航装备的持续发展，提升本公司的核心竞争力，改变原来事件驱动的架构设计模式。公司领导将新产品架构规划工作交给张工。张工经过分析、调研给出了本企业宇航产品的未来架构规划方案。

【问题 1】（9 分）

张工在规划方案中指出：宇航装备要实现以数据为中心的架构设计模式，就应改变传统的各个子系统独立的设计方式，打破原宇航装备的生产关系。为了达到这个目标，我们首先要解决装备数据的共享、管理和存储等问题，做好顶层的数据架构规划工作。请用 300 字以内的文字说明数据定义、数据分布与数据管理的具体内涵。

【问题 2】（7 分）

张工在规划方案中提出公司未来产品设计要遵从一种开放式的架构体系，并在此基础上完善数据架构的设计工作，形成一套规格化的数据模型语言。张工给出了基于 FACE（Future Airborne Capability Environment）架构的新产品架构，其中，图 3-1 说明了数据模型语言在架构模型中的作用。

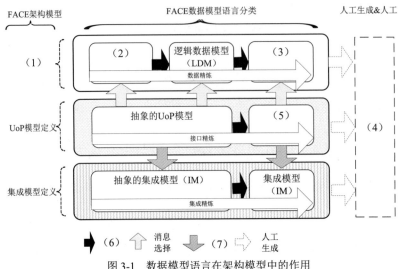

图 3-1   数据模型语言在架构模型中的作用

请根据你所掌握的数据架构的相关知识，从以下 a ～ g 中进行选择，填充完善图 3-1 中的（1）～（7）空格。

a. 数据模型定义

b. 平台数据模型（PDM）

c. UoP（Unit of Portability）数据模型（UM）

d. 提炼

e. 传输定义

f. 代码和配置

g. 概念数据模型（CDM）

【问题 3】（9 分）

"数据需求"是数据架构设计中需要着重考虑的问题。在张工给出的基于 FACE 架构的新产品架构中，分别就架构中的各个部分逐条给出了需求项。请判断表 3-1 给出的 9 项需求是否属于数据需求。

表 3-1   张工给出的需求项

序号	需求项	属于数据需求（是/否）
1	操作系统段的一个可移植单元应支持分区、进程、线程和存储管理功能	（1）
2	在安全传输时，模块支持单元（USM）应该为可移植单元提供所有可用的数据元素	（2）
3	I/O 服务应该为对应的每条 I/O 总线的体系结构提供 I/O 服务管理能力	（3）
4	USM 访问传输段接口时应包括可移植单元需要发送的所有数据元素	（4）
5	特定域数据模型（DSDM）应该遵循 FACE 共享数据模型管理	（5）

续表

序号	需求项	属于数据需求（是/否）
6	当安全传输作为可移植组件段内可移植单元执行时，访问安全传输的所有数据的界限应与 FACE 数据架构保持一致	（6）
7	DSDM 应该是遵守 EMOF 2.0 约束的 XML 文件	（7）
8	可移植单元应该为每个 FACE 接口提供一个注入实例	（8）
9	在可移植单元包中的所有可移植单元应该设计在相同分区内操作	（9）

试题三分析

软件架构设计要从不同视角去观察和分析系统的各种属性，架构设计是人们对一个结构内的元素及元素间的关系的一种主观映射的产物，是一系列相关的抽象模式，用于指导大型软件系统的各个方面的设计。这里所说的元素不仅是指组件、功能模块、控制和数据流，还应包括数据，因此，数据架构（Data architecture）是系统架构设计的基础和工作之一，它主要描述了系统业务数据以及数据间的关系。数据架构着重考虑"数据需求"，关注的是持久化数据的组织，通常，数据架构是技术选型、存储格式和数据分布的组合，不仅包括实体及实体关系的数据存储格式，还可能包括数据传递、数据复制、数据同步等策略，随着大数据、人工智能技术的发展，人们更关心于数据架构的设计问题。

【问题 1】

通常，数据架构的设计过程主要包括：数据定义、数据分布与数据管理等三个步骤。

（1）数据定义：数据定义要反映业务模式的本质，确保数据架构为业务需求提供全面、一致、完整的高质量数据。数据定义要划分应用系统边界，明确数据引用关系，定义应用系统间的集成接口。定义数据模型主要包括：数据概念模型、数据逻辑模型、数据物理模型和数据标准。

数据概念模型是面向数据用户的现实世界的模型，主要用来描述世界的概念化结构，它使数据的设计人员在设计的初始阶段，摆脱计算机系统及 DBMS 的具体技术问题，集中精力分析数据以及数据之间的联系等。

数据逻辑模型是指数据的逻辑结构。逻辑建模是数据仓库实施中的重要一环，因为它能直接反映出业务部门的需求，同时对系统的物理实施有着重要的指导作用，它的作用在于可以通过实体和关系勾勒出企业的数据蓝图。

数据物理模型是指提供系统初始设计所需要的基础元素，以及相关元素之间的关系。

数据标准（Data Standards）是指保障数据的内外部使用和交换的一致性和准确性的规范性约束。进行数据标准化的主要依据，构建一套完整的数据标准体系是开展数据标准管理工作的良好基础，有利于打通数据底层的互通性，提升数据的可用性。

（2）数据分布：数据分布是数据系统分布的基础。包含数据业务、数据分析和数据存储。数据业务是分析数据在业务各环节的创建、引用、修改或删除的关系。数据分析是在单一应用系统中的分析数据结构与应用系统各功能间的引用关系，分析数据在多个系统间的引用关系。数据存储包含分析数据集中存储和数据分布存储两种模式，要根据需求选择数据分布策略。数据的集中趋势和离散程度是数据分布最基本的两大特征，集中趋势反映了数据聚集的中心所在，数据的离散程度说明数据之间差异程度的大小。

（3）数据管理：数据管理是要制定贯穿数据生命周期的各项管理制度，包括：数据模型与数据标准管理，数据分布管理，数据质量管理和数据安全管理等制度。确定数据管理组织或岗位。数据管理在于依据企业实际数据需求，对数据资产进行有效管理，既帮助企业合理评估、规范和治理企业数据资产，又可以挖掘数据资产价值、促进持续增值。通常数据管理设计要点包括：明确数据责任主体、统一公司范围数据定义、明确数据与过程的关系、明确数据间关系、统一数据源。

【问题 2】

FACE（Future Airborne Capability Environment）是近年来宇航领域提出的一种面向服务的、安全可靠、可移植、可扩展的开放式嵌入式系统架构，可实现宇航软件的跨平台复用，以及高质量、低成本的开发工作。分析图 3-1 所示的 FACE 数据模型结构，可知本问题主要考查考生对数据架构设计中的抽象概念的理解。图 3-1 左边描述了 FACE 架构的模型，涵盖了三种模型定义，即"数据模型（1）"、Uop 模型和集成模型，而就数据模型定义而言，从第一行中部语言分类的抽象流程顺序分析，应该是先有"概念数据模型（2）"，才能抽象出逻辑数据模型和"平台数据模型（3）"，同样，通过三步抽象分析后，其结果显然是人工生成的"代码和配置（4）"。

这里，再根据图下部的注释箭头可以理解 FACE 数据模型语言分类中的箭头活动，从左向右的白箭头贯穿在整个数据提取过程，称为数据提炼，而每个模型转到下一模型的活动（用黑箭头表示）则是代表了数据的"提炼（6）"活动。这样，抽象的 UoP 模型通过提炼显然可推导出后面是"UoP 数据模型（5）"，其生成的结果仍然是 UoP "代码和配置（4）"。

最后，再来分析三种模型定义的上下层关系，即灰箭头的具体含义。前面已说明所有模型的精炼是要生成代码和配置，用虚箭头表示。Uop 模型是整个 FACE 数据架构设计的基础，它为数据模型提供消息选择，为集成模型应该是提供"传输（7）"。

完整的 FACE 的数据架构图如图 3-2 所示。

【问题 3】

系统架构设计的原则来源于系统的需求，通用系统的数据架构反映着系统的业务需求，本问题主要考查考生在进行数据架构设计时从系统需求中鉴别出数据需求的能力。表 3-1 给出了 9 项系统需求，其中涵盖了数据需求、功能需求。

（1）"操作系统段的一个可移植单元应支持分区、进程、线程和存储管理功能"，显然是功能需求，存储管理虽然与数据相关，但实际上是功能需求。

（2）"在安全传输时，模块支持单元（USM）应该为可移植单元提供所有可用的数据元素"，这条需求的核心是要提供数据元素，显然为数据需求。

（3）"I/O 服务应该为对应的每条 I/O 总线的体系结构提供 I/O 服务管理能力"，显然服务管理是功能需求。

（4）"USM 访问传输段接口时应包括可移植单元需要发送的所有数据元素"，本条需求是指功能需求中隐含了数据需求，即要发送所有数据元素，属于数据需求。

（5）"特定域数据模型（DSDM）应该遵循 FACE 共享数据模型管理"，要求 FACE 架构需要共享数据模型管理，属于数据需求。

（6）"当安全传输作为可移植组件段内可移植单元执行时，访问安全传输的所有数据的界限应与 FACE 数据架构保持一致"，核心要求是安全传输的数据界限与数据架构保持一致，定义的是功能需求，而非数据需求。

（7）"DSDM 应该是遵守 EMOF 2.0 约束的 XML 文件"，XML 是一种数据描述语言，本条是要求数据的标准应遵循 EMOF 2.0 约束的 XML 文件，因此是数据需求。

（8）"可移植单元应该为每个 FACE 接口提供一个注入实例"，显然与数据需求无关，属于功能需求。

（9）"在可移植单元包中的所有可移植单元应该设计在相同分区内操作"，显然与数据需求无关，属于功能需求。

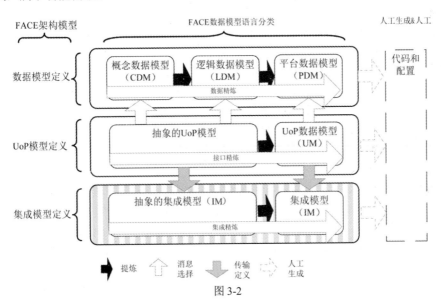

图 3-2

试题三参考答案

【问题 1】

数据定义：数据定义要反映业务模式的本质，确保数据架构为业务需求提供全面、一致、完整的高质量数据。数据定义要划分应用系统边界，明确数据引用关系，定义应用系统间的集成接口。定义数据模型主要包括：数据概念模型、数据逻辑模型、数据物理模型和数据标准。

数据分布：数据分布是数据系统分布的基础。包含数据业务、数据分析和数据存储。数据业务是分析数据在业务各环节的创建、引用、修改或删除的关系。数据分析是在单一应用系统中的分析数据结构与应用系统各功能间的引用关系，分析数据在多个系统间的引用关系。数据存储包含分析数据集中存储和数据分布存储两种模式，要根据需求选择数据分布策略。

数据管理：数据管理是要制定贯穿数据生命周期的各项管理制度，包括：数据模型与数据标准管理，数据分布管理，数据质量管理和数据安全管理等制度。确定数据管理组织或岗位。

【问题 2】

(1) a　　(2) g　　(3) b　　(4) f　　(5) c　　(6) d　　(7) e

【问题 3】

(1) 否　　　(2) 是　　　(3) 否　　　(4) 是　　　(5) 是

(6) 否　　　(7) 是　　　(8) 否　　　(9) 否

试题四（共 25 分）

阅读以下关于数据库设计的叙述，在答题纸上回答问题 1 至问题 3。

【说明】

某医药销售企业因业务发展，需要建立线上药品销售系统，为用户提供便捷的互联网药品销售服务。该系统除了常规药品展示、订单、用户交流与反馈功能外，还需要提供当前热销产品排名、评价分类管理等功能。

通过对需求的分析，在数据管理上初步决定采用关系数据库（MySQL）和数据库缓存（Redis）的混合架构实现。

经过规范化设计之后，该系统的部分数据库表结构如下所示。

供应商（供应商 ID，供应商名称，联系方式，供应商地址）；

药品（药品 ID，药品名称，药品型号，药品价格，供应商 ID）；

药品库存（药品 ID，当前库存数量）；

订单（订单号码，药品 ID，供应商 ID，药品数量，订单金额）。

【问题 1】（9 分）

在系统初步运行后，发现系统数据访问性能较差。经过分析，刘工认为原来数据库规范化设计后，关系表过于细分，造成了大量的多表关联查询，影响了性能。例如当用户查询商品信息时，需要同时显示该药品的信息、供应商的信息、当前库存等信息。

为此，刘工认为可以采用反规范化设计来改造药品关系的结构，以提高查询性能。修改后的药品关系结构为：

药品（药品 ID，药品名称，药品型号，药品价格，供应商 ID，供应商名称，当前库存数量）。

请用 200 字以内的文字说明常见的反规范化设计方法，并说明用户查询商品信息应该采用哪种反规范化设计方法。

【问题 2】（9 分）

王工认为，反规范化设计可提高查询的性能，但必然会带来数据的不一致性问题。请用 200 字以内的文字说明在反规范化设计中，解决数据不一致性问题的三种常见方法，并说明该系统应该采用哪种方法。

【问题 3】（7 分）

该系统采用了 Redis 来实现某些特定功能（如当前热销药品排名等），同时将药品关系数据放到内存以提高商品查询的性能，但必然会造成 Redis 和 MySQL 的数据实时同步问题。

(1) Redis 的数据类型包括 Sting、Hash、List、Set 和 ZSet 等，请说明实现当前热销药品排名的功能应该选择使用哪种数据类型。

（2）请用 200 字以内的文字解释说明解决 Redis 和 MySQL 数据实时同步问题的常见方案。

试题四分析

本题考查数据库设计的相关概念，主要集中在反规范化设计和数据库缓存。

【问题 1】

本问题考查数据库设计中反规范化设计的基本概念和方法。

在关系数据库的逻辑设计中，需要对关系模型进行规范化处理，使得关系模式满足一定级别的规范化。而规范化程度较低的关系模式往往会存在更新异常、数据冗余等问题，需要通过模式分解的方式来提高关系模式的规范化程度。常见的范式包括 1NF、2NF、3NF 和 BCNF。一般在应用系统数据库设计中，需要达到 3NF 或 BCNF。

范式的提高，实际是通过对关系模式的分解得到的。因此范式越高，就意味着关系模式的概念越单一，关系模式的数量会增多。这往往带来一个问题，即回答用户问题所需的数据，往往涉及多个数据库表，从而影响了数据查询的效率。因此，就出现了反规范化设计。

反规范化的目的就是提高查询性能，是在规范化之后单纯为了提高查询效率，而特意降低规范化要求的一种设计方法。核心思想是增加数据冗余，常见的方法有：

（1）增加冗余列：指在多个表中具有相同的属性列，常用来在查询时避免连接操作。

（2）增加派生列：指增加的列可以通过表中其他属性列加工计算生成，作用是查询时减少计算量。

（3）重新组表：如果需要经常查询两个表连接之后的数据，则把这两个表重新组成一个表来减少连接而提高性能。

（4）表分割：通过将较大的表分割为多个较小的表来提高查询性能，包括水平分割和垂直分割。

根据题干中描述的修改后的关系模式，该系统适合采用增加冗余列/冗余列方法。

【问题 2】

数据库的反规范化设计是通过增加数据冗余来提高了查询的效率，而数据冗余必然会带来数据的不一致问题。

常见的解决反规范化设计数据不一致问题的方法有三种：

（1）应用程序同步：指的是通过应用程序在更新数据的同时，同步更新对应的冗余数据，这两个操作会放到同一个事务中，从而保证两个操作的原子性。

（2）触发器同步：触发器是与表事件相关的特殊存储过程，它由执行事件来触发，由数据库管理系统在后台自动执行。常见的方法是在更新数据的表上增加相应事件的触发器，在触发器内容同步更新冗余数据。

（3）批处理同步：这种方法一般应用在对数据一致性要求不高的场景下。当更新数据操作执行了一段时间后，根据更新数据进行批量的同步操作，使得冗余数据和更新数据保持一致。

根据题干的要求，该系统适合采用应用程序同步或触发器同步。

【问题 3】

Redis 是一个开源的数据库缓存系统，是一个高性能的 Key-Value 存储系统。Redis 提供五种数据类型：String、Hash、List、Set 及 Zset(Sorted Set)。

（1）String 是最简单的类型，一个 key 对应一个 value。

（2）List 是一个链表结构，主要功能是 push、pop、获取一个范围的所有值等等。使用 List 结构，可以轻松地实现最新消息排队功能。

（3）Hash 是一个 String 类型的 field（字段）和 value（属性）的映射表，Hash 特别适合用于存储对象。一个 Hash 可以存多个 key-value，类似一个对象的多个字段和属性。

（4）Set 是 String 类型的无序集合。集合成员是不可重复的。

（5）ZSet 是有序集合，每个元素都会关联一个 double 类型的权重参数（score），使得集合中的元素能够按 score 进行有序排列。

因此实现当前热销药品排名的功能应该选择使用 ZSet 结构。

该系统采用 Redis 作为数据库缓存，将数据持久化存储在 MySQL 数据库中，则必然需要解决二者的数据实时同步问题。

解决 Redis 和 MySQL 数据实时同步问题的常见方案是：

应用程序读数据时先读取 Redis 中的 key，如读到且未失效则返回 key 对应的数据；如读不到或 key 失效，则读取数据库，并同步 Redis；写数据时先写数据库，并设置内存对应的 key 失效。

试题四参考答案

【问题 1】

增加冗余列/冗余列：指在多个表中具有相同的属性列，常用来在查询时避免连接操作。

增加派生列/派生列：指增加的列可以通过表中其他属性列加工计算生成，作用是查询时减少计算量。

表重组/重新组表：如果需要经常查询两个表连接之后的数据，则把这两个表重新组成一个表来减少连接而提高性能。

表分割/分割表：通过将较大的表分割为多个较小的表来提高查询性能，包括水平分割和垂直分割。

该系统适合采用增加冗余列/冗余列方法。

【问题 2】

应用程序同步、批处理同步、触发器同步。

该系统适合采用应用程序同步或触发器同步。

【问题 3】

（1）ZSet 结构。

（2）读数据时先读取 Redis 中的 key，如读到且未失效则返回 key 对应的数据；如读不到或 key 失效，则读取数据库，并同步 Redis；写数据时先写数据库，并设置内存对应的 key 失效。

试题五（共 25 分）

阅读以下关于 Web 系统架构设计的叙述，在答题纸上回答问题 1 至问题 3。

【说明】

某公司拟开发一个智能家居管理系统。该系统的主要功能需求如下：1）用户可使用该系统客户端实现对家居设备的控制，且家居设备可向客户端反馈实时状态；2）支持家居设备数据的实时存储和查询；3）基于用户数据，挖掘用户生活习惯，向用户提供家居设备智能化使用建议。

基于上述需求，该公司组建了项目组。在项目会议上，张工给出了基于家庭网关的传统智能家居管理系统的设计思路，李工给出了基于云平台的智能家居系统的设计思路。经过深入讨论，公司决定采用李工的设计思路。

【问题 1】（8 分）

请用 400 字以内的文字简要描述基于家庭网关的传统智能家居管理系统和基于云平台的智能家居管理系统在网关管理、数据处理和系统性能等方面的特点，以说明项目组选择李工设计思路的原因。

【问题 2】（12 分）

请从下面给出的（a）～（j）中进行选择，补充完善图 5-1 中空（1）～（6）处的内容，协助李工完成该系统的架构设计方案。

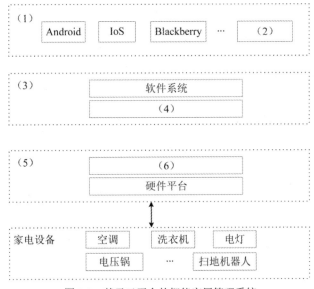

图 5-1　基于云平台的智能家居管理系统

（a）Wi-Fi　　　　（b）蓝牙　　　　（c）驱动程序　　　（d）数据库
（e）家庭网关　　　（f）云平台　　　（g）微服务　　　　（h）用户终端
（i）鸿蒙　　　　　（j）TCP/IP

【问题 3】（5 分）

该系统需实现用户终端与服务端的双向可靠通信，请用 300 字以内的文字从数据传输可靠性的角度对比分析 TCP 和 UDP 通信协议的不同，并说明该系统应采用哪种通信协议。

试题五分析

本题考查 Web 系统架构设计相关知识及如何在实际问题中综合应用。

此类题目要求考生认真阅读题目对现实系统需求的描述，结合 Web 系统分析和架构设计的相关知识、实现技术等完成 Web 系统分析和架构设计。

【问题 1】

本题目需根据题干描述，结合传统智能家居系统的特点和基于云平台的智能家居系统的特点，从网关管理、数据处理和系统性能方面进行分析。

基于家庭网关的传统智能家居系统，将服务端嵌入家庭网关之中，将数据的存储及处理交付网关，由于网关硬件性能的限制，其可能存在家居设备海量数据存储及智能应用需求得不到有效的支持等问题；另一方面，家庭网关的独立管理，一旦网关被售出，后期便难以进行系统的升级和拓展。

基于云平台的智能家居系统，将服务器交托于云平台，家庭网关只需连接位于云平台的智能家居管理系统，便可获得数据处理及存储服务，实现网关的集中管理，方便系统开发与服务升级。同时，云平台的海量存储空间、高计算性能和灵活的拓展功能，为基于用户数据的智能预测和决策方法提供了更好的支持。

【问题 2】

本问题需根据题干需求描述，结合层次型体系结构风格和云平台技术的专业知识，完成基于云平台的智能家居系统的架构设计，具体架构设计图如图 5-2 所示。

图 5-2

【问题 3】

TCP 是面向连接的协议，在该协议中，数据发送端和接收端在数据正式传输前就有了交互，极大地提高了数据传输通信的可靠性。UDP 是一个非连接的协议，传输数据之前，数据发送端和接收端不建立连接。数据传送时，其只是简单地去抓取来自应用程序的数据，并尽可能快地传输出去。因此，UDP 协议可能产生数据丢包、数据顺序错误等情况。

因此，根据该系统对数据传输的需求，应采用 TCP 通信协议。

试题五参考答案

【问题 1】

基于家庭网关的传统智能家居系统，将服务端嵌入家庭网关之中，将数据的存储及处理交付网关，由于网关硬件性能的限制，其可能存在家居设备海量数据存储及智能应用需求得不到有效的支持等问题；另一方面，家庭网关的独立管理，一旦网关被售出，后期便难以进行系统的升级和拓展。

基于云平台的智能家居系统，将服务器交托于云平台，家庭网关只需连接位于云平台的智能家居管理系统，便可获得数据处理及存储服务，实现网关的集中管理，方便系统开发与服务升级。同时，云平台的海量存储空间、高计算性能和灵活的拓展功能，为基于用户数据的智能预测和决策方法提供了更好的支持。

【问题 2】

（1）h

（2）i

（3）f

（4）d

（5）e

（6）c

【问题 3】

TCP 是面向连接的协议，在该协议中，数据发送端和接收端在数据正式传输前就有了交互，极大地提高了数据传输通信的可靠性。UDP 是一个非连接的协议，传输数据之前，数据发送端和接收端不建立连接。数据传送时，其只是简单地去抓取来自应用程序的数据，并尽可能快地传输出去。因此，UDP 协议可能产生数据丢包、数据顺序错误等情况。

因此，该系统应采用 TCP 通信协议。

第12章　2021下半年系统架构设计师 下午试题 II 写作要点

> 从下列的 4 道试题（试题一至试题四）中任选一道解答。请在答题纸上的指定位置将所选择试题的题号框涂黑。若多涂或者未涂题号框，则对题号最小的一道试题进行评分。

试题一　论面向方面的编程技术及其应用

针对应用开发所面临的规模不断扩大、复杂度不断提升的问题，面向方面的编程（Aspect Oriented Programming，AOP）技术提供了一种有效的程序开发方法。为了理解和完成一个复杂的程序，通常要把程序进行功能划分和封装。一般系统中的某些通用功能，如安全性、持续性、日志记录等等，其代码是分散的，较难实现模块化，不利于程序演变、维护和更新。AOP 技术将逻辑上关系松散的代码封装到一个具有某种公共行为的可重用模块，并将其命名为方面（Aspect）。

请围绕"面向方面的编程技术及其应用"论题，依次从以下三个方面进行论述。

1. 概要叙述你参与实施的应用 AOP 技术的软件项目以及你在其中所担任的主要工作。

2. 叙述在软件项目实践过程使用 AOP 技术开发的具体步骤。

3. 结合项目内容，论述该项目使用 AOP 技术的原因，开发过程中存在的问题和解决方法，以及使用 AOP 技术带来的实际应用效果。

试题一写作要点

一、简要叙述所参与实施的应用 AOP 技术的软件项目，并明确指出在其中承担的主要任务和开展的主要工作。

二、叙述在软件项目实践过程使用 AOP 技术开发的具体步骤。

AOP 应用程序包括以下三个主要的开发步骤：

（1）将系统需求进行功能性分解，区分出普通关注点以及横切关注点，确定哪些功能是组件语言必须实现的，哪些功能可以以 Aspect 的形式动态加入到系统组件中。

（2）单独完成每一个关注点的编码和实现，构造系统组件和系统 Aspect。这里的系统组件，是实现该系统的基本模块，对 OOP 语言，这些组件可以是类；对于过程化程序设计语言，这些组件可以是各种函数和 API。系统 Aspect 是指用 AOP 语言实现的将横切关注点封装成的独立的模块单元。

（3）用联结器指定的重组规则，将组件代码和 Aspect 代码进行组合，形成最终系统。为达到此目的，应用程序需要利用或创造一种专门指定规则的语言，用它来组合不同应用程序片断。这种用来指定联结规则的语言可以是一种已有编程语言的扩展，也可以是一种完全不同的全新语言。

三、结合项目内容，论述该项目使用 AOP 技术的原因，开发过程中存在的问题和解决方法，以及使用 AOP 技术带来的实际应用效果。

（1）该项目使用 AOP 技术的原因：结合项目实际情况，从项目中代码分散现象出发，分析使用 AOP 技术的必要性。

（2）开发过程中存在的问题和解决方法：需结合自身参与项目的实际状况，围绕 AOP 技术的使用，阐述开发过程中遇到的问题和相应的解决方法。

（3）使用 AOP 技术带来的实际应用效果：从可扩展性、可重用性、易理解性、易维护性等方面阐述 AOP 技术的实际应用效果。

①可扩展性：指软件系统在需求更改时程序的易更改能力。AOP 提供系统的扩展机制，通过扩展 Aspect（AspectJ 支持 Aspect 的继承机制）或增加 Aspect，系统相关的各个部分都随之产生变化。由此带来的另一个好处是在软件测试中，通过屏蔽某些 Aspect，可以大大简化软件测试的复杂度，提高测试精度。

②可重用性：是指某个应用系统中的元素被应用到其他系统的能力。AOP 中的系统模块包括系统组件和影响这些组件的特性，通过将实现基本功能的组件和特定应用的系统特性分离，使得组件（包括类或者函数）的重用性得到提高，并使不能封装为类或函数的系统元素的重用成为可能。

③易理解性和易维护性：是影响软件质量的内在因素，它对软件开发人员和维护人员产生影响。在 AOP 技术中，对一个 Aspect 的修改可以通过联结器影响到系统相关的各个部分，从而大大提高了系统的易维护性。另外，对系统特征的模块化封装无疑也能提高程序的易理解性。

试题二　论系统安全架构设计及其应用

随着社会信息化进程的加快，计算机及网络已经被各行各业广泛应用，信息安全问题也变得愈来愈重要。它具有机密性、完整性、可用性、可控性和不可抵赖性等特征。信息系统的安全保障是以风险和策略为基础，在信息系统的整个生命周期中提供包括技术、管理、人员和工程过程的整体安全，以保障信息的安全特征。

请围绕"系统安全架构设计及其应用"论题，依次从以下三个方面进行论述。

1. 概要叙述你参与管理和开发的涉及安全架构设计的软件项目以及承担的主要工作。

2. 请详细论述安全架构设计中鉴别框架和访问控制框架设计的内容，并论述鉴别和访问控制所面临的主要威胁有哪些，说明其危害。

3. 请简要说明在你所参与项目的开发过程中，在鉴别框架和访问控制框架设计中存在的实际问题，以及是如何解决这些问题的。

试题二写作要点

一、简要描述所参与的软件系统开发项目，并明确指出在其中承担的主要任务和开展的主要工作。

二、详细论述安全架构设计中鉴别框架和访问控制框架设计的内容，并论述鉴别和访问控制所面临的主要威胁有哪些，说明其危害。

鉴别框架：鉴别（Authentication）的基本目的，就是防止其他实体占用和独立操作被鉴别实体的身份。

鉴别的方式主要基于以下 5 种：

（1）已知的，如一个秘密的口令。

（2）拥有的，如 IC 卡、令牌等。

（3）不改变的特性，如生物特征。

（4）相信可靠的第三方建立的鉴别（递推）。

（5）环境（如主机地址等）。

访问控制框架：访问控制（Access Control）决定开放系统环境中允许使用哪些资源、在什么地方适合阻止未授权访问的过程。在访问控制实例中，访问可以是对一个系统（即对一个系统通信部分的一个实体）或对一个系统内部进行的。

ACI（访问控制信息）是用于访问控制目的的任何信息，其中包括上下文信息。ADI（访问控制判决信息）是在做出一个特定的访问控制判决时可供 ADF 使用的部分（或全部）ACI。ADF（访问控制判决功能）是一种特定功能，它通过对访问请求、ADI 以及该访问请求的上下文使用访问控制策略规则而做出访问控制判决。AEF（访问控制实施功能）确保只有对目标允许的访问才由发起者执行。

主要的安全威胁有：

（1）信息泄露：信息被泄露或透露给某个非授权的实体。

（2）破坏信息的完整性：数据被非授权地进行增删、修改或破坏而受到损失。

（3）拒绝服务：对信息或其他资源的合法访问被无条件地阻止。

（4）非法使用（非授权访问）：某一资源被某个非授权的人或以非授权的方式使用。

（5）假冒：通过欺骗通信系统（或用户）达到非法用户冒充成为合法用户，或者特权小的用户冒充为特权大的用户的目的。黑客大多是采用假冒进行攻击。

（6）旁路控制：攻击者利用系统的安全缺陷或安全性上的脆弱之处获得非授权的权利或特权。例如，攻击者通过各种攻击手段发现原本应保密，但是却又暴露出来的一些系统"特性"。利用这些"特性"，攻击者可以绕过防线守卫者侵入系统的内部。

（7）授权侵犯：被授权以某一目的使用某一系统或资源的某个人，却将此权限用于其他非授权的目的，也称作"内部攻击"。

（8）窃取：重要的安全物品，如令牌或身份卡被盗。

三、简要说明在你所参与项目的开发过程中，在鉴别框架和访问控制框架设计中存在的实际问题，以及是如何解决的。

试题三　论企业集成平台的理解与应用

企业集成平台（Enterprise Integration Platform，EIP）是支持企业信息集成的支撑环境，其主要功能是为企业中的数据、系统和应用等多种对象的协同运行提供各种公共服务及运行时的支撑环境。企业集成平台能够根据业务模型的变化快速地进行信息系统的配置和调整，保证不同系统、应用、服务或操作人员之间顺畅地相互操作，进而提高企业适应市场变化的能力，使企业能够在复杂多变的市场环境中生存。

请围绕"企业集成平台的理解与应用"论题，依次从以下三个方面进行论述。

1. 概要叙述你参与管理和开发的、采用企业集成平台进行企业信息集成的软件项目以及你在其中所承担的主要工作。

2. 请给出至少 4 种企业集成平台应具有的基本功能，并对这 4 种功能的内涵进行简要阐述。

3. 具体阐述你参与管理和开发的项目是如何使用企业集成平台进行企业信息集成的，并围绕上述 4 种功能，详细论述在集成过程中遇到了哪些实际问题，是如何解决的。

试题三写作要点

一、简要叙述所参与管理和开发的、采用企业集成平台进行企业信息集成的软件项目，需要明确指出在其中承担的主要任务和开展的主要工作。

二、集成平台是支持企业集成的支撑环境，包括硬件、软件、软件工具和系统，通过集成各种企业应用软件形成企业集成系统。由于硬件环境和应用软件的多样性，企业信息系统的功能和环境都非常复杂。因此，为了能够较好地满足企业的应用需求，作为企业集成系统支持环境的集成平台，其基本功能主要如下：

（1）通信服务。提供分布环境下透明的同步 / 异步通信服务功能，使用户和应用程序无需关心具体的操作系统和应用程序所处的网络物理位置，而以透明的函数调用或对象服务方式完成它们所需的通信服务要求。

（2）数据集成服务。为应用提供透明的数据访问服务，通过实现异种数据库系统之间数据的交换、互操作、分布数据管理和共享数据模型定义（或共享信息数据库的建立），使集成平台上运行的应用、服务或用户端能够以一致的语义和接口实现对数据（数据库、数据文件、应用交互信息）的访问与控制。

（3）应用集成服务。通过高层应用编程接口来实现对相应应用程序的访问，这些高层应用编程接口包含在不同的适配器或代理中，被用来连接不同的应用程序。这些接口以函数或对象服务的方式向平台的组件模型提供信息，使用户在无需对原有系统进行修改（不会影响原有系统的功能）的情况下，只要在原有系统的基础上加上相应的访问接口就可以将现有的、用不同的技术实现的系统互联起来，通过为应用提供数据交换和访问操作，使各种不同的系统能够相互协作。

（4）二次开发工具。是集成平台提供的一组帮助用户开发特定应用程序（如实现数据转换的适配器或应用封装服务等）的支持工具，其目的是简化用户在企业集成平台实施过程中（特定应用程序接口）的开发工作。

（5）平台运行管理工具。是企业集成平台的运行管理和控制模块，负责企业集成平台系统的静态和动态配置、集成平台应用运行管理和维护、事件管理和出错管理等。通过命名服务、目录服务、平台的动态静态配置，以及其中的关键数据的定期备份等功能来维护整个服务平台的系统配置及稳定运行。

三、论文中需要结合项目实际工作，详细论述在项目中是如何使用企业集成平台进行企业信息集成的，并围绕企业集成平台的主要功能，论述在集成过程中遇到了哪些实际问题，采用何种方法解决的。

试题四 论微服务架构及其应用

微服务架构（Microservices Architecture）是一种架构风格，它将一个复杂的应用拆分成多个独立自治的服务，服务与服务间通过松耦合的形式交互。在微服务架构中，服务是细粒度的，协议是轻量级的。这些服务通常按业务能力组织，有自身的技术堆栈。

请围绕"微服务架构及其应用"论题，依次从以下三个方面进行论述。

1. 概要叙述你参与管理和开发的、采用微服务架构的软件项目以及你在其中所承担的主要工作。

2. 请简要描述微服务架构的优点。

3. 具体阐述你参与管理和开发的项目是如何基于微服务架构进行软件设计实现的。

试题四写作要点

一、简要叙述所参与管理和开发的软件项目，需要明确指出在其中承担的主要任务和开展的主要工作。

二、微服务架构的优点包括：

（1）逻辑清晰：这个特点是由微服务的单一职责的要求所带来的。一个仅负责一项明确业务的微服务，在逻辑上肯定比一个复杂的系统更容易让人理解。逻辑清晰带来的是微服务的可维护性，在我们对一个微服务进行修改时，能够更容易分析到这个修改到底会产生什么影响，从而通过完备的测试保证修改质量。

（2）简化部署：在一个单块系统中，只要修改了一行代码，就需要对整个系统进行重新的构建、测试，然后将整个系统进行部署。而微服务则可以对一个微服务进行部署。这样带来的一个好处是，我们可以更频繁地去更改我们的软件，通过很低的集成成本，快速地发布新的功能。

（3）可扩展：应对系统业务增长的方法通常采用横向（Scale out）或纵向（Scale up）的方向进行扩展。分布式系统中通常要采用 Scale out 的方式进行扩展，因为不同的功能会面对不同的负荷变化。因此，采用微服务的系统相对单块系统具备更好的可扩展性。

（4）灵活组合：在微服务架构中，可以通过组合已有的微服务以达到功能重用的目的。

（5）技术异构：在一个大型系统中，不同的功能具有不同的特点，并且不同的团队可能具备不同的技术能力。因为微服务间松耦合，不同的微服务可以选择不同的技术栈进行开发。同时，在应用新技术时，可以仅针对一个微服务进行快速改造，而不会影响系统中的其他微服务，有利于系统的演进。

（6）高可靠：微服务间独立部署，一个微服务的异常不会导致其他微服务同时异常。通过隔离、融断等技术可以极大地提升微服务的可靠性。

三、论文中需要结合项目实际工作，详细论述在项目中是如何基于微服务架构进行软件设计实现的。

第 13 章　2022 下半年系统架构设计师

上午试题分析与解答

试题（1）

云计算服务体系结构如下图所示，图中①、②、③分别与 SaaS、PaaS、IaaS 相对应。图中①、②、③应为____（1）____。

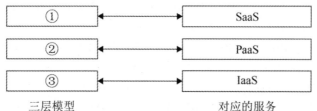

三层模型　　　　　　　对应的服务

（1）A．应用层、基础设施层、平台层　　　B．应用层、平台层、基础设施层

　　　C．平台层、应用层、基础设施层　　　D．平台层、基础设施层、应用层

试题（1）分析

本题考查云计算基本概念。

云计算的服务层次是根据服务类型，即服务集合来划分的。云计算服务体系结构中各层次与相关云产品对应。其中：

● 应用层对应 SaaS（软件即服务），如 Google APPS、SoftWare+Services 等。

● 平台层对应 PaaS（平台即服务），如 IBM IT Factory、Google APP Engine 等。

● 基础设施层对应 IaaS（基础设施即服务），如 Amazon EC2、IBM Blue Cloud 等。

根据以上分析，完善的云计算服务体系结构图如下图所示。

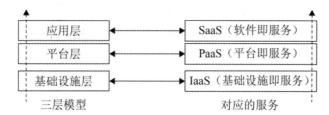

三层模型　　　　　　　对应的服务

参考答案

（1）B

试题（2）

前趋图（Precedence Graph）是一个有向无环图，记为：→={(P$_i$, P$_j$)|P$_i$ must complete before P$_j$ may start}。假设系统中进程 P={P$_1$, P$_2$, P$_3$, P$_4$, P$_5$, P$_6$, P$_7$, P$_8$}，且进程的前趋图如下

图所示。

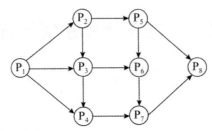

那么，该前驱图可记为__（2）__。

（2）A. →={(P₁, P₂), (P₁, P₃), (P₁, P₄), (P₂, P₅), (P₃, P₅), (P₄, P₇), (P₅, P₆), (P₅, P₇), (P₇, P₆), (P₄, P₅), (P₆, P₇), (P₇, P₈)}

　　B. →={(P₁, P₂), (P₁, P₃), (P₁, P₄), (P₂, P₃), (P₂, P₅), (P₃, P₄), (P₃, P₆), (P₄, P₇), (P₅, P₆), (P₅, P₈), (P₆, P₇), (P₇, P₈)}

　　C. →={(P₁, P₂), (P₁, P₃), (P₁, P₄), (P₂, P₃), (P₂, P₅), (P₃, P₄), (P₃, P₅), (P₄, P₆), (P₅, P₇), (P₅, P₈), (P₆, P₇), (P₇, P₈)}

　　D. →={(P₁, P₂), (P₁, P₃), (P₂, P₃), (P₂, P₅), (P₃, P₄), (P₃, P₆), (P₄, P₇), (P₅, P₆), (P₅, P₈), (P₆, P₇), (P₆, P₈), (P₇, P₈)}

试题（2）分析

本题考查操作系统基本概念。

前趋图（Precedence Graph）是一个有向无循环图，记为 DAG（Directed Acyclic Graph），用于描述进程之间执行的前后关系。图中的每个结点可用于描述一个程序段或进程，乃至一条语句；结点间的有向边"→"则用于表示两个结点之间存在的偏序（Partial Order，亦称偏序关系）或前趋关系（Precedence Relation）。

对于试题所示的前趋图，存在前趋关系：(P₁, P₂), (P₁, P₃), (P₁, P₄), (P₂, P₃), (P₂, P₅), (P₃, P₄), (P₃, P₆), (P₄, P₇), (P₅, P₆), (P₅, P₈), (P₆, P₇), (P₇, P₈)

可记为：P={P₁, P₂, P₃, P₄, P₅, P₆, P₇, P₈}

→={(P₁, P₂), (P₁, P₃), (P₁, P₄), (P₂, P₃), (P₂, P₅), (P₃, P₄), (P₃, P₆), (P₄, P₇), (P₅, P₆), (P₅, P₈), (P₆, P₇), (P₇, P₈)}

注意：在前趋图中，将没有前趋的结点称为初始结点（Initial Node），将没有后继的结点称为终止结点（Final Node）。

参考答案

（2）B

试题（3）

若系统正在将__（3）__文件修改的结果写回磁盘时系统发生掉电，则对系统的影响相对较大。

（3）A. 目录　　　　B. 空闲块　　　　C. 用户程序　　　　D. 用户数据

试题（3）分析

本题考查操作系统文件管理基础知识。

影响文件系统可靠性的因素之一是文件系统的一致性问题。很多文件系统是先读取磁盘块到主存，在主存进行修改，修改完毕再写回磁盘。如果读取某磁盘块并修改后再将信息写回磁盘前系统崩溃，则文件系统就可能会出现不一致性状态。如果这些未被写回的磁盘块是索引节点块、目录块或空闲块，特别是系统目录文件，那么对系统的影响相对较大，且后果也是不堪设想的。通常解决方案是采用文件系统的一致性检查，一致性检查包括块的一致性检查和文件的一致性检查。

参考答案

（3）A

试题（4）

在磁盘调度管理中，应先进行移臂调度，再进行旋转调度。假设磁盘移动臂位于 20 号柱面上，进程的请求序列如下表所示。如果采用最短移臂调度算法，那么系统的响应序列应为　__(4)__　。

请求序列	柱面号	磁头号	扇区号
①	18	8	6
②	16	6	3
③	16	9	6
④	21	10	5
⑤	18	8	4
⑥	21	3	10
⑦	18	7	6
⑧	16	10	4
⑨	22	10	8

（4）A．②⑧③④⑤①⑦⑥⑨　　　　　　　　B．②③⑧④⑥⑨①⑤⑦
　　　C．④⑥⑨⑤⑦①②⑧③　　　　　　　　D．④⑥⑨⑤⑦①②③⑧

试题（4）分析

本题考查操作系统磁盘调度方面的基础知识。

当进程请求读磁盘时，操作系统先进行移臂调度，再进行旋转调度。由于移动臂位于 20 号柱面上，按照最短寻道时间优先的响应柱面序列为 21→22→18→16。按照旋转调度的原则分析如下：

进程在 21 号柱面上的响应序列为④→⑥，因为进程访问的是不同磁道上的不同编号的扇区，旋转调度总是让首先到达读写磁头位置下的扇区先进行传送操作。

进程在 22 号柱面上的响应序列为⑨。

进程在 18 号柱面上的响应序列为⑤→⑦→①，或⑤→①→⑦。对于①和⑦可以任选一个进行读写，因为进程访问的是不同磁道上具有相同编号的扇区，旋转调度可以任选一个读写磁头位置下的扇区进行传送操作。

进程在 16 号柱面上的响应序列为②→⑧→③。

综上分析可以得出，按照最短寻道时间优先的响应序列为④⑥⑨⑤⑦①②⑧③。

参考答案

（4）C

试题（5）

采用三级模式结构的数据库系统中，如果对一个表创建聚簇索引，那么改变的是数据库的 __(5)__ 。

（5）A. 外模式　　　　B. 模式　　　　C. 内模式　　　　D. 用户模式

试题（5）分析

本题考查数据库系统的基本概念。

聚簇索引会修改数据的存储方式，使得数据的物理顺序与聚簇索引项的顺序一致，因此修改的是内模式。

参考答案

（5）C

试题（6）

假设系统中有正在运行的事务，若要转储全部数据库，则应采用 __(6)__ 方式。

（6）A. 静态全局转储　　　　　　　B. 动态增量转储

　　　C. 静态增量转储　　　　　　　D. 动态全局转储

试题（6）分析

本题考查数据库技术相关知识。

数据的转储分为静态转储和动态转储、海量转储和增量转储。

静态转储是指在转储期间不允许对数据库进行任何存取、修改操作；动态转储是在转储期间允许对数据库进行存取、修改操作，故转储和用户事务可并发执行。

海量转储是指每次转储全部数据；增量转储是指每次只转储上次转储后更新过的数据。

综上所述，假设系统中有运行的事务，若要转储全部数据库应采用动态全局转储方式。

参考答案

（6）D

试题（7）

给定关系模式 $R(U,F)$，其中 U 为属性集，F 是 U 上的一组函数依赖，那么函数依赖的公理系统（Armstrong 公理系统）中的分解规则是指 __(7)__ 为 F 所蕴涵。

（7）A. 若 $X \rightarrow Y$，$Y \rightarrow Z$，则 $X \rightarrow Y$　　　B. 若 $Y \subseteq X \subseteq U$，则 $X \rightarrow Y$

　　　C. 若 $X \rightarrow Y$，$Z \subseteq Y$，则 $X \rightarrow Z$　　　D. 若 $X \rightarrow Y$，$Y \rightarrow Z$，则 $X \rightarrow YZ$

试题（7）分析

本题考查对函数依赖推理规则的理解。

函数依赖的公理系统（Armstrong 公理系统）：设关系模式 $R(U,F)$，其中 U 为属性集，F 是 U 上的一组函数依赖，那么有如下推理规则：

A1 自反律：若 $Y \subseteq X \subseteq U$，则 $X \rightarrow Y$ 为 F 所蕴涵。

A2 增广律：若 $X \rightarrow Y$ 为 F 所蕴涵，且 $Z \subseteq U$，则 $XZ \rightarrow YZ$ 为 F 所蕴涵。

A3 传递律：若 $X \rightarrow Y$，$Y \rightarrow Z$ 为 F 所蕴涵，则 $X \rightarrow Z$ 为 F 所蕴涵。

根据上述三条推理规则又可推出下述三条推理规则：

A4 合并规则：若 $X{\rightarrow}Y$，$X{\rightarrow}Z$，则 $X{\rightarrow}YZ$ 为 F 所蕴涵。

A5 伪传递率：若 $X{\rightarrow}Y$，$WY{\rightarrow}Z$，则 $XW{\rightarrow}Z$ 为 F 所蕴涵。

A6 分解规则：若 $X{\rightarrow}Y$，$Z{\subseteq}Y$，则 $X{\rightarrow}Z$ 为 F 所蕴涵。

选项 A 符合规则为 A3，即传递规则；选项 B 符合规则为 A1，即自反规则；选项 C 符合规则为 A6，即分解规则；选项 D 符合规则为 A4，即合并规则。

参考答案

（7）C

试题（8）

给定关系 $R(A,B,C,D)$ 和 $S(A,C,E,F)$，以下 __(8)__ 与 $\sigma_{RB>S.E}(R\bowtie S)$ 等价。

（8）A. $\sigma_{2>7}(R{\times}S)$　　　　　　B. $\pi_{1,2,3,4,7,8}(\sigma_{1=5\wedge2>7\wedge3=6}(R{\times}S))$

　　 C. $\sigma_{2>'7'}(R{\times}S)$　　　　　D. $\pi_{1,2,3,4,7,8}(\sigma_{1=5\wedge2>'7'\wedge3=6}(R{\times}S))$

试题（8）分析

本题考查关系代数运算基础知识。

选项 A 和选项 C 显然是错误的，因为 $R{\times}S$ 的结果集的属性列为：$(R.A, R.B, R.C, R.D, S.A, S.C, S.E, S.F)$，选取运算 σ 是对关系进行横向运算，没有去掉重复属性列。选项 B "$\pi_{1,2,3,4,7,8}(\sigma_{1=5\wedge2>7\wedge3=6}(R{\times}S))$" 的含义为：$R$ 与 S 的笛卡儿积中选择第 1 个属性列=第 5 个属性列（即 $R.A=S.A$），同时满足第 2 个属性列＞第 7 个属性列（即 $R.B>S.E$），同时满足第 3 个属性列=第 6 个属性列（即 $R.C=S.C$）。选项 D 错误的原因是选取运算 $\sigma_{1=5\wedge2>'7'\wedge3=6}(R{\times}S)$ 中的条件 "2>'7'" 与题意不符，其含义是 $R.B$ 的值大于 7（属性列数字 7 加了单引号表示数值 7），而不是 $R.B>S.E$。

参考答案

（8）B

试题（9）

以下关于鸿蒙操作系统的叙述中，不正确的是 __(9)__ 。

（9）A. 鸿蒙操作系统整体架构采用分层的层次化设计，从下向上依次为：内核层、系统服务层、框架层和应用层

　　 B. 鸿蒙操作系统内核层采用宏内核设计，拥有更强的安全特性和低时延特点

　　 C. 鸿蒙操作系统架构采用了分布式设计理念，实现了分布式软总线、分布式设备虚拟化、分布式数据管理和分布式任务调度等四种分布式能力

　　 D. 架构的系统安全性主要体现在搭载 HarmonyOS 的分布式终端上，可以保证"正确的人，通过正确的设备，正确地使用数据"

试题（9）分析

本题考查国产鸿蒙操作系统的相关知识。

鸿蒙操作系统（HarmonyOS）为华为公司研制的一款自主版权的操作系统，是一款"面向未来"、面向全场景（移动办公、运动健康、社交通信、媒体娱乐等）的分布式操作系统。

鸿蒙（HarmonyOS）整体采用分层设计，从下向上依次为：内核层、系统服务层、框架层和应用层（即选项 A 是正确的说法）。系统功能按照"系统>子系统>功能/模块"逐级展开，在多设备部署场景下，支持根据实际需求裁剪某些非必要的子系统或功能/模块。

内核是操作系统最基本、最核心的部分，而实现操作系统内核功能的那些程序就是内核程序。通常，操作系统内核分为宏内核、微内核和混合内核等三种结构。鸿蒙操作系统采用了微内核架构设计，拥有更强的安全特性和低时延等特点（选项 B 是不正确的说法）。宏内核设计的基本思想是把用户服务和内核服务都保存在相同的地址空间中，它们都由内核进行统一管理。微内核设计的基本思想是简化内核功能，在内核之外的用户态尽可能多地实现系统服务，同时加入相互之间的安全保护。

在 HarmonyOS 架构中，重点关注分布式架构所带来的优势，主要体现在分布式软总线、分布式设备虚拟化、分布式数据管理和分布式任务调度等四个方面（选项 C 是正确的说法）。HarmonyOS 架构的系统安全性主要体现在搭载 HarmonyOS 的分布式终端上，可以保证"正确的人，通过正确的设备，正确地使用数据"（选项 D 是正确的说法）。这里通过"分布式多端协同身份认证"来保证"正确的人"，通过"在分布式终端上构筑可信运行环境"来保证"正确的设备"，通过"分布式数据在跨终端流动的过程中，对数据进行分类分级管理"来保证"正确地使用数据"。HarmonyOS 架构提供了基于硬件的可信执行环境（Trusted Execution Environment，TEE）来保护用户的个人敏感数据的存储和处理，确保数据不泄露。由于分布式终端硬件的安全能力不同，对于用户的敏感个人数据需要使用高安全等级的设备进行存储和处理。HarmonyOS 使用基于数学可证明的形式化开发和验证的 TEE 微内核，获得了商用 OS 内核 CC EAL5+的认证评级。

参考答案

（9）B

试题（10）

GPU 目前已广泛应用于各行各业。GPU 中集成了同时运行在 GHz 的频率上的成千上万个 core，可以高速处理图像数据。最新的 GPU 峰值性能可高达 __(10)__ 以上。

（10）A．100 TFlops   B．50 TFlops   C．10 TFlops   D．1 TFlops

试题（10）分析

本题考查 GPU（图形处理器）的相关知识。

GPU（图形处理器）在很多方面都有所应用，如手机、计算机等。从峰值性能来说，GPU（10TFlops）远远高于 FPGA（<1TFlops）。GPU 上面成千上万个 core 同时跑在 GHz 的频率上，最新的 GPU 峰值性能可达 10TFlops 以上。GPU 的架构经过仔细设计（例如使用深度流水线、Retiming 等技巧），在电路实现上是基于标准单元库，而在关键路径（Critical Path）上可以用手工定制电路，甚至在必要的情形下可以让半导体 Fab 依据设计需求微调工艺制程，因此可以让许多 core 同时跑在非常高的频率。相对而言，FPGA 首先在设计资源上受到很大的限制，例如 GPU 如果想多加几个 core 只要增加芯片面积即可，但 FPGA 一旦型号选定了，逻辑资源上限就确定了（浮点运算在 FPGA 里会占用很多资源）。而且，FPGA 里面的逻辑单元是基于 SRAM 的查找表，其性能会比 GPU 里面的标准逻辑单元差很

多。最后，FPGA 的布线资源也受限制（有些线必须要绕很远），不像 GPU 这样走 ASIC Flow 可以随意布线，这也会限制性能。

综上所述，1 TFlops 是 FPGA 最高峰值性能，10 TFlops 是最新的 GPU 峰值性能。

参考答案

（10）C

试题（11）

AI 芯片是当前人工智能技术发展的核心技术，其能力要支持训练和推理。通常，AI 芯片的技术架构包括__（11）__等三种。

（11）A．GPU、FPGA、ASIC　　　　　　B．CPU、FPGA、DSP
　　　 C．GPU、CPU、ASIC　　　　　　　D．GPU、FPGA、SOC

试题（11）分析

本题考查 AI 芯片的相关知识。

AI 芯片至少应具备训练和推理两个核心功能。

训练是指对大量的数据在平台上进行学习，并形成具备特定功能的神经网络模型。对 AI 芯片有高算力、高容量和访问速率、高传输速率、通用性的要求。

推理是利用已经训练好的模型通过计算对输入的数据得到各种结论。对于 AI 芯片，主要注重算力功耗比、时延、价格成本的综合能力。实验证明，低精度运算（如 float16，int8）可达到几乎和 float32 同等的推理效果，所以 AI 推理芯片有低精度算力的要求。

AI 芯片的三种典型的技术架构如下表所示。

技术架构	优点	缺点
图形处理器（GPU）	通用处理器，编程灵活性高，比 CPU 有更强的并行计算能力，具有成熟的开发环境	相对于 FPGA、ASIC，功耗和价格过高
现场可编程门阵列（FPGA）	半定制，可对芯片硬件层进行编程和配置，比 GPU 的功耗低	硬件编程语言难以掌握，相对于 ASIC 有一定的电子管冗余，功耗和成本有进一步的压缩空间
专用集成电路（ASIC）	针对专门的任务进行定制，可实现低成本、低功耗、高性能	芯片通用性差，可编程架构设计难度高、投入大

参考答案

（11）A

试题（12）

通常，嵌入式中间件没有统一的架构风格，根据应用对象的不同可存在多种类型，比较常见的是消息中间件和分布式对象中间件。以下有关消息中间件的描述中，不正确的是__（12）__。

（12）A．消息中间件是消息传输过程中保存消息的一种容器
　　　 B．消息中间件具有两个基本特点：采用异步处理模式、应用程序和应用程序调用关系为松耦合关系
　　　 C．消息中间件主要由一组对象来提供系统服务，对象间能够跨平台通信

D. 消息中间件的消息传递服务模型有点对点模型和发布-订阅模型之分

试题（12）分析

本题考查嵌入式中间件的相关知识。

消息中间件是消息传输过程中保存消息的一种容器。它将消息从它的源中继到它的目标时充当中间人的作用。消息中间件具有两个基本特点：

- 采用异步处理模式。消息发送者可以发送一个消息而无须等待响应。消息发送者将消息发送到一条虚拟的通道（主题或队列）上，消息接收者则订阅或是监听该通道。一条消息可能最终转发给一个或多个消息接收者，这些接收者都无须对消息发送者做出同步回应。整个过程是异步的。比如用户消息注册，注册完毕后过段时间发送邮件或者短信息。

- 应用程序和应用程序调用关系为松耦合关系。发送者和接收者不必了解对方，只需要确认消息，发送者和接收者不必同时在线。比如，在线交易系统为了保证数据的最终一致，在支付系统处理完成后会把支付结果放到消息中间件里通过订单系统修改订单支付状态。两个系统通过消息中间件解耦。

消息中间件的消息传递服务模型有点对点模型（PTP）和发布-订阅模型（Pub/Sub）之分。

分布式对象中间件是为了解决分布计算和软件复用过程中存在的异构问题而提出的。它的任务是处理分布式对象之间的通信，是基于组件的思想，由一组对象来提供系统服务，对象之间能够跨平台通信。选项 C 的说法是分布式对象中间件的特征，而不是消息中间件的特征，因此，选项 C 是不正确的说法。

参考答案

（12）C

试题（13）

以下关于 HTTPS 和 HTTP 协议的描述中，不正确的是___（29）___。

（29）A. HTTPS 协议使用加密传输

B. HTTPS 协议默认服务端口号是 443

C. HTTP 协议默认服务端口是 80

D. 电子支付类网站应使用 HTTP 协议

试题（13）分析

本题考查 HTTP 的基础知识。

HTTP（Hyper Text Transfer Protocol，超文本传输协议）是一个简单的请求-响应协议，它通常运行在 TCP 之上。HTTP 的默认端口是 80 端口，是网页服务器的访问端口，用于网页浏览。

HTTPS（Hyper Text Transfer Protocol Secure）是以安全为目标的 HTTP 通道，在 HTTP 的基础上通过传输加密和身份认证保证了传输过程的安全性。HTTPS 的默认端口号是 443。

电子支付类网站应使用 HTTPS 协议，以保证支付的安全性。

参考答案

（13）D

试题（14）、（15）

电子邮件客户端通过发起对　（14）　服务器的　（15）　端口的 TCP 连接来进行邮件发送。

（14）A. POP3　　　　B. SMTP　　　　C. HTTP　　　　D. IMAP

（15）A. 23　　　　　B. 25　　　　　C. 110　　　　　D. 143

试题（14）、（15）分析

本题考查电子邮件协议方面的基础知识。

电子邮件协议有 SMTP、POP3、IMAP4，它们都隶属于 TCP/IP 协议簇。HTTP 是一个简单的请求-响应协议，它通常运行在 TCP 之上。HTTP 的默认端口是 80 端口，是网页服务器的访问端口，用于网页浏览。

23 端口是 Telnet 的端口。Telnet 协议是 TCP/IP 协议簇中的一员，是 Internet 远程登录服务的标准协议和主要方式。

25 端口为 SMTP（Simple Mail Transfer Protocol，简单邮件传输协议）服务器所开放，用于发送邮件。

110 端口是为 POP3（Post Office Protocol Version 3，邮局协议 3）服务开放的，用于接收邮件。

143 端口是为 IMAP（Internet Message Access Protocol，Internet 消息访问协议）服务开放的，用于接收邮件。

因此，电子邮件客户端通过发起对 SMTP 服务器的 25 端口的 TCP 连接来进行邮件发送。

参考答案

（14）B　　（15）B

试题（16）、（17）

系统　（16）　是指在规定的时间内和规定条件下能有效地实现规定功能的能力。它不仅取决于规定的使用条件等因素，还与设计技术有关。常用的度量指标主要有故障率（或失效率）、平均失效等待时间、平均失效间隔时间和可靠度等。其中，　（17）　是系统在规定工作时间内无故障的概率。

（16）A. 可靠性　　　　B. 可用性　　　　C. 可理解性　　　　D. 可测试性

（17）A. 失效率　　　　　　　　　B. 平均失效等待时间

　　　　C. 平均失效间隔时间　　　　D. 可靠度

试题（16）、（17）分析

本题考查系统可靠性方面的基础知识。

系统可靠性是指在规定的时间内和规定条件下能有效地实现规定功能的能力。它不仅取决于规定的使用条件等因素，还与设计技术有关。常用的度量指标主要有故障率（或失效率）、平均失效等待时间、平均失效间隔时间和可靠度等。可靠度是指系统在规定工作时间内无故障的概率。

参考答案

（16）A （17）D

试题（18）

数据资产的特征包括 （18） 。

① 可增值 ② 可测试 ③ 可共享 ④ 可维护 ⑤ 可控制 ⑥ 可量化

（18）A．①②③④ B．①②③⑤ C．①②④⑤ D．①③⑤⑥

试题（18）分析

本题考查数据资产的相关概念。

数据资产是指由组织（政府机构、企事业单位等）合法拥有或控制的数据，以电子或其他方式记录，例如文本、图像、语音、视频、网页、数据库、传感信号等结构化或非结构化数据，可进行计量或交易，能直接或间接带来经济效益和社会效益。数据资产本身首先是数据资源，是数据的集合。企业数据资产管理的最终目的是要实现数据的价值，使数据从资源转变为资产。当数据资源可以变现或可以进行有效利用时，数据资产管理将完成整个周期的运行。随着数据资源越来越丰富，数据资产化将成为企业提高核心竞争力、抢占市场先机的关键。并非所有组织数据都可以被认定为数据资产，只有经过识别并进行严格管理且具有实际应用价值的数据才能被认定为数据资产。数据资产具有可增值、可共享、可控制、可量化的特征。相对来讲，其价值高、时效性强、风险显著。

参考答案

（18）D

试题（19）

数据管理能力成熟度评估模型（DCMM）是我国首个数据管理领域的国家标准。DCMM提出了符合我国企业的数据管理框架，该框架将组织数据管理能力划分为 8 个能力域，分别为：数据战略、数据治理、数据架构、数据标准、数据质量、数据安全、 （19） 。

（19）A．数据应用和数据生存周期 B．数据应用和数据测试

C．数据维护和数据生存周期 D．数据维护和数据测试

试题（19）分析

本题考查数据管理能力成熟度评估模型的基础知识。

2018 年，国家质量监督检验检疫总局、国家标准化管理委员会发布国家标准《数据管理能力成熟度评估模型（DCMM）》（GB/T 36073—2018），这是我国在数据管理领域首个正式发布的国家标准，标准借鉴了国际上数据管理理论框架，整合了标准规范、管理方法论、数据管理模型、成熟度分级等多方面内容。在模型设计上，结合数据生存周期管理各个阶段的特征，按照组织、制度、流程、技术对数据管理能力进行了分析、总结，提炼出数据管理的8 个能力域，并划分成 28 个能力项，同时将数据管理能力成熟度等级划分为五个等级。该标准定义了包含数据战略、数据治理、数据架构、数据应用、数据安全、数据质量、数据标准和数据生存周期 8 个能力域的评估模型，涉及组织、制度、流程和技术四个方面的内容。DCMM 用于对组织数据管理能力成熟度等级进行界定，为组织数据管理能力建设与提升提供依据。

参考答案

（19）A

试题（20）、（21）

完整的信息安全系统至少包含三类措施，即技术方面的安全措施、管理方面的安全措施和相应的　__(20)__　。其中，信息安全的技术措施主要有：信息加密、数字签名、身份鉴别、访问控制、网络控制技术、反病毒技术、__(21)__　。

（20）A．用户需求　　　　　B．政策法律　　　　C．市场需求　　　　　D．领域需求

（21）A．数据备份和数据测试　　　　　　　　B．数据迁移和数据备份

　　　C．数据备份和灾难恢复　　　　　　　　D．数据迁移和数据测试

试题（20）、（21）分析

本题考查信息安全相关的基础知识。

信息安全是指通过采用计算机软硬件技术、网络技术、密钥技术等安全技术和各种组织管理措施，来保护信息在其周期内的产生、传输、交换、处理和存储的各个环节中，信息的机密性、完整性和可用性不被破坏。

完整的信息安全系统至少包含三类措施，即技术方面的安全措施、管理方面的安全措施和相应的政策法律。其中，信息安全的技术措施主要有：信息加密、数字签名、身份鉴别、访问控制、网络控制技术、反病毒技术、数据备份和灾难恢复。

参考答案

（20）B　　（21）C

试题（22）

与瀑布模型相比，__(22)__　降低了实现需求变更的成本，更容易得到客户对于已完成开发工作的反馈意见，并且客户可以更早地使用软件并从中获得价值。

（22）A．快速原型模型　　　B．敏捷开发　　　　C．增量式开发　　　　D．智能模型

试题（22）分析

本题考查常用软件开发模型的相关知识。

瀑布模型的核心思想是按工序将问题化简，将功能的实现与设计分开，便于分工协作。按照软件生命周期划分各阶段活动，并且规定了它们自上而下、相互衔接的固定次序，如同瀑布流水，逐级下落。

增量模型是把待开发的软件系统模块化，将每个模块作为一个增量组件，从而分批次地分析、设计、编码和测试这些增量组件。运用增量模型的软件开发过程是递增式的过程。相对于瀑布模型而言，采用增量模型进行开发，开发人员不需要一次性地把整个软件产品提交给用户，而是可以分批次进行提交。

参考答案

（22）C

试题（23）

CMMI 是软件企业进行多方面能力评价的、集成的成熟度模型。软件企业在实施过程中，为了达到本地化，应组织体系编写组，建立基于 CMMI 的软件质量管理体系文件。体系文件

的层次结构一般分为四层，包括：

　① 顶层方针　　　② 模板类文件　　　③ 过程文件　　　④ 规程文件

按照自顶向下的塔型排列，以下顺序正确的是　(23)　。

（23）A．①④③②　　　B．①④②③　　　C．①②③④　　　D．①③④②

试题（23）分析

本题考查能力成熟度模型集成（CMMI）的基本概念和应用。

CMMI 是在 CMM 的基础上发展而来的，是一种软件能力成熟度评估标准，主要用于指导软件开发过程的改进和进行软件开发能力的评估。软件企业在实施过程中，为了达到本地化，应组织体系编写组，建立基于 CMMI 的软件质量管理体系文件。体系文件的层次结构一般分为四层，包括：顶层方针、过程文件、规程文件和模板类文件。

参考答案

（23）D

试题（24）

信息建模方法是从数据的角度对现实世界建立模型，模型是现实系统的一个抽象，信息建模方法的基本工具是　(24)　。

（24）A．流程图　　　B．实体联系图　　　C．数据流图　　　D．数据字典

试题（24）分析

本题考查信息建模方法的相关概念。

信息建模方法是指将现实世界中的对象、概念、关系等抽象为信息模型的过程。通过信息建模方法，可以将复杂的现实世界问题转化为可操作的信息模型，从而更好地理解和解决问题。

实体联系模型可用于描述现实世界中实体及其之间的关系，在实体联系模型中，实体用矩形表示，联系用菱形表示。通过确定实体与联系之间的属性和关系，可以清晰地表示现实世界中存在的对象、事物以及它们之间的关联。因此，实体联系图是一种信息建模方法的基本工具。

参考答案

（24）B

试题（25）

　(25)　通常为一个迭代过程，其中的活动包括需求发现、需求分类和组织、需求协商、需求文档化。

（25）A．需求确认　　　B．需求管理　　　C．需求抽取　　　D．需求规格说明

试题（25）分析

本题考查需求工程的相关知识。

需求抽取是一个迭代化过程，包含从一个活动到其他活动的持续反馈。过程循环开始于需求发现，结束于需求文档化。分析人员对需求的理解经过每次循环后都会得到改进，当需求文档产生后，该循环结束。

需求抽取过程的目的是，理解利益相关者所做的事情，以及他们会如何使用一个新系统

来支持他们的工作。在需求抽取过程中，软件工程师与利益相关者一起工作来搞清楚应用领域、工作活动、利益相关者想要的服务和系统特征、系统要达到的性能、硬件约束等。

参考答案

（25）C

试题（26）

使用模型驱动的软件开发方法，软件系统被表示为一组可以被自动转换为可执行代码的模型。其中，__(26)__ 在不涉及实现的情况下对软件系统进行建模。

（26）A．平台无关模型　　　　　　　　B．计算无关模型

　　　　C．平台相关模型　　　　　　　　D．实现相关模型

试题（26）分析

本题考查模型驱动软件开发方法的相关概念。

MDA（Model Driven Architecture，模型驱动架构）是一种软件开发方法论，它的核心思想是将模型作为软件系统开发的中心，通过模型的转换和自动生成代码来推动整个开发过程。在 MDA 中，开发人员首先创建一个高层次的抽象模型，描述系统的结构、行为和功能等特性。然后，通过模型转换和自动化工具，将高层次的模型转换为低层次的具体实现。MDA 包含三个核心元素：CIM（Computational Independent Model，计算无关模型）、PIM（Platform Independent Model，平台无关模型）和 PSM（Platform Specific Model，平台相关模型）。CIM 是对系统需求和业务逻辑的高层次描述，与具体的技术和平台无关；PIM 是根据 CIM 创建的更加具体的模型，描述了系统的结构和行为，但仍然与特定的平台和实现语言无关；PSM 是基于 PIM 进一步细化的，特定于具体技术及平台的模型，用于生成最终的代码和配置（可称为实现相关模型）。

参考答案

（26）A

试题（27）

在分布式系统中，中间件通常提供两种不同类型的支持，即__(27)__。

（27）A．数据支持和交互支持　　　　　B．交互支持和提供公共服务

　　　　C．安全支持和提供公共服务　　　D．数据支持和提供公共服务

试题（27）分析

本题考查分布式系统中的中间件使用。

在分布式系统中，不同的构件可能用不同的程序语言来实现，且这些构件可能运行在不同类型的处理器上。数据模型、信息表示法以及通信协议可能都不一样。因此，分布式系统就需要某种软件来管理这些不同部分，确保它们能够通信和交换数据。中间件就是这样一种软件，它位于系统的不同分布式构件之间。

在分布式系统中，中间件通常提供两种不同类型的支持。分别是：①交互支持，中间件协调系统中的不同构件之间的交互；②提供公共服务，通过使用公共服务，构件可以很容易地相互协作，并且可以持续地向用户提供服务。

参考答案

（27）B

试题（28）

工作流表示的是业务过程模型，通常使用图形形式来描述，以下不可用来描述工作流的是　（28）　。

（28）A．活动图　　　　　B．BPMN　　　　　C．用例图　　　　　D．Petri-Net

试题（28）分析

本题考查工作流的相关概念。

工作流是指一类能够完全自动执行的经营过程，根据一系列过程规则，将文档、信息或任务在不同的执行者之间进行传递与执行。在使用图形化方式描述工作流时，可采用活动图、BPMN、Petri-Net 等，而用例图主要用于描述用户需求。

参考答案

（28）C

试题（29）

　（29）　的常见功能包括版本控制、变更管理、配置状态管理、访问控制和安全控制等。

（29）A．软件测试工具　　　　　　　　　B．版本控制工具

　　　C．软件维护工具　　　　　　　　　D．软件配置管理工具

试题（29）分析

本题考查软件配置管理的相关概念。

软件配置管理（SCM）是一种标识、组织和控制修改的技术，应用于整个软件工程过程。在软件开发时变更是不可避免的，而变更加剧了项目中软件开发者之间的混乱。SCM 活动的目标就是为了标识变更、控制变更、确保变更正确实现并向其他有关人员报告变更，目的是使错误降为最小并最有效地提高生产效率。软件配置管理工具指支持完成配置项标识、版本控制、变化控制、审计和状态统计等任务的工具，常见功能包括版本控制、变更管理、配置状态管理、访问控制和安全控制等。

参考答案

（29）D

试题（30）

与 UML 1.x 不同，为了更清楚地表达 UML 的结构，从 UML 2 开始，整个 UML 规范被划分为基础结构和上层结构两个相对独立的部分。基础结构是 UML 的　（30）　，它定义了构造 UML 模型的各种基本元素；而上层结构则定义了面向建模用户的各种 UML 模型的语法、语义和表示。

（30）A．元元素　　　　　B．模型　　　　　C．元模型　　　　　D．元元模型

试题（30）分析

本题考查 UML 的基础理论知识。

统一建模语言（UML）是用来对软件密集系统进行可视化建模的一种语言。在 UML 的发展过程中，为了更清楚地表达其结构，从 UML 2 开始，整个 UML 规范被划分为基础结构

和上层结构两个相对独立的部分。基础结构是 UML 的元模型，它定义了构造 UML 模型的各种基本元素；而上层结构则定义了面向建模用户的各种 UML 模型的语法、语义和表示。

参考答案

（30）C

试题（31）

领域驱动设计提出围绕　__(31)__　进行软件设计和开发，该模型是由开发人员与领域专家协作构建出的一个反映深层次领域知识的模型。

（31）A．行为模型　　　　B．领域模型　　　　C．专家模型　　　　D．知识库模型

试题（31）分析

本题考查领域驱动设计的基本概念和方法。

领域驱动设计提出围绕领域模型进行软件设计和开发，该模型是由开发人员与领域专家协作构建出的一个反映深层次领域知识的模型。

领域驱动设计强调将业务领域划分为多个子领域，并在每个子领域中针对领域对象进行分析、设计和开发。它的核心思想是将软件开发过程中的重点从技术转向业务领域，在不同的领域建立明确的边界，使得软件系统更加贴近实际业务需求。

参考答案

（31）B

试题（32）

以下关于微服务架构与面向服务架构的描述中，正确的是　__(32)__　。

（32）A．两者均采用去中心化管理

　　　　B．两者均采用集中式管理

　　　　C．微服务架构采用去中心化管理，面向服务架构采用集中式管理

　　　　D．微服务架构采用集中式管理，面向服务架构采用去中心化管理

试题（32）分析

本题考查微服务架构与面向服务架构的基本概念。

微服务架构是一种将应用程序分解为一组较小、较独立的服务的方法。每个服务运行在自己的进程中，并使用轻量级机制进行通信。这些服务可以独立部署、扩展和升级，从而实现了高度的灵活性和可维护性。面向服务架构是一个组件模型，它将应用程序的不同功能单元（称为服务）通过这些服务之间定义良好的接口和契约联系起来。接口是采用中立的方式进行定义的，它应该独立于实现服务的硬件平台、操作系统和编程语言，这使得构建在这样的系统中的各种服务可以以一种统一和通用的方式进行交互。因此，微服务架构采用去中心化管理，面向服务架构采用集中式管理。

参考答案

（32）C

试题（33）、（34）

在 UML2.0（Unified Modeling Language）中，顺序图用来描述对象之间的消息交互，其中循环、选择等复杂交互使用　__(33)__　表示，对象之间的消息类型包括　__(34)__　。

（33）A．嵌套 　　　　　B．泳道 　　　　　C．组合 　　　　　D．序列片段

（34）A．同步消息、异步消息、返回消息、动态消息、静态消息

　　　　B．同步消息、异步消息、动态消息、参与者创建消息、参与者销毁消息

　　　　C．同步消息、异步消息、静态消息、参与者创建消息、参与者销毁消息

　　　　D．同步消息、异步消息、返回消息、参与者创建消息、参与者销毁消息

试题（33）、（34）分析

本题考查统一建模语言相关的基础知识。

顺序图用来描述对象之间消息发送的先后次序，阐明对象之间的交互过程，是一种强调时间顺序的交互图。Fragment（片段）是顺序图中对一个交互片段的组合，一个复杂的顺序图可以划分为几个部分，每一个部分称为一个序列片段，每个片段由一个大方框包围，其名称显示在方框左上角的间隔区内，表示该顺序图的信息。

顺序图中主要包括五种类型的消息，即同步消息、异步消息、返回消息、参与者创建消息和参与者销毁消息。

参考答案

（33）D　 （34）D

试题（35）

以下有关构件特性的描述中，说法不正确的是　　(35)　　。

（35）A．构件是独立部署单元 　　　　　B．构件可作为第三方的组装单元

　　　　C．构件没有外部的可见状态 　　　D．构件作为部署单元，是可拆分的

试题（35）分析

本题考查构件基础知识。

构件技术蕴含了很多不同的概念，一般来讲，构件也被称为组件，是一个功能相对独立的具有可复用价值的软件单元。构件的特性一般包括：独立部署单元；作为第三方的组装单元；没有（外部的）可见状态。

一个构件是独立部署的，意味着它必须能跟它所在的环境及其他构件完全分离。构件作为一个部署单元，具有原子性，是不可拆分的。如果构件作为第三方的组装单元，则构件必须封装它的实现，并且只通过良好定义的接口与外部环境进行交互。最后，一个构件不能有任何（外部的）可见状态。构件在特定的系统中可以被装载和激活。

因此，D 项的说法是不正确的。

参考答案

（35）D

试题（36）

在构件的定义中，　　(36)　　是一个已命名的一组操作的集合。

（36）A．接口 　　　　　B．对象 　　　　　C．函数 　　　　　D．模块

试题（36）分析

本题考查构件的基础知识。

在构件的定义中，接口是一个已命名的一组操作的集合。构件的客户通过这些访问点来

使用构件提供的服务。通常来说，构件在不同访问点有多个不同的接口。每个访问点会提供不同的服务，以满足不同的客户需求。构件接口规范的合约性非常重要，它提供了保证构件及其客户成功交互的公共中间层。

根据题干描述，本题应该选择接口。

参考答案

（36）A

试题（37）

在服务端构件模型的典型解决方案中，___（37）___较为适用于应用服务器。

（37）A．EJB 和 COM+模型　　　　　　B．EJB 和 servlet 模型

　　　　C．COM+和 ASP 模型　　　　　　D．COM+和 servlet 模型

试题（37）分析

本题考查构件的基础知识。

构件是可被第三方独立部署的基本单元，每个构件的部署过程之间不是相互独立的，构件实例之间通常会在一个或多个构件框架的介入下发生交互。这种方式支持用简单的方式生成大多数常用的构件系统（或由于其能够完全避免单独的组装过程），因此构件的使用范围和生存能力都大大地增加了。

服务端构件模型的典型解决方案包括适用于应用服务器的 EJB 模型和 COM+模型，适用于 Web 服务器的 servlet 模型和 Visual Basic 及其他技术（基于 ASP 技术）。微软的.NET 框架还引入了一种新的同时适用于客户端和服务端的基于 CLI 的构件模型。

根据题干描述，本题应该选择 EJB 和 COM+模型。

参考答案

（37）A

试题（38）

以下有关构件演化的叙述中，说法不正确的是___（38）___。

（38）A．安装新版本构件可能会与现有系统发生冲突

　　　　B．构件通常也会经历一般软件产品具有的演化过程

　　　　C．解决"遗留系统移植"问题还需要通过使用包裹器构件来适配旧版软件

　　　　D．为安装新版本的构件，必须终止系统中所有现有版本构件的运行

试题（38）分析

本题考查构件演化的基础知识。

构件技术体现了一种后期组装的思想。构件的逐渐成熟会进一步推后组装（或绑定）时间，使得整个系统变得越来越脆弱。构件通常也会经历一般软件产品具有的演化过程。安装新版本时构件可能会与现有系统发生冲突，甚至直接与现存的旧版本构件实例发生冲突。

在分布式系统中，为安装新版本的构件实例而终止所有现有构件的运行是不现实的。在实际配置中，必须考虑构件的不同版本实例共存于一个系统的情况。解决"遗留系统移植"问题还需要通过使用包裹器构件来适配旧版软件。

根据题干描述，"为安装新版本的构件，必须终止系统中所有现有版本构件的运行"的

说法是不正确的。

参考答案

（38）D

试题（39）

软件复杂性度量中，___（39）___可以反映源代码结构的复杂度。

（39）A．模块数   B．环路数   C．用户数   D．对象数

试题（39）分析

本题考查软件复杂性度量的基础知识。

代码的复杂度是评估一个项目的重要标准之一。较低的复杂度既能减少项目的维护成本，又能避免一些不可控问题的出现。软件源码复杂度度量方法主要有三种：代码行、Helstead 方法、McCabe 方法（环形复杂度，即环路数）。

代码行方法度量是一种最简单的方法。基本思想是代码行越多，软件越容易产生漏洞。代码行度量法只是一个简单的、估计得很粗糙的方法。

Helstead 方法是根据程序中可执行代码行的操作符和操作数的数量来计算程序的复杂性。操作符和操作数的量越大，程序结构就越复杂。

McCabe 方法是托马斯·J.麦凯布（Thomas J. McCabe）于 1976 年提出的，用来表示程序的复杂度。它可以用来衡量一个模块判定结构的复杂程度，数量上表现为独立现行路径条数，也可理解为覆盖所有的可能情况最少使用的测试用例数。

根据题干描述，本题应该选择环路数。

参考答案

（39）B

试题（40）

在白盒测试中，测试强度最高的是___（40）___。

（40）A．语句覆盖   B．分支覆盖   C．判定覆盖   D．路径覆盖

试题（40）分析

本题考查白盒测试的基础知识。

白盒测试也称为结构测试，主要用于软件单元测试阶段。它的主要思想是，将程序看作一个透明的白盒，测试人员完全清楚程序的结构和处理算法，按照程序内部逻辑结构设计测试用例，检测程序中的主要执行通路是否都能按预定要求正确工作。白盒测试方法主要有控制流测试、数据流测试和程序变异测试等。

控制流测试根据程序的内部逻辑结构设计测试用例，常用的技术是逻辑覆盖，即使用测试数据运行被测程序，考察对程序逻辑的覆盖程度。主要的覆盖标准按照测试强度从低到高有：语句覆盖、判定覆盖、条件覆盖、条件/判定覆盖、条件组合覆盖、修正的条件/判定覆盖和路径覆盖等。

根据题干描述，本题应该选择路径覆盖。

参考答案

（40）D

试题（41）

在黑盒测试方法中，___(41)___ 方法最适合描述在多个逻辑条件取值组合所构成的负载情况下，分别要执行哪些不同的动作。

（41）A．等价类　　　　　　B．边界值　　　　　C．判定表　　　　D．因果图

试题（41）分析

本题考查黑盒测试的基础知识。

黑盒测试也称为功能测试，主要用于集成测试、确认测试和系统测试阶段。黑盒测试将软件看作一个不透明的黑盒，完全不考虑（或不了解）程序的内部结构和处理算法，而只检查软件功能是否能按照 SRS 的要求正常使用，软件是否能适当地接收输入数据并产生正确的输出信息，软件运行过程中能否保持外部信息（例如，文件和数据库等）的完整性等。

等价类方法：在设计测试用例时，等价类划分是用得最多的一种黑盒测试方法。所谓等价类就是某个输入域的集合，对于一个等价类中的输入值来说，它们揭示程序错误的作用是等效的。其核心是对每一个输入条件确定若干个有效等价类和若干个无效等价类，设计测试用例，使其覆盖尽可能多的尚未被覆盖的有效等价类和无效等价类，直至全部覆盖。

边界值：经验表明，软件在处理边界情况时最容易出错。设计一些测试用例，使软件恰好运行在边界附近，暴露出软件错误的可能性会更大一些。在实际测试工作中，将等价类划分法和边界值分析法结合使用，能更有效地发现软件中的错误。

判定表：判定表最适合描述在多个逻辑条件取值的组合所构成的复杂情况下，分别要执行哪些不同的动作。条件引用输入的等价类，动作引用被测软件的主要功能处理部分，任何一个条件组合的取值及其相应要执行的操作构成规则，规则就是测试用例。

因果图：因果图法根据输入条件与输出结果之间的因果关系来设计测试用例，它首先检查输入条件的各种组合情况，并找出输出结果对输入条件的依赖关系，然后，为每种输出条件的组合设计测试用例。

根据题干描述，本题应该选择判定表。

参考答案

（41）C

试题（42）

___(42)___ 的目的是测试软件变更之后，变更部分的正确性和对变更需求的符合性，以及软件原有的、正确的功能、性能和其他规定的要求的不损害性。

（42）A．验收测试　　　　　B．Alpha 测试　　　　C．Beta 测试　　　D．回归测试

试题（42）分析

本题考查软件系统测试类型的基础知识。

系统测试的对象是完整的、集成的计算机系统，系统测试的目的是在真实系统工作环境下，验证完整的软件配置项能否和系统正确连接，并满足系统/子系统设计文档和软件开发合同规定的要求。

验收测试是指针对 SRS，在交付前以用户为主进行的测试。

对于通用产品型的软件开发而言，Alpha 测试是指由用户在开发环境下进行测试，通过

Alpha 测试以后的产品通常称为 Alpha 版；Beta 测试是指由用户在实际使用环境下进行测试，通过 Beta 测试的产品通常称为 Beta 版。

回归测试的目的是测试软件变更之后，变更部分的正确性和对变更需求的符合性，以及软件原有的、正确的功能、性能和其他规定的要求的不损害性。

根据题干描述，本题应该选择回归测试。

参考答案

（42）D

试题（43）

在对遗留系统进行评估时，对于技术含量较高、业务价值较低且仅能完成某个部门的业务管理的遗留系统，一般采用的遗留系统演化策略是　(43)　策略。

（43）A．淘汰　　　　　　　　B．继承　　　　　　　C．集成　　　　　　D．改造

试题（43）分析

本题考查系统演化的基础知识。

改造策略：遗留系统具有较高的业务价值，基本上能够满足企业业务运作和决策支持的需要，这种系统一般是本企业新成立部门的业务系统。这种系统可能建成的时间还很短，技术包袱还不那么重，其演化策略为改造。改造包括系统功能的增强和数据模型的改造两个方面。系统功能的增强是指在原有系统的基础上增加新的应用要求，对遗留系统本身不做改变；数据模型的改造是指将遗留系统的旧的数据模型向新的数据模型的转化。关键在于改造过程中要进行小步慢走，一次改造一小块，并进行充分测试，防止引入新的 bug。

淘汰策略：对于技术含量和业务价值低的产品线或 KPI 项目整体淘汰，对遗留系统的完全淘汰是企业资源的根本浪费，但是可以帮助产品开发积累经验，帮助设计新系统，降低新系统开发的风险。

继承策略：遗留系统建成时间已经很长，因此技术含量较低，但是能够勉强通过小修小补满足企业运作的功能或性能要求，具有较高的商业价值，目前的企业业务尚紧密依赖该系统。对这种遗留系统的演化策略为继承。在开发新系统时，需要完全兼容遗留系统的功能模型和数据模型，因此只能更改使用的技术，比如把 jsp 改成 vue 的前端。这种对原有系统的继承需要一位对原有系统非常了解的技术人员进行总体把握，因为企业业务中往往存在很多为了某些特殊需求而做的特殊逻辑。为了保证业务的连续性，新老系统必须并行运行一段时间，再逐渐切换到新系统上运行。

集成策略：如果遗留系统虽然业务价值较低，但仍然包含一些关键功能或数据，且这些功能或数据对其他系统有价值，那么集成策略可能是一个不错的选择。通过集成，可以将遗留系统的部分功能与新系统结合，提高整体效率和数据的一致性。

参考答案

（43）C

试题（44）、（45）分析

在软件体系结构的建模与描述中，多视图是一种描述软件体系结构的重要途径，其体现了　(44)　的思想。其中，4+1 模型是描述软件体系结构的常用模型，在该模型中，"1"指

的是　__（45）__　。

（44）　A．关注点分离　　　B．面向对象　　　C．模型驱动　　　D．UML

（45）　A．统一场景　　　B．开发视图　　　C．逻辑视图　　　D．物理视图

试题（44）、（45）分析

本题考查软件体系结构描述的基础知识。

为了描述软件架构，架构师和相关干系人需要从不同的视角来描述，因为单一视角描述的架构不能解决所有风险承担者（最终用户、开发人员、系统工程师、项目经理等）所关注的问题。使用多个并发的视图来组织软件架构的描述，每个视图仅用来描述一个特定关注方面的问题集合，因此多视觉视图体现关注点分离的思想。

软件架构涉及抽象、分解和组合、风格和美学。4+1 视图方法采用用例驱动，在软件生命周期的各个阶段对软件进行建模，从不同视角对系统进行解读，从而形成统一软件过程架构描述。具体来说，4+1 视图包括：

（1）用例视图（Use Cases View）：最初称为场景视图，关注最终用户需求，为整个技术架构的上下文环境，通常用 UML 用例图和活动图描述。

（2）逻辑视图（Logical view）：主要是整个系统的抽象结构表述，关注系统提供给最终用户的功能，不涉及具体的编译，即输出和部署，通常在 UML 中用类图、交互图、时序图来表述。

（3）开发视图（Development View）：描述软件在开发环境下的静态组织，从程序实现人员的角度透视系统，也叫作实现视图（Implementation View）。开发视图关注程序包，不仅包括要编写的源程序，还包括可以直接使用的第三方 SDK 和现成框架、类库，以及开发的系统将运行于其上的系统软件或中间件，在 UML 中用组件图、包图来表述。开发视图和逻辑视图之间可能存在一定的映射关系，比如逻辑层一般会映射到多个程序包等。

（4）处理视图（Process View）：处理视图关注系统动态运行时的情况，主要是进程以及相关的并发、同步、通信等问题。开发视图一般偏重程序包在编译时期的静态依赖关系，而这些程序运行起来之后会表现为对象、线程、进程，处理视图比较关注的正是这些运行时单元的交互问题，在 UML 中通常用活动图表述。

（5）物理视图（Physical View）：物理视图通常也叫作部署视图（Deployment View），是从系统工程师的角度解读系统，关注软件的物理拓扑结构，以及如何部署机器和网络来配合软件系统的可靠性、可伸缩性等要求。处理视图特别关注目标程序的动态执行情况，而物理视图重视目标程序的静态位置问题。物理视图是综合考虑软件系统和整个 IT 系统相互影响的架构视图。

4+1 模型中的"1"指统一场景。

参考答案

（44）A　　　　（45）A

试题（46）、（47）

基于体系结构的软件设计（Architecture-Based Software Design，ABSD）方法是体系结构驱动，即构成体系结构的　__（46）__　的组合驱动的。ABSD 方法是一个自顶向下、递归细化

的方法，软件系统的体系结构通过该方法得到细化，直到能产生 __(47)__ 。

(46) A. 产品、功能需求和设计活动　　B. 商业、质量和功能需求

　　　C. 商业、产品和功能需求　　　　D. 商业、质量和设计活动

(47) A. 软件产品和代码　　　　　　　B. 软件构件和类

　　　C. 软件构件和连接件　　　　　　D. 类和软件代码

试题（46）、（47）分析

本题考查体系结构的软件设计的基础知识。

基于体系结构的软件设计是一种架构驱动方法，即构成体系结构的商业、质量和功能需求的组合驱动的。这种方法有三个基础：

（1）功能的分解。在功能分解中，ABSD 方法使用已有的基于模块的内聚和耦合技术。

（2）通过选择架构风格来实现质量和业务需求。

（3）软件模板的使用。软件模板利用了一些软件系统的结构。

ABSD 方法是递归的，且迭代的每一个步骤都是清晰定义的，通过不断细化，直到产生软件构件和类。不管设计是否完成，架构总是清晰的，这有助于降低架构设计的随意性。

参考答案

（46）B　　（47）B

试题（48）、（49）

软件体系结构风格是描述某一特定应用领域中系统组织方式的惯用模式。其中，在批处理风格软件体系结构中，每个处理步骤是一个单独的程序，每一步必须在前一步结束后才能开始，并且数据必须是完整的，以 __(48)__ 的方式传递。基于规则的系统包括规则集、规则解释器、规则/数据选择器及 __(49)__ 。

(48) A. 迭代　　　　B. 整体　　　　C. 统一格式　　　　D. 递增

(49) A. 解释引擎　　B. 虚拟机　　　C. 数据　　　　　　D. 工作内存

试题（48）、（49）分析

本题考查软件体系结构风格的基础知识。

在批处理风格的软件体系结构中，每个处理步骤是一个单独的程序，每一步必须在前一步结束后才能开始，并且数据必须是完整的，以整体的方式传递。它的基本构件是独立的应用程序，连接件是某种类型的媒质。连接件定义了相应的数据流图，表达拓扑结构。

虚拟机体系结构风格的基本思想是人为构建一个运行环境，在这个环境之上，可以解析与运行自定义的一些语言，以此来增加架构的灵活性。虚拟机体系结构风格主要包括解释器风格和规则系统风格。

（1）解释器体系结构风格。

一个解释器通常包括完成解释工作的解释引擎，一个包含将被解释的代码的存储区，一个记录解释引擎当前工作状态的数据结构，以及一个记录源代码被解释执行进度的数据结构。

具有解释器风格（见下图 1）的软件中含有一个虚拟机，可以仿真硬件的执行过程和一些关键应用。解释器通常被用来建立一种虚拟机以弥合程序语义与硬件语义之间的差异。其

缺点是执行效率较低。典型的例子是专家系统。

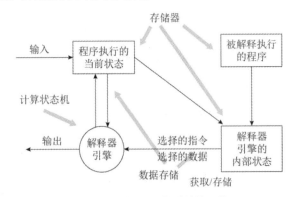

图 1　解释器体系结构风格

（2）规则系统体系结构风格。

基于规则的系统（见下图 2）包括规则集、规则解释器、规则/数据选择器及工作内存。

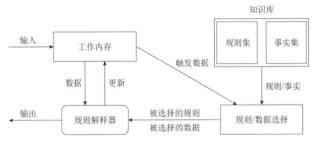

图 2　规则系统体系结构风格

参考答案

　　（48）B　　（49）D

试题（50）、（51）

　　在软件架构复用中，　（50）　是指开发过程中，只要发现有可复用的资产，就对其进行复用。　（51）　是指在开发之前就要进行规划，以决定哪些需要复用。

　　（50）A. 发现复用　　B. 机会复用　　C. 资产复用　　D. 过程复用

　　（51）A. 预期复用　　B. 计划复用　　C. 资产复用　　D. 系统复用

试题（50）、（51）分析

　　本题考查软件复用的基础知识。

　　软件复用是指系统化的软件开发过程中，开发一组基本的软件构造模块，以覆盖不同需求/体系结构之间的相似性，从而提高系统开发的效率、质量和性能。通过识别、开发、分类、获取和修改软件实体，以便在不同的软件开发过程中重复使用它们。

　　软件架构复用的类型包括机会复用和系统复用。机会复用是指开发过程中，只要发现有可复用的资产，就对其进行复用。系统复用是指在开发之前就要进行规划，以决定哪些需要复用。

参考答案

（50）B　　（51）D

试题（52）

软件复用过程的主要阶段包括　(52)　。

（52）A. 分析可复用的软件资产、管理可复用资产和使用可复用资产

　　　B. 构造/获取可复用的软件资产、管理可复用资产和使用可复用资产

　　　C. 构造/获取可复用的软件资产和管理可复用资产

　　　D. 分析可复用的软件资产和使用可复用资产

试题（52）分析

本题考查软件复用的基础知识。

复用的基本过程主要包括三个阶段：首先构造/获取可复用的软件资产，其次管理这些资产，最后针对特定的需求，从这些资产中选择可复用的部分，以开发满足需求的应用系统。

（1）复用的前提：获取可复用的软件资产。

首先需要构造恰当的、可复用的资产，并且这些资产必须是可靠的、可被广泛使用的、可容易理解和修改的。

（2）管理可复用资产。

该阶段的主要工具是构件库（Component Library），用于对可复用构件进行存储和管理，它是支持软件复用的必要设施。构件库中必须有大量的可复用构件，才有意义。构件库应提供的主要功能包括构件的存储、管理、检索以及库的浏览与维护等，以及支持使用者高效而准确地发现所需的可复用构件。

在这个过程中，存在两个关键问题：一是构件分类，构建分类是指将数目众多的构件按照某种特定方式组织起来；二是构件检索，构建检索是指给定一个查询需求，能够快速准确地找到相关构件。

（3）使用可复用资产。

在最后阶段，通过获取需求、检索复用资产库，获取可复用资产，并定制这些可复用资产（修改、扩展、配置等），最后将它们组装与集成，形成最终系统。

参考答案

（52）B

试题（53）

DSSA（Domain Specific Software Architecture）就是在一个特定应用领域中为一组应用提供组织结构参考的标准软件体系结构，实施 DSSA 的过程中包含了一些基本的活动。其中，领域模型是　(53)　阶段的主要目标。

（53）A. 领域设计　　　B. 领域实现　　　C. 领域分析　　　D. 领域工程

试题（53）分析

本题考查特定领域软件体系结构的基础知识。

对 DSSA 研究的角度、关心的问题不同导致了对 DSSA 的不同定义。

Hayes Roth 对 DSSA 的定义如下："DSSA 就是专用于一类特定类型的任务（领域）的、

在整个领域中能有效地使用的、为成功构造应用系统限定了标准的组合结构的软件构件的集合。"

Tracz 对 DSSA 的定义为："DSSA 就是一个特定的问题领域中支持一组应用的领域模型、参考需求、参考体系结构等组成的开发基础，其目标就是支持在一个特定领域中多个应用的生成。"

通过对众多的 DSSA 的定义和描述的分析，可知 DSSA 的必备特征如下：

（1）一个严格定义的问题域和问题解域。

（2）具有普遍性，使其可以用于领域中某个特定应用的开发。

（3）对整个领域的构件组织模型的恰当抽象。

（4）具备该领域固定的、典型的在开发过程中的可重用元素。

实施 DSSA 的过程中包含了一些基本的活动。虽然具体的 DSSA 方法可能定义不同的概念、步骤和产品等，但这些基本活动大体上是一致的，即领域分析、领域设计和领域实现三个阶段的活动。领域分析的主要目标是获取领域模型。

以上过程是一个反复的、逐渐求精的过程。在实施领域工程的每个阶段，都可能返回到以前的步骤，对以前的步骤得到的结果进行修改和完善，再回到当前步骤，在新的基础上进行本阶段的活动。

参考答案

（53）C

试题（54）、（55）

软件系统质量属性（Quality Attribute）是一个系统的可测量或者可测试的属性，它被用来描述系统满足利益相关者需求的程度。其中，　（54）　关注的是当需要修改缺陷、增加功能、提高质量属性时，定位修改点并实施修改的难易程度；　（55）　关注的是当用户数和数据量增加时，软件系统维持高服务质量的能力。

（54）A．可靠性　　　　　B．可测试性　　　　C．可维护性　　　　D．可重用性

（55）A．可用性　　　　　B．可扩展性　　　　C．可伸缩性　　　　D．可移植性

试题（54）、（55）分析

本题考查软件系统质量属性的基础知识。

可维护性主要体现在问题的修改上，在错误发生后"修改"软件系统。为可维护性做好准备的软件体系结构往往能做局部性的修改，并能使对其他构件的负面影响最小化。

可伸缩性关注的是当用户数和数据量增加时，软件系统维持高服务质量的能力。

参考答案

（54）C　　　　　　（55）C

试题（56）、（57）

为了精确描述软件系统的质量属性，通常采用质量属性场景（Quality Attribute Scenario）作为描述质量属性的手段。质量属性场景是一个具体的质量属性需求，是利益相关者与系统的交互的简短陈述，它由刺激源、刺激、环境、制品、　（56）　六部分组成。其中，想要学习系统特性、有效使用系统、使错误的影响最低、适配系统、对系统满意属于　（57）　质量

属性场景的刺激。

  （56）A．响应和响应度量   B．系统和系统响应

      C．依赖和响应   D．响应和优先级

  （57）A．可用性   B．性能   C．易用性   D．安全性

试题（56）、（57）分析

  本题考查软件质量属性场景的基础知识。

  为了精确描述软件系统的质量属性，通常采用质量属性场景（Quality Attribute Scenario）作为描述质量属性的手段。质量属性场景是一个具体的质量属性需求，是利益相关者与系统的交互的简短陈述。

  质量属性场景是一种面向特定的质量属性的需求。它由六部分组成：

  （1）刺激源（Source）：这是某个生成该刺激的实体（人、计算机系统或者任何其他刺激器）。

  （2）刺激（Stimulus）：是当刺激到达系统时需要考虑的条件。

  （3）环境（Environment）：该刺激在某些条件内发生。当刺激发生时，系统可能处于过载或者运行状态，也可能是其他情况。

  （4）制品（Artifact）：某个制品被刺激。这可能是整个系统，也可能是系统的一部分。

  （5）响应（Response）：该响应是在刺激到达后所采取的行动。

  （6）响应度量（Measurement）：当响应发生时，应当能够以某种方式对其进行度量，以对需求进行测试。

  想要学习系统特性、有效使用系统、使错误的影响最低、适配系统、对系统满意属于易用性质量属性场景的刺激。

参考答案

  （56）A   （57）C

试题（58）

  改变加密级别可能会对安全性和性能产生非常重要的影响。因此，在软件架构评估中，该设计决策是一个____（58）____。

  （58）A．敏感点   B．风险点   C．权衡点   D．非风险点

试题（58）分析

  本题考查软件架构评估的基础知识。

  敏感点（Sensitivity Point）和权衡点（Tradeoff Point）是关键的架构决策。敏感点是一个或多个构件（和/或构件之间的关系）的特性。研究敏感点可使设计人员或分析员明确在搞清楚如何实现质量目标时应注意什么。权衡点是影响多个质量属性的特性，是多个质量属性的敏感点。例如，改变加密级别可能会对安全性和性能产生非常重要的影响。提高加密级别可以提高安全性，但可能要耗费更多的处理时间，影响系统性能。如果某个机密消息的处理有严格的时间延迟要求，则加密级别可能就会成为一个权衡点。

参考答案

  （58）C

试题（59）

效用树是采用架构权衡分析方法（Architecture Tradeoff Analysis Method，ATAM）进行架构评估的工具之一，其树形结构从根部到叶子节点依次为　（59）　。

(59) A. 树根、属性分类、优先级、质量属性场景

　　　B. 树根、质量属性、属性分类、质量属性场景

　　　C. 树根、优先级、质量属性、质量属性场景

　　　D. 树根、质量属性、属性分类、优先级

试题（59）分析

本题考查软件架构评估的基础知识。

ATAM 方法采用效用树（Utilit Ytree）工具来对质量属性进行分类和优先级排序。效用树的结构包括：树根——质量属性——属性分类——质量属性场景（叶子节点）。需要注意的是，ATAM 主要关注四类质量属性，即性能、安全性、可修改性和可用性，也就是利益相关者最为关心的。

得到初始的效用树后，需要修剪这棵树，保留重要场景（通常不超过 50 个），再对场景按重要性给定优先级（用 H/M/L 的形式），再按场景实现的难易度来确定优先级（用 H/M/L 的形式），这样对所选定的每个场景就有一个优先级对（重要度，难易度），如（H，L）表示该场景重要且易实现。

参考答案

(59) B

试题（60）

平均失效等待时间（Mean Time to Failure，MTTF）和平均失效间隔时间（Mean Time Between Failure，MTBF）是进行系统可靠性分析时的重要指标，在失效率为常数和修复时间很短的情况下，　（60）　。

(60) A. MTTF 远远小于 MTBF　　　　　B. MTTF 和 MTBF 无法计算

　　　C. MTTF 远远大于 MTBF　　　　　D. MTTF 和 MTBF 几乎相等

试题（60）分析

本题考查软件系统质量属性的基础知识。

平均失效等待时间（Mean Time to Failure，MTTF）是平均或"预期"无故障时间。平均失效等待时间是衡量元器件和电路可靠性的一个参量，人们总是要求平均失效等待时间越长越好。

当故障产品单元的修理时间相对于 MTTF 非常短以至于可以忽略时，MTTF 可约等于平均失效间隔时间（Mean Time Between Failure，MTBF）。当故障产品单元的修理时间不能忽略时，MTBF 还包含平均维修时间（Mean Time to Repair，MTTR）。

参考答案

(60) D

试题（61）、（62）

在进行软件系统安全性分析时，　（61）　保证信息不泄露给未授权的用户、实体或过程；

完整性保证信息的完整和准确，防止信息被非法修改； __(62)__ 保证对信息的传播及内容具有控制的能力，防止为非法者所用。

（61）A．完整性 　　B．不可否认性 　　C．可控性 　　D．机密性

（62）A．完整性 　　B．安全审计 　　C．加密性 　　D．可控性

试题（61）、（62）分析

本题考查软件系统质量属性的基础知识。

安全性是指系统在向合法用户提供服务的同时能够阻止非授权用户使用的企图或拒绝服务的能力。安全性是根据系统可能受到的安全威胁的类型来分类的。安全性又可划分为机密性、完整性、不可否认性及可控性等特性。其中，机密性保证信息不泄露给未授权的用户、实体或过程；完整性保证信息的完整和准确，防止信息被非法修改；可控性保证对信息的传播及内容具有控制的能力，防止为非法者所用。

参考答案

（61）D 　　（62）D

试题（63）

在进行架构评估时，首先要明确具体的质量目标，并以之作为判定该架构优劣的标准。为得出这些目标而采用的机制叫作场景。场景是从 __(63)__ 的角度对与系统的交互的简短描述。

（63）A．用户 　　B．系统架构师 　　C．项目管理者 　　D．风险承担者

试题（63）分析

本题考查软件架构评估的基础知识。

场景（Scenarios）是软件架构评估中的重要概念。在进行体系结构评估时，一般应精确地得出具体的质量目标，并以之作为判定该体系结构优劣的标准。为得出这些目标而采用的机制叫作场景。场景是从风险承担者的角度对与系统的交互的简短描述。在体系结构评估中，一般采用刺激（Stimulus）、环境（Environment）和响应（Response）三方面来对场景进行描述。

在评估中，风险承担者（Stakeholders）又称为利益相关人。系统的体系结构涉及很多人的利益，这些人都对体系结构施加各种影响，以保证自己的目标能够实现。

参考答案

（63）D

试题（64）

5G 网络采用 __(64)__ 可将 5G 网络分割成多张虚拟网络，每个虚拟网络的接入、传输和核心网是逻辑独立的，任何一个虚拟网络发生故障都不会影响其他虚拟网络。

（64）A．网络切片技术 　　　　B．边缘计算技术
　　　　C．网络隔离技术 　　　　D．软件定义网络技术

试题（64）分析

本题考查 5G 的基础知识。

网络切片技术将 5G 网络分割成多张虚拟网络，每个虚拟网络的接入、传输和核心网是

逻辑独立的，任何一个虚拟网络发生故障都不会影响其他虚拟网络。

参考答案

（64）A

试题（65）

下列 Wi-Fi 认证方式中，___（65）___ 使用了 AES 加密算法，安全性更高。

（65）A．开放式　　　　　B．WPA　　　　　C．WPA2　　　　　D．WEP

试题（65）分析

本题考查无线网络安全的相关知识。

WPA2 是 WPA 的第二个版本，改进了所采用的加密算法，从 WPA 的 TKIP 改为 AES，而 WEP 使用的加密算法是 RC4。

参考答案

（65）C

试题（66）

程序员甲将其编写完成的某软件程序发给同事乙并进行讨论，之后甲放弃该程序并决定重新开发，后来乙将该程序稍加修改并署自己名在某技术论坛发布。以下说法中，正确的是___（66）___。

（66）A．乙的行为侵犯了甲对该程序享有的软件著作权

　　　B．乙的行为未侵权，因其发布的场合是以交流学习为目的的技术论坛

　　　C．乙的行为没有侵犯甲的软件著作权，因为甲已放弃该程序

　　　D．乙对该程序进行了修改，因此乙享有该程序的软件著作权

试题（66）分析

本题考查知识产权基础知识。

虽然甲已放弃该程序，但并没有改变甲是该程序开发者的基本事实，因此乙的行为侵犯了甲对该程序享有的软件著作权。

参考答案

（66）A

试题（67）

以下关于软件著作权产生时间的叙述中，正确的是___（67）___。

（67）A．软件著作权产生自软件首次公开发表时

　　　B．软件著作权产生自开发者有开发意图时

　　　C．软件著作权产生自软件开发完成之日起

　　　D．软件著作权产生自软件著作权登记时

试题（67）分析

本题考查知识产权基础知识。

《计算机软件保护条例》第十四条规定，自软件开发完成之日起，软件著作权自动产生。

参考答案

（67）C

试题（68）

M 公司将其开发的某软件产品注册了商标，为确保公司在市场竞争中占据优势地位，M 公司对员工进行了保密约束，此情形下，该公司不享有__（68）__。

（68）A．软件著作权　　　　B．专利权　　　　C．商业秘密权　　　　D．商标权

试题（68）分析

本题考查知识产权基础知识。

根据题目描述，M 公司具有该软件的著作权和商标权，由于进行了保密约束，因此该公司具有商业秘密权。专利权是知识产权中的一种，专利权只有在申请被授予之后，才能受到更多的法律保护。

参考答案

　　（68）B

试题（69）

计算机产生的随机数大体上能在(0，1)区间内均匀分布。假设某初等函数 $f(x)$ 在(0，1)区间内，取值也在(0，1)区间内，如果由计算机产生的大量的（M 个）随机数对(r_1, r_2)中，符合 $r_2 \leqslant f(r_1)$ 条件的有 N 个，则 N/M 可作为__（69）__的近似计算结果。

（69）A．求解方程 $f(x)=x$ 　　　　　　　B．求 $f(x)$ 的极大值

　　　　C．求 $f(x)$ 的极小值　　　　　　　　D．求积分 $\int_0^1 f(x)\mathrm{d}x$

试题（69）分析

本题考查应用数学知识。

在正方形(0,1；0,1)内，曲线 $f(x)$ 下方的面积等于 $f(x)$ 在(0,1)区间上的积分。大量（M 个）随机数对(r_1, r_2)在面积为 1 的正方形(0,1；0,1)中近似均匀分布，而其中符合 $r_2 \leqslant f(r_1)$ 条件的点（有 N 个）都位于曲线 $f(x)$ 下面，因此这些点的比例 N/M 近似等于曲线 $f(x)$ 下面的面积与正方形面积之比。

参考答案

　　（69）D

试题（70）

某项目包括 A、B、C、D 四道工序，各道工序之间的衔接关系、正常进度下各工序所需的时间和直接费用、赶工进度下所需的时间和直接费用如下表所示。该项目每天需要的间接费用为 4.5 万元。根据此表，以最低成本完成该项目需要__（70）__天。

工序代号	紧前工序	正常进度		赶工进度	
		所需时间/天	直接费用/万元	至少需用时间/天	直接费用/万元
A	-	3	10	1	18
B	A	7	15	3	19
C	A	4	12	2	20
D	C	5	8	2	14

（70）A．7　　　　　　　B．9　　　　　　　C．10　　　　　　　D．12

试题（70）分析

本题考查应用数学知识。

该项目正常进度的网络图如下。

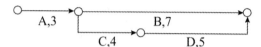

正常进度下，该工程的关键路径（最长时间路径）为 A–C–D，共需时间 3+4+5=12 天，共需直接费用 10+15+12+8=45 万元，共需间接费用 12×4.5=54 万元，总费用为 45+54=99 万元。

赶工时需要增加直接费用，但缩短项目工期可节省间接费用。选择哪个工序赶工多少天，首先需要计算每个工序赶工每天需要增加多少费用，从而优先选择最节省者。

工序 A 赶工每天需要增加直接费用(18–10)/(3–1)=4 万元。

工序 B 赶工每天需要增加直接费用(19–15)/(7–3)=1 万元。

工序 C 赶工每天需要增加直接费用(20–12)/(4–2)=4 万元。

工序 D 赶工每天需要增加直接费用(14–8)/(5–2)=2 万元。

为压缩工期，首先应选择关键路径 A–C–D 上最少增费的工序 D 赶工。由于工序 B 需要 7 天，工序 D 压缩 2 天可以缩短项目工期 2 天，减少间接费用 2×4.5=9 万元，增加工序 D 的直接费用 2×2=4 万元，从而节省总费用 5 万元（总费用为 94 万元）。

此时，关键路径有两条，即 A–B 以及 A–C–D，时间都是 10 天。为压缩工期，需要在这两条路径上同时压缩。从节省直接费用看，应同时压缩 B 和 D。由于工序 D 还有 1 天可以压缩，而此时也需要将工序 B 压缩 1 天。这样，项目工期成为 9 天。直接费用增加 1+2=3 万元，间接费用减少 4.5 万元，总费用节省 1.5 万元（总费用为 92.5 万元）。

此时，关键路径仍有两条，即 A–B 以及 A–C–D，时间都是 9 天。工序 D 已不能压缩，要么同时压缩工序 B 和 C，要么压缩工序 A。但同时压缩 B 和 C，每天需要增加直接费用 1+4=5 万元，但只能节省 4.5 万元，并不合算。如果压缩工序 A，每天增加直接费用 4 万元，但能节省间接费用 4.5 万元，这是合算的。工序 A 最多能压缩 2 天（项目总工期为 7 天），增加直接费用 8 万元，节省间接费用 9 万元，总费用节省 1 万元（总费用为 91.5 万元）。

此后，工序 A、D 已不能压缩，工序 B、C 压缩并不合算，因此 7 天是最低成本的工期。

参考答案

（70）A

试题（71）～（75）

Micro-service is a software development technology, which advocates dividing a single application into a group of small services, which coordinates and cooperates with each other to provide ultimate value for users . The micro-service ___（71）___ has many important benefits . First, it solves the problem of business complexity . It decomposes the original huge single application into a group of services . Although the total amount of functions remains the same, the application has been decomposed into manageable services . The development speed of a single service is much faster, and it is easier to understand and ___（72）___ . Second, this architecture allows each service to be _____(73)_____ independently by a team. Developers are free to choose any appropriate technology. Third, the micro-service architecture mode enables each service to be _____(74)_____ independently. Developers never need to coordinate the deployment of local changes to their services. These types of changes can be deployed immediately after testing. Finally, the micro-service architecture enables each service to _____(75)_____ independently.

(71) A. architecture   B. software   C. application   D. technology
(72) A. develop   B. maintain   C. utilize   D. deploy
(73) A. planned   B. developed   C. utilized   D. deployed
(74) A. utilized   B. developed   C. tested   D. deployed
(75) A. analyze   B. use   C. design   D. expand

参考译文

微服务是一种软件开发技术，它主张将单个应用程序划分为一组小服务，这些服务相互协调和合作，为用户提供最终价值。

微服务架构有许多重要的好处。

首先，它解决了业务复杂性的问题。它将原来庞大的单个应用程序分解为一组服务。尽管功能总量保持不变，但应用程序已被分解为可管理的服务。单个服务的开发速度要快得多，而且更容易理解和维护。

第二，这种架构允许团队独立开发每个服务。开发者可以自由选择任何合适的技术。

第三，微服务架构模式使每个服务能够独立部署。开发人员永远不需要协调对其服务的本地部署的变更。这些更改可以在测试后立即部署。

最后，微服务架构使每个服务能够独立扩展。

参考答案

(71) A   (72) B   (73) B   (74) D   (75) D

第 14 章 2022 下半年系统架构设计师

下午试题 I 分析与解答

试题一（共 25 分）

阅读以下关于软件架构设计与评估的叙述，在答题纸上回答问题 1 和问题 2。

【说明】

某电子商务公司拟升级其会员与促销管理系统，向用户提供个性化服务，提高用户的粘性。在项目立项之初，公司领导层一致认为本次升级的主要目标是提升会员管理方式的灵活性，由于当前用户规模不大，业务也相对简单，系统性能方面不做过多考虑。新系统除了保持现有的四级固定会员制度外，还需要根据用户的消费金额、偏好、重复性等相关特征动态调整商品的折扣力度，并支持在特定的活动周期内主动筛选与活动主题高度相关的用户集合，提供个性化的打折促销活动。

在需求分析与架构设计阶段，公司提出的需求和质量属性描述如下：

（a）管理员能够在页面上灵活设置折扣力度规则和促销活动逻辑，设置后即可生效；

（b）系统应该具备完整的安全防护措施，支持对恶意攻击行为进行检测与报警；

（c）在正常负载情况下，系统应在 0.3 秒内对用户的界面操作请求进行响应；

（d）用户名是系统唯一标识，要求以字母开头，由数字和字母组合而成，长度不少于 6 个字符。

（e）在正常负载情况下，用户支付商品费用后在 3 秒内确认订单支付信息；

（f）系统主站点电力中断后，应在 5 秒内将请求重定向到备用站点；

（g）系统支持横向存储扩展，要求在 2 人·天内完成所有的扩展与测试工作；

（h）系统宕机后，需要在 10 秒内感知错误，并自动启动热备份系统；

（i）系统需要内置接口函数，支持开发团队进行功能调试与系统诊断；

（j）系统需要为所有的用户操作行为进行详细记录，便于后期查阅与审计；

（k）支持对系统的外观进行调整和配置，调整工作需要在 4 人·天内完成。

在对系统需求、质量属性描述和架构特性进行分析的基础上，系统架构师给出了两种候选的架构设计方案，公司目前正在组织相关专家对系统架构进行评估。

【问题 1】（12 分）

在架构评估过程中，质量属性效用树（Utility Tree）是对系统质量属性进行识别和优先级排序的重要工具。请将合适的质量属性名称填入图 1-1 中（1）、（2）空白处，并选择题干描述的（a）～（k）填入（3）～（6）空白处，完成该系统的效用树。

【问题 2】（13 分）

针对该系统的功能，李工建议采用面向对象的架构风格，将折扣力度计算和用户筛选分别封装为独立对象，通过对象调用实现对应的功能；王工则建议采用解释器（Interpreters）架构风格，将折扣力度计算和用户筛选条件封装为独立的规则，通过解释规则实现对应的功能。请针对系统的主要功能，从折扣规则的可修改性、个性化折扣定义灵活性和系统性能三个方面对这两种架构风格进行比较与分析，并指出该系统更适合采用哪种架构风格。

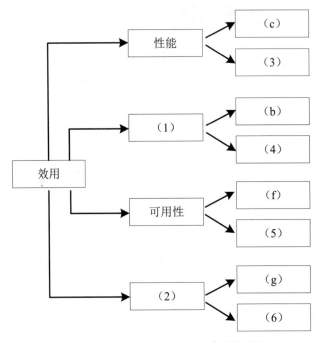

图 1-1　会员与促销管理系统效用树

试题一分析

本题考查软件架构评估和软件架构设计方面的知识与应用，主要包括质量属性效用树和架构分析与选择两个部分。

此类题目要求考生认真阅读题目对系统需求的描述，经过分类、概括等方法，从中确定软件功能需求、软件质量属性、架构风险、架构敏感点、架构权衡点等内容，并采用效用树工具对架构进行评估。

在进行架构选择时，需要充分分析、理解题干中对软件特征的论述，并根据应用场景对候选的架构风格进行对比，描述各自的优势和不足，并最终选择合适的架构风格。

【问题 1】

在架构评估过程中，质量属性效用树是对系统质量属性进行识别和优先级排序的重要工具。质量属性效用树主要关注性能、可用性、安全性和可修改性等四个用户最为关注的质量属性，考生需要对题干的需求进行分析，逐一找出这四个质量属性对应的描述，然后填入空白处即可。

经过对题干的分析，可以看出：

（a）管理员能够在页面上灵活设置折扣力度规则和促销活动逻辑，设置后即可生效；（功

能需求）

（b）系统应该具备完整的安全防护措施，支持对恶意攻击行为进行检测与报警；（安全性）

（c）在正常负载情况下，系统应在 0.3 秒内对用户的界面操作请求进行响应；（性能）

（d）用户名是系统唯一标识，要求以字母开头，由数字和字母组合而成，长度不少于 6 个字符；（功能需求）

（e）在正常负载情况下，用户支付商品费用后在 3 秒内确认订单支付信息；（性能）

（f）系统主站点电力中断后，应在 5 秒内将请求重定向到备用站点；（可用性）

（g）系统支持横向存储扩展，要求在 2 人·天内完成所有的扩展与测试工作；（可修改性）

（h）系统宕机后，需要在 10 秒内感知错误，并自动启动热备份系统；（可用性）

（i）系统需要内置接口函数，支持开发团队进行功能调试与系统诊断；（可测试性）

（j）系统需要为所有的用户操作行为进行详细记录，便于后期查阅与审计；（安全性）

（k）支持对系统的外观进行调整和配置，调整工作需要在 4 人·天内完成。（可修改性）

【问题 2】

本题考查考生对影响系统架构风格选型的理解与掌握。针对该系统的功能，李工建议采用面向对象的架构风格，将折扣力度计算和用户筛选分别封装为独立对象，通过对象调用实现对应的功能；王工则建议采用解释器（Interpreters）架构风格，将折扣力度计算和用户筛选条件封装为独立的规则，通过解释规则实现对应的功能。考生需要针对系统的主要功能，从折扣规则的可修改性、个性化折扣定义灵活性和系统性能三个方面对这两种架构风格进行比较与分析。

（1）在折扣规则的可修改性方面，面向对象的可修改性弱于解释器，具体分析如下：

面向对象架构风格需要实现确定用户特征与折扣力度，将其封装为对象，折扣规则调整时需要修改源代码。

解释器风格支持将用户的特征与折扣力度封装为规则形式，系统通过解释规则确定折扣力度，调整时仅需要调整规则描述，无须修改源代码。

（2）在个性化折扣定义灵活性方面，面向对象的灵活性弱于解释器，具体分析如下：

面向对象架构风格需要将用户筛选条件封装为对象，调整筛选条件时需要修改源代码，灵活性较低。

解释器风格以规则数据的方式描述用户筛选条件，支持规则的动态加载与处理，灵活性较高。

（3）在系统性能方面，面向对象的性能强于解释器，具体分析如下：

面向对象架构风格将折扣力度和筛选条件内置在系统源代码中，处理速度快，性能高。

解释器风格将折扣力度和筛选条件的计算以规则文件的方式表达，系统需要动态解释规则文件，处理速度慢，性能低。

经过上述分析与权衡，可以看出该系统更适合采用解释器架构风格。

试题一参考答案

【问题 1】

（1）安全性

（2）可修改性

（3）（e）

（4）（j）

（5）（h）

（6）（k）

【问题 2】

（1）在折扣规则的可修改性方面：

面向对象架构风格需要实现确定用户特征与折扣力度，将其封装为对象，折扣规则调整时需要修改源代码。

解释器风格支持将用户的特征与折扣力度封装为规则形式，系统通过解释规则确定折扣力度，调整时仅需要调整规则描述，无须修改源代码。

（2）在个性化折扣定义灵活性方面：

面向对象架构风格需要将用户筛选条件封装为对象，调整筛选条件时需要修改源代码，灵活性较低。

解释器风格以规则数据的方式描述用户筛选条件，支持规则的动态加载与处理，灵活性较高。

（3）在系统性能方面：

面向对象架构风格将折扣力度和筛选条件内置在系统源代码中，处理速度快，性能高。

解释器风格将折扣力度和筛选条件的计算以规则文件的方式表达，系统需要动态解释规则文件，处理速度慢，性能低。

经过上述分析与权衡，该系统更适合采用解释器架构风格。

从下列的 4 道试题（试题二至试题五）中任选 2 道解答。

试题二（共 25 分）

阅读以下关于软件系统设计与建模的叙述，在答题纸上回答问题 1 至问题 3。

【说明】

煤炭生产是国民经济发展的主要领域之一，煤矿的安全非常重要。某能源企业拟开发一套煤矿建设项目安全预警系统，以保护煤矿建设项目从业人员生命安全。本系统的主要功能包括如下（a）～（h）所述。

（a）项目信息维护　　（b）影响因素录入　　（c）关联事故录入　　（d）安全评价得分

（e）项目指标预警分析（f）项目指标填报　　（g）项目指标审核　　（h）项目指标确认

【问题 1】（9 分）

王工根据煤矿建设项目安全预警系统的功能要求，设计完成了系统的数据流图，如图 2-1 所示。请使用题干中描述的功能（a）～（h），补充完善空（1）～（6）处的内容，并简要介绍数据流图在分层细化过程中遵循的数据平衡原则。

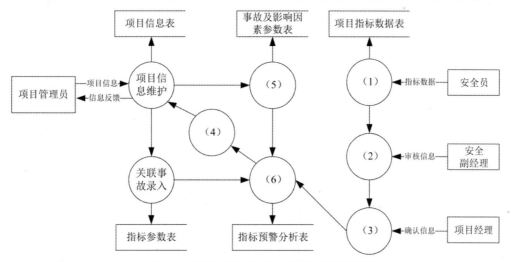

图 2-1　煤矿建设项目安全预警系统数据流图

【问题 2】（9 分）

请根据【问题 1】中数据流图表示的相关信息，补充完善煤矿建设项目安全预警系统总体 E-R 图（见图 2-2）中实体（1）～（6）的具体内容，将正确答案填在答题纸上。

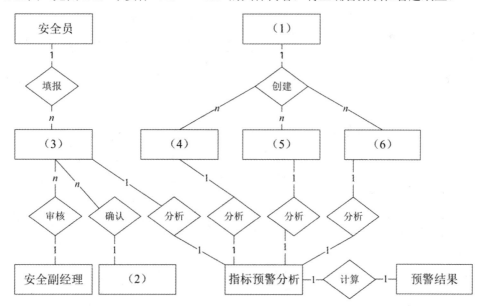

图 2-2　煤矿建设项目安全预警系统总体 E-R 图

【问题 3】（7 分）

在结构化分析和设计过程中，数据流图和数据字典是常用的技术手段，请用 200 字以内的文字简要说明它们在软件需求分析和设计阶段的作用。

试题二分析

本题主要考查结构化分析与设计建模方法相关知识及应用，特别是对数据流图、E-R 图与数据字典的掌握。

此类试题要求考生认真阅读题目对现实问题的描述，根据相关概念，从题目中提取相应的要素，按照给出的提示完成数据流图和 E-R 图，并能够区分数据流图和数据字典在软件需求分析和设计阶段的不同作用。

【问题 1】

本问题考查在结构化软件分析过程中数据流图的设计与应用。考生应该在熟记基本概念的基础上，结合实际问题灵活掌握并应用这些概念。

在解答本题时，首先需要对题目中描述的基本功能需求（a）～（h）进行分析与梳理，结合问题 1 中已经给出的数据流，完成整个数据流图的设计。

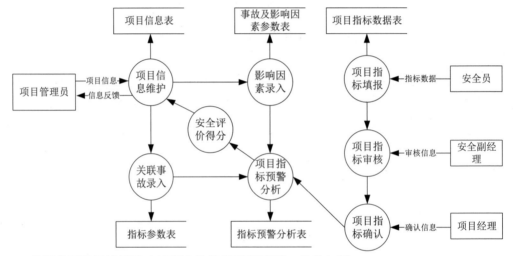

掌握分层数据流图构建过程中的数据平衡原则，具体包括：

（1）父图与子图的平衡：任何一个数据流子图必须与它上一层父图的某个加工对应，二者的输入数据流和输出数据流必须保持一致，此即父图与子图的平衡。

（2）输入输出的平衡性：每个加工必须有输入数据流和输出数据流，反映此加工的数据来源和加工变换结果。

【问题 2】

本问题考查系统设计中 E-R 图的构建与应用，考生应该在熟记基本知识点的基础上，结合实际问题灵活掌握并应用这些概念。

在解答本题时，需要结合问题 2 中题干的描述，分析系统中的实体，以及实体之间的关联关系。理解一对一、一对多和多对多关系之间的区别。在掌握基本概念的基础上，能够灵活运用 E-R 图。

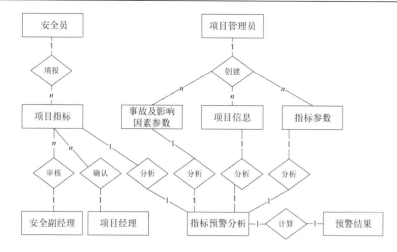

【问题3】

　　本问题考查在结构化分析和设计过程中,数据流图和数据字典的基本概念,及其在分析、设计阶段的主要作用。

　　在软件需求分析阶段:　数据流图主要用于建立软件的需求模型,以图形化方式呈现业务数据的流动和处理过程。数据字典则是关于数据的信息集合,用于对数据流图中每个组成部分加以定义和说明。

　　在软件设计阶段:　数据流图主要用于经过一系列设计转换后,产生由模块图表示的软件设计模型;详细设计阶段数据流图可进行模块内部的数据流设计。数据字典用于描述系统中各类数据,为数据库概要设计、逻辑设计提供支持。

试题二参考答案

【问题1】

　　(1)(f)　　(2)(g)　　(3)(h)　　(4)(d)　　(5)(b)　　(6)(e)

　　数据平衡原则:

　　父图与子图的平衡:任何一个数据流子图必须与它上一层父图的某个加工对应,二者的输入数据流和输出数据流必须保持一致,此即父图与子图的平衡。

　　输入输出的平衡性:每个加工必须有输入数据流和输出数据流,反映此加工的数据来源和加工变换结果。

【问题2】

　　(1)项目管理员

　　(2)项目经理

　　(3)项目指标

　　(4)～(6):事故及影响因素参数;项目信息;指标参数。(顺序可变)

【问题3】

　　(1)在软件需求分析阶段:

　　数据流图主要用于建立软件的需求模型,以图形化方式呈现业务数据的流动和处理过程。

　　数据字典是关于数据的信息集合,用于对数据流图中每个组成部分加以定义和说明。

（2）在软件设计阶段：

数据流图主要用于经过一系列设计转换后，产生由模块图表示的软件设计模型；详细设计阶段数据流图可进行模块内部的数据流设计。

数据字典用于描述系统中各类数据，为数据库概要设计、逻辑设计提供支持。

试题三（共 25 分）

阅读以下关于嵌入式系统故障检测和诊断的相关描述,在答题纸上回答问题 1 至问题 3。

【说明】

系统的故障检测和诊断是宇航系统提高装备可靠性的主要技术之一，随着装备信息化的发展，分布式架构下的资源配置越来越多、资源布局也越来越分散，这对系统的故障检测和诊断方法提出了新的要求。为了适应宇航装备的分布式综合化电子系统的发展，解决由于系统资源部署的分散性，造成系统状态的综合和监控困难的问题，公司领导安排张工进行研究。张工经过分析、调研提出了针对分布式综合化电子系统架构的故障检测和诊断的方案。

【问题 1】（8 分）

张工提出：宇航装备的软件架构可采用四层的层次化体系结构，即模块支持层、操作系统层、分布式中间件层和功能应用层。为了有效、方便地实现分布式系统的故障检测和诊断能力，方案建议将系统的故障检测和诊断能力构建在分布式中间件内，通过使用心跳或者超时探测技术来实现故障检测器。请用 300 字以内的文字分别说明心跳检测和超时探测技术的基本原理及特点。

【问题 2】（8 分）

张工针对分布式综合化电子系统的架构特征，给出了初步设计方案，指出每个节点的故障监测与诊断器主要负责监控系统中所有的故障信息，并将故障信息进行综合分析判断，使用故障诊断器分析出故障原因，给出解决方案和措施。系统可以给模块的每个处理机器核配置核状态监控器、给每个分区配置分区状态监控器、给每个模块配置模块状态监控器、给系统配置系统状态监控器，如图 3-1 所示。

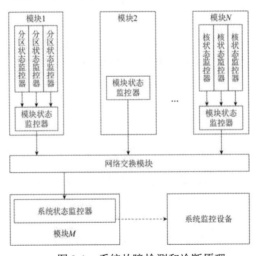

图 3-1　系统故障检测和诊断原理

请根据下面给出的分布式综合化电子系统可能产生的故障（a）～（h），判断这些故障分别属于哪类监控器检测的范围，完善表 3-1 的（1）～（8）的空白。

（a）应用程序除零

（b）看门狗故障

（c）任务超时

（d）网络诊断故障

（e）BIT 检测故障

（f）分区堆栈溢出

（g）操作系统异常

（h）模块掉电

表 3-1　故 8 障分类

核状态监控器	（1）、（2）
分区状态监控器	（3）
模块状态监控器	（4）、（5）、（6）
系统状态监控器	（7）、（8）

【问题 3】（9 分）

张工在方案中指出，本系统的故障诊断采用故障诊断器实现，它可综合多种故障信息和系统状态，依据智能决策数据库提供的决策策略判定出故障类型和处理方法。智能决策数据库中的策略可以对故障开展定性或定量分析。通常，在定量分析中，普遍采用基于解析模型的方法和数据驱动的方法。张工在方案中提出该系统定量分析时应采用基于解析模型的方法。但是此提议受到王工的反对，王工指出采用数据驱动的方法更适合分布式综合化电子系统架构的设计。请用 300 字以内的文字，说明数据驱动方法的基本概念，以及王工提出采用此方法的理由。

试题三分析

本题主要考查分布式系统结构下的故障检测与诊断的基本概念、原理和一般方法。宇航系统已从传统的分离式结构发展为综合化的分布式结构，分布式系统是由一组通过网络进行通信、为了完成共同的任务而协调工作的计算机节点组成的系统，为了提高分布式系统的可靠性，系统必须具备故障检测与诊断能力。故障检测与诊断方法很多，系统普遍采用软、硬件联合检测的方法。本题主要考虑软件系统的检测和诊断手段。

【问题 1】

根据说明，宇航装备的软件架构可采用四层的层次化体系结构，即模块支持层、操作系统层、分布式中间件层和功能应用层。模块支持层是一种与硬件相关的软件，为上层应用提供硬件抽象服务，主要包括结构相关包和板级支持包。操作系统层主要用于管理计算机硬件资源，并为上层或应用软件提供抽象服务。分布式中间件层主要用于分布式中间节点的管理与数据交换。功能应用层主要是指完成系统应用能力的软件。为了有效管理系统，通常将系统的故障检测和诊断能力构建在分布式中间件内，实现系统的监听、诊断和处理。常用技术是心跳检测（Heartbeat）和超时探测技术（Timeout Detection）。

（1）心跳检测。

心跳技术是分布式系统中常用的检测技术，是以固定的频率向其他节点汇报当前节点状态的方式。收到心跳，一般可以认为一个节点和现在的网络拓扑是良好的。如果在限定的一段时间（或超过某一门限值）没有收到心跳信息就被认为失效。基本工作原理见下图3-2。

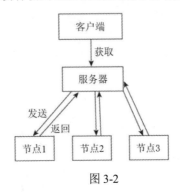

图 3-2

心跳检测的主要特点是：原理简单、具有自适应、结构灵活性、具有可扩展性和健壮性等。

（2）超时探测。

超时探测也是分布式系统中常用的检测技术。在整个分布式系统中为每个节点设计一种探针，探针会不断发送健康检查来检查服务是否健康。如果远程节点没有响应，则认为数据包在过程中的某个地方丢失，系统将重试或等待一段时间，直到超时。超时时间是基于应用程序逻辑和业务用例。

如果操作不是幂等的，重试选项可能有点危险。因此，超时是一种更好的方法，因为如果没有得到任何响应，则执行更多操作可能会导致不必要的副作用，例如双重计费。

超时探测的主要特点是：适应大规模系统、具有高并发能力、具备可扩展性、具备容错能力等。

【问题2】

图 3-1 是张工给出的分布式综合化电子系统的架构。从图 3-1 可以看出，故障监测与诊断器是由一组不同等级的监控器组成，每个等级的监控器分别监视着分布式系统的各类故障，这里主要包括给每个处理机器核配置核状态监控器、给每个分区配置分区状态监控器、给每个模块配置模块状态监控器、给系统配置系统状态监控器。题干已举例给出了应用程序除零、看门狗故障、任务超时、网络诊断故障、BIT 检测故障、分区堆栈溢出、操作系统异常和模块掉电等 8 种故障。根据图 3-1 给出的各类监控器位置，可明显判断出这 8 类故障分别属于哪类监控器，补充完成的表 3-1 如下。

表 3-1 故障分类

核状态监控器	应用程序除零、任务超时
分区状态监控器	分区堆栈溢出
模块状态监控器	看门狗故障、BIT 检测故障、操作系统异常
系统状态监控器	网络诊断故障、模块掉电

说明如下：

（1）应用程序除零和任务超时通常发生在一个处理机器核的应用程序中，属于应用错误，因此只有核状态监控器可以检测到。

（2）分区堆栈溢出故障可能发生在应用程序，也可能发生在分区内的系统程序，因此应属于分区故障，只有分区状态监控器可以检测到。

（3）看门狗故障、BIT 检测故障和操作系统异常故障可能发生在整个模块内，看门狗和 BIT 是专门为模块设计的一种检测机制，其故障只有模块状态监控器可检测到。而操作系统异常是指操作系统软件运行时发生了内部错误而产生的异常，一个模块通常配有一套操作系统，这种异常也只有模块状态监控器可检测到。

（4）网络诊断故障和模块掉电故障通常会导致分布式系统整个运行的失效，而分布式系统中的心跳检测和超时探测就是诊断此类故障的机制。因此此类故障只有系统状态监控器可检测到。

在一个实际的分布式系统中，故障无处不在，故障类型也很多，上述 8 类故障最为典型，在系统设计时，需要具体问题具体分析。

【问题 3】

本问题主要考查考生对数据驱动的故障诊断方法的掌握程度。需要辨别出数据驱动方法和基于解析模型的方法的差别，并了解各自适合的场景。

数据驱动的故障诊断方法就是对过程运行数据进行分析处理，从而在不需知道系统精确解析模型的情况下完成系统的故障诊断。　这类方法又可分为机器学习类方法、多元统计分析类方法、信号处理类方法、信息融合类方法和粗糙集方法等。

基于解析模型的故障诊断方法主要是通过构造观测器估计系统输出，然后将它与输出的测量值做比较从中取得故障信息。这类方法又可分为基于状态估计的方法和基于参数估计的方法。基于解析模型的故障诊断方法都要求建立系统精确的数学模型，但随着现代设备的不断大型化、复杂化和非线性化，往往很难或者无法建立精确的数学模型，从而大大限制了这种方法的推广和应用。

因此，王工提出采用数据驱动的故障诊断方法更为实用，主要表现在以下两点：

（1）数据驱动的故障诊断方法不需要过程精确的解析模型，完全从系统的历史数据出发，因此在实际系统中更容易直接应用。

（2）本架构由于其综合性要求，系统中涵盖了多项功能，其精确的数学模型很难建立。

试题三参考答案

【问题 1】

心跳检测：心跳技术是分布式系统中常用的检测技术。顾名思义，就是以固定的频率向其他节点汇报当前节点状态的方式。收到心跳，一般可以认为一个节点和现在的网络拓扑是良好的。如果在限定的一段时间（或超过某一门限值）没有收到心跳信息就被认为失效。心跳检测的主要特点是：原理简单、具有自适应、结构灵活性、具有可扩展性和健壮性。

超时探测：超时探测也是分布式系统中常用的检测技术。在整个分布式系统中为每个节点设计一种探针，探针会不断发送健康检查来检查服务是否健康。如果远程节点没有响应，则认为数据包在过程中的某个地方已丢失了，系统将重试或等待一段时间，直到超时。超时时间是基于应用程序逻辑和业务用例。超时探测的主要特点是：适应大规模系统、具有高并发能力、具备可扩展性、具备容错能力。

【问题 2】

（1）（a）　　　（2）（c）　　　（3）（f）　　　（4）（b）

（5）（e）　　　（6）（g）　　　（7）（d）　　　（8）（h）

（其中（1）、（2）；（4）、（5）、（6）；（7）、（8）顺序可换）

【问题 3】

数据驱动的方法：

数据驱动的故障诊断方法就是对过程运行数据进行分析处理，从而在不需知道系统精确解析模型的情况下完成系统的故障诊断。 这类方法又可分为机器学习类方法、多元统计分析类方法、信号处理类方法、信息融合类方法和粗糙集方法等。

王工提出采用数据驱动方法的理由：

（1）数据驱动的故障诊断方法不需要过程精确的解析模型，完全从系统的历史数据出发，因此在实际系统中更容易直接应用。

（2）基于解析模型的故障诊断是利用对系统内部的深层认识，具有很好的诊断效果。但是此方法依赖于被诊断对象精确的数学模型，而实际中被诊断对象精确的数学模型往往难以建立。本架构由于其综合性要求，系统中涵盖了多项功能，其精确的数学模型很难建立。

试题四（共 25 分）

阅读以下关于数据库缓存的叙述，在答题纸上回答问题 1 至问题 3。

【说明】

某大型电商平台建立了一个在线 B2B 商店系统，并在全国多地建设了货物仓储中心，通过提前备货的方式来提高货物的运送效率。但是在运营过程中，发现会出现很多跨仓储中心调货从而延误货物运送的情况。为此，该企业计划新建立一个全国仓储货物管理系统，在实现仓储中心常规管理功能之外，通过对在线 B2B 商店系统中的订单信息进行及时分析和挖掘，并通过大数据分析预测各地仓储中心中各类货物的配置数量，从而提高运送效率，降低成本。

当用户通过在线 B2B 商店系统选购货物时，全国仓储货物管理系统会通过该用户所在地址、商品类别以及仓储中心的货物信息和地址，实时为用户订单反馈货物起运地（某仓储中心）并预测送达时间。反馈送达时间的响应时间应小于 1 秒。

为满足反馈送达时间功能的性能要求，设计团队建议在全国仓储货物管理系统中采用数据缓存集群的方式，将仓储中心基本信息、商品类别以及库存数量放置在内存的缓存中，而仓储中心的其他商品信息则存储在数据库系统。

【问题 1】（9 分）

设计团队在讨论缓存和数据库的数据一致性问题时，李工建议采取数据实时同步更新方案，而张工则建议采用数据异步准实时更新方案。

请用 200 字以内的文字，简要介绍两种方案的基本思路，说明全国仓储货物管理系统应该采用哪种方案，并说明采取该方案的原因。

【问题 2】（9 分）

随着业务的发展，仓储中心以及商品的数量日益增加，需要对集群部署多个缓存节点，提高缓存的处理能力。李工建议采用缓存分片方法，把缓存的数据拆分到多个节点分别存储，减轻单个缓存节点的访问压力，达到分流效果。

缓存分片方法常用的有哈希算法和一致性哈希算法，李工建议采用一致性哈希算法来进行分片。请用 200 字以内的文字简要说明两种算法的基本原理，并说明李工采用一致性哈希算法的原因。

【问题 3】（7 分）

全国仓储货物管理系统开发完成，在运营一段时间后，系统维护人员发现大量黑客故意发起非法的商品送达时间查询请求，造成了缓存击穿。张工建议尽快采用布隆过滤器方法解决。请用 200 字以内的文字解释布隆过滤器的工作原理和优缺点。

试题四分析

本题考查数据库缓存在使用过程中存在的常见问题及解决方案。

【问题 1】

本问题考查缓存和数据库的数据一致性问题。

数据一致性问题产生的原因主要有两种：一种是在并发的场景下，导致读取到旧的数据库数据，并更新到缓存中；另一种是由于缓存和数据库的写操作不在同一个事务中，可能一个成功而另一个失败，从而导致了不一致。

常见的数据同步的方案有两种：

（1）数据实时同步更新：实时同步更新数据库和缓存数据，一般是将数据库和缓存的写操作放到同一个事务中，从而保持数据的强一致性。

（2）数据异步准实时更新：更新数据库后，通过发布订阅/MQ 异步更新缓存，保持数据的准一致性。这种方法往往会存在一个时间差，更多强调的是最终一致性。

根据题干中的描述，明确提出了反馈送达时间功能的性能要求，属于数据一致性实时要求比较高的应用场景，应该采用数据实时同步更新方案。

【问题 2】

本问题考查缓存分片方法的基本概念及应用。

在分布式存储系统中，数据需要分散存储在多台设备上，数据分片就是用来确定数据在多台存储设备上分布的技术。数据分片要满足数据分布均匀、负载均衡、扩缩容时产生的数据迁移尽可能少。

缓存分片方法常用的有哈希算法和一致性哈希算法。哈希算法是将缓存 key 的哈希 Code 和分片的数量进行一次取余的操作，取余结果就是分配到对应编号的节点。哈希算法的优势在于简单，缺点是节点动态扩容比较困难。哈希算法适用于同类型节点且节点数量比较固定的场景。

一致性哈希算法是一种特殊的哈希算法，一致性哈希是对哈希方法的改进，在数据存储时采用哈希方式确定存储位置的基础上，又增加了一层哈希，也就是在数据存储前，对存储节点预先进行了哈希。这种改进可以很好地解决哈希算法存在的稳定性问题。在移除或者添加一个服务器时，能够尽可能小地改变已存在的服务请求与处理请求服务器之间的映射关系。一致性哈希算法解决了节点的动态伸缩等问题。一致性哈希算法比较适合同类型节点、节点规模会发生变化的场景。

由于仓储中心以及商品数量很难有明确的上限，节点需要支持动态扩展，因此应该采用一致性哈希算法。

【问题 3】

本问题考查解决缓存击穿的布隆过滤器方法的基本概念及应用。

缓存击穿是用户访问的数据既不在缓存中，也不在数据库中。这导致每次请求都会到底层数据库进行查询，缓存失去了意义。当高并发或有人利用不存在的 key 频繁攻击时，数据库的压力骤增，甚至崩溃。一般的场景就是恶意攻击行为，利用不存在的 key 或者恶意尝试导致产生大量不存在的业务数据请求。

解决该问题的常见方法有：缓存空值或默认值、业务逻辑前置校验、布隆过滤器和用户黑名单。

布隆过滤器由一组哈希（Hash）函数和一个位阵列组成。布隆过滤器可以用于查询一个元素是否存在于一个集合当中。利用布隆过滤器可以预先把数据查询的主键，比如商品 ID 缓存到过滤器中。当根据商品 ID 进行数据查询时，先判断该 ID 是否存在。若存在的话，则进行下一步处理；若不存在的话，直接返回，这样就不会触发后续的数据库查询，从而防止了缓存击穿。该方法的优点是空间效率和查询时间都比一般的算法要好得多，缺点是有一定的误识别率和删除困难。

试题四参考答案

【问题 1】

数据实时同步更新：实时同步更新数据库和缓存数据，保持数据的强一致性。

数据异步准实时更新：更新数据库后，通过发布订阅/MQ 异步更新缓存，保持数据的准一致性。

应该采用数据实时同步更新的方案。

原因：题干中明确提出了反馈送达时间功能的性能要求，属于数据一致性实时要求比较高的应用场景，应该采用数据实时同步更新方案。

【问题 2】

哈希算法是将缓存 key 的哈希 Code 和分片的数量进行一次取余的操作，取余结果就是分配到对应编号的节点。哈希算法的优势在于简单，缺点是节点动态扩容比较困难。

一致性哈希算法是一种特殊的哈希算法，在移除或者添加一个服务器时，能够尽可能小地改变已存在的服务请求与处理请求服务器之间的映射关系。一致性哈希算法解决了节点的动态伸缩等问题。

由于仓储中心以及商品数量很难有明确的上限，节点需要支持动态扩展，因此应该采用一致性哈希算法。

【问题 3】

布隆过滤器由一组哈希（Hash）函数和一个位阵列组成。布隆过滤器可以用于查询一个元素是否存在于一个集合当中。

利用布隆过滤器可以预先把数据查询的主键，比如商品 ID 缓存到过滤器中。当根据商品 ID 进行数据查询时，先判断该 ID 是否存在。若存在的话，则进行下一步处理；若不存在的话，直接返回，这样就不会触发后续的数据库查询，从而防止了缓存击穿。

布隆过滤器的优点：空间效率和查询时间都比一般的算法要好得多。

布隆过滤器的缺点：有一定的误识别率和删除困难。

试题五（共 25 分）

阅读以下关于 Web 系统架构设计的叙述，在答题纸上回答问题 1 至问题 3。

【说明】

某公司拟开发一套基于边缘计算的智能门禁系统，用于如园区、新零售、工业现场等存在来访、被访业务的场景。来访者在来访前，可以通过线上提前预约的方式将自己的个人信息记录在后台，被访者在系统中通过此请求后，来访者在到访时可以直接通过"刷脸"的方式通过门禁，无须做其他验证。此外，系统的管理员可对正在运行的门禁设备进行管理。

基于项目需求，该公司组建项目组，召开了项目讨论会。会上，张工根据业务需求并结合边缘计算的思想，提出本系统可由访客注册模块、模型训练模块、端侧识别模块与设备调度平台模块等四项功能组成。李工从技术层面提出该系统可使用 Flask 框架与 SSM 框架为基础来开发后台服务器，将开发好的系统通过 Docker 进行部署，并使用 MQTT 协议对 Docker 进行管理。

【问题 1】（5 分）

MQTT 协议在工业物联网中得到广泛的应用，请用 300 字以内的文字简要说明 MQTT 协议。

【问题 2】（14 分）

在会议上，张工对功能模块进行了更进一步的说明：访客注册模块用于来访者提交申请与被访者确认申请，主要处理提交来访申请、来访申请审核业务，同时保存访客数据，为模型训练模块准备训练数据集；模型训练模块使用访客数据进行模型训练，为端侧设备的识别业务提供模型基础；端侧识别模块在边缘门禁设备上运行，使用训练好的模型来识别来访人员，与云端服务协作完成访客来访的完整业务；设备调度平台模块用于对边缘门禁设备进行管理，管理人员能够使用平台对边缘设备进行调度管理与状态监控，实现云端协同。

图 5-1 给出了基于边缘计算的智能门禁系统架构图，请结合 HTTP 协议和 MQTT 协议的特点，为图 5-1 中（1）～（6）处选择合适的协议；并结合张工关于功能模块的描述，补充完善图 5-1 中（7）～（10）处的空白。

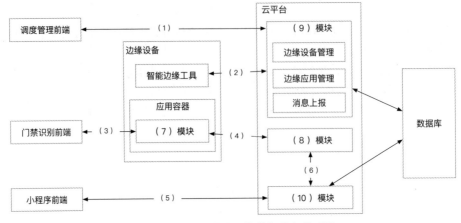

图 5-1　基于边缘计算的智能门禁系统

【问题 3】（6 分）

请用 300 字以内的文字，从数据通信、数据安全和系统性能等方面简要分析在传统云计算模型中引入边缘计算模型的优势。

试题五分析

本题考查 Web 系统分析设计的能力。此类题目要求考生认真阅读题目对现实问题的描述，需要根据需求描述完成系统分析与设计。

【问题 1】

MQTT（Message Queuing Telemetry Transport，消息队列遥测传输）协议是一种基于发布/订阅（Publish/Subscribe）模式的"轻量级"通信协议，该协议构建于 TCP/IP 协议上，由 IBM 在 1999 年发布。MQTT 的最大优点是可以以极少的代码和有限的带宽，为远程连接设备提供实时可靠的消息服务，作为一种低开销、低带宽占用的即时通信协议，其在物联网、小型设备、移动应用等方面有较广泛的应用。

MQTT 协议设计规范如下：

（1）精简，不添加可有可无的功能。

（2）发布/订阅（Pub/Sub）模式，方便消息在传感器之间传递，解耦 Client/Server 模式，带来的好处在于不必预先知道对方的存在（ip/port），不必同时运行。

（3）允许用户动态创建主题（不需要预先创建主题），零运维成本。

（4）把传输量降到最低以提高传输效率。

（5）把低带宽、高延迟、不稳定的网络等因素考虑在内。

（6）支持连续的会话保持和控制（心跳协议）。

（7）理解客户端计算能力可能很低。

（8）提供服务质量（Quality of Service，QoS）管理。

（9）不强求传输数据的类型与格式，保持灵活性（指的是应用层业务数据）。

【问题 2】

根据题干给出的需求，可分析出该系统中的实体有用户（User）、医生（Doctor）、患者

（Patient）、平台管理员（Platform Administrator）、设备（Equipment）、设备数据（Equipment Data）、训练数据（Training Data）、康复处方（Prescription）、训练记录（Report）等。

考生需理解 MQTT 协议和 HTTP 协议等相关概念，并根据题干给出的需求描述完成系统分析。

（1）MQTT 协议。

MQTT 协议是一种基于发布/订阅（Publish/Subscribe）模式的"轻量级"通信协议，该协议构建于 TCP/IP 协议上，由 IBM 在 1999 年发布。

MQTT 是一个基于客户端-服务器的消息发布/订阅传输协议。MQTT 协议是轻量、简单、开放和易于实现的，这些特点使它的范围非常广泛，包括一些受限的环境中，如机器与机器（M2M）通信和物联网（IoT）。其已广泛使用在通过卫星链路通信传感器、偶尔拨号的医疗设备、智能家居及一些小型化设备中。MQTT 与 HTTP 一样，MQTT 运行在传输控制协议/互联网协议（TCP/IP）堆栈之上。

（2）HTTP 协议。

HTTP（Hyper Text Transfer Protocol，超文本传输协议）是 Web 联网的基础，也是手机联网常用的协议之一，HTTP 协议是建立在 TCP 协议之上的一种应用。

HTTP 连接最显著的特点是客户端发送的每次请求都需要服务器回送响应，在请求结束后，会主动释放连接。从建立连接到关闭连接的过程称为"一次连接"。

由于 HTTP 在每次请求结束后都会主动释放连接，因此 HTTP 连接是一种"短连接"，要保持客户端程序的在线状态，需要不断地向服务器发起连接请求。通常的做法是即使不需要获得任何数据，客户端也保持每隔一段固定的时间向服务器发送一次"保持连接"的请求，服务器在收到该请求后对客户端进行回复，表明知道客户端"在线"。若服务器长时间无法收到客户端的请求，则认为客户端"下线"，若客户端长时间无法收到服务器的回复，则认为网络已经断开。

HTTP 协议工作于客户端与服务器的架构上，客户端通过 URL 向服务器发送所有的请求。服务器根据接收到的请求，向客户端发送响应信息。HTTP 协议定义客户端如何向服务器发送请求，以及服务器如何将响应请求传送给客户端，所以 HTTP 请求协议采用了请求/响应模型。

因此，考生可根据相关技术特点，结合系统需求完成该智能门禁系统的架构图，补充空缺处的内容。

【问题 3】

边缘计算是指在靠近物或数据源头的一侧，采用网络、计算、存储、应用核心能力为一体的开放平台，就近提供最近端服务。其应用程序在边缘侧发起，产生更快的网络服务响应，满足行业在实时业务、应用智能、安全与隐私保护等方面的基本需求。边缘计算处于物理实体和工业连接之间，或处于物理实体的顶端。而云端计算仍然可以访问边缘计算的历史数据。

结合该系统的需求，可分析出在该系统中引入边缘计算模型的优势如下：

（1）终端设备在运行中会采集到海量的音视频等原始数据，全部上传到云数据中心会产生较大的通信负担。采用边缘计算后，边缘设备会先对采集到的原始数据进行计算，仅将处理后的少量有价值的数据上传到数据中心，极大减轻传海量数据对网络带宽造成的通信压力。

（2）传统的云计算系统中，终端设备采集到数据后需要先上传到数据中心，数据中心计算处理后得到结果，再将结果返回到终端进行响应。而边缘计算模型将部分数据处理环节从云计算中心转移到边缘设备上进行，省去了数据上传及与数据中心交互的环节，能明显提高系统性能。

（3）用户敏感数据在上传到云数据中心时会有被不法分子窃取的风险，采用边缘计算设备储存关键数据，不再需要上传环节，可以保障用户的隐私数据安全问题。

试题五参考答案

【问题 1】

MQTT 协议是一种采用发布/订阅机制的消息队列传输协议，订阅者只接收自己已经订阅的数据，非订阅数据则不接收，既保证了必要的数据的交换，又避免了无效数据造成的储存与处理。

【问题 2】

（1）HTTP

（2）MQTT

（3）HTTP

（4）HTTP

（5）HTTP

（6）HTTP

（7）端侧识别

（8）模型训练

（9）设备调度平台

（10）访客注册

【问题 3】

边缘计算模型的引入有以下几个优势：

（1）终端设备在运行中会采集到海量的音视频等原始数据，全部上传到云数据中心会产生较大的通信负担。采用边缘计算后，边缘设备会先对采集到的原始数据进行计算，仅将处理后的少量有价值的数据上传到数据中心，极大减轻传海量数据对网络带宽造成的通信压力。

（2）传统的云计算系统中，终端设备采集到数据后需要先上传到数据中心，数据中心计算处理后得到结果，再将结果返回到终端进行响应。而边缘计算模型将部分数据处理环节从云计算中心转移到边缘设备上进行，省去了数据上传及与数据中心交互的环节，能明显提高系统性能。

（3）用户敏感数据在上传到云数据中心时会有被不法分子窃取的风险，采用边缘计算设备储存关键数据，不再需要上传环节，可以保障用户的隐私数据安全问题。

第15章　2022下半年系统架构设计师下午试题 II 写作要点

从下列的 4 道试题（试题一至试题四）中任选一道解答。请在答题纸上的指定位置将所选择试题的题号框涂黑。若多涂或者未涂题号框，则对题号最小的一道试题进行评分。

试题一　论基于构件的软件开发方法及其应用

基于构件的软件开发（Component-Based Software Development，CBSD）是一种基于分布对象技术、强调通过可复用构件设计与构造软件系统的软件复用途径。基于构件的软件系统中的构件可以是 COTS（Commercial-Off-the-Shelf）构件，也可以是通过其他途径获得的构件（如自行开发）。CBSD 将软件开发的重点从程序编写转移到了基于已有构件的组装，以更快地构造系统，减轻用来支持和升级大型系统所需要的维护负担，从而降低软件开发的费用。

请围绕"基于构件的软件开发方法及其应用"论题，依次从以下三个方面进行论述。

1. 概要叙述你参与管理和开发的软件项目，以及你在其中所承担的主要工作。

2. 详细论述基于构件的软件开发方法的主要过程。

3. 结合你具体参与管理和开发的实际项目，请说明具体实施过程以及碰到的主要问题。

试题一写作要点

一、简要叙述所参与管理和开发的软件项目，并明确指出在其中承担的主要任务和开展的主要工作。

二、基于构件的软件开发方法的主要过程：

（1）需求分析和体系架构设计：与常规软件的开发方法类似，获取并分析整个应用系统的需求，设计整个软件系统的体系架构。

（2）候选构件识别：从需求和设计好的体系架构中，识别哪些部分或模块可以作为候选构件，形成候选构件列表。

（3）构件鉴定：构件鉴定分为发现和评估两个阶段。发现阶段需要确定 COTS 构件的各种属性，如构件接口的功能属性（构件能够提供什么服务）及其附加属性（如是否遵循某种标准）、构件的质量属性（如可靠性）等。评估阶段根据 COTS 构件属性以及新系统的需求判断构件是否可在系统中复用。评估方法常常涉及分析构件文档、与构件已有用户交流经验，甚至开发系统原型。构件鉴定有时还需要考虑非技术因素，如构件提供商的市场占有率、构件开发商的过程成熟度等级等。

（4）构件开发：对于无法直接获取 COTS 构件的，需要开发小组进行构件的定制开发。

（5）构件适配：系统的软件体系结构定义了系统中所有构件的设计规则、连接模式和交互模式。而 COTS 构件往往并不能直接符合软件体系架构的要求，这就需要调整构件使之满足体系结构要求。这种行为就是构件适配。

（6）构件组装：构件必须通过某些良好定义的基础设施才能组装成目标系统。体系风格决定了构件之间连接或协调的机制，是构件组装成功与否的关键因素之一。典型的体系风格包括黑板、消息总线、对象请求代理等。

（7）构件更新：基于构件的系统演化往往表现为构件的替换或增加，对于由 COTS 构件组装而成的系统，其更新的工作往往由提供 COTS 构件的第三方完成。对于自主开发的构件，其演化与更新与常规演化方法类似。

三、考生需结合自身参与项目的实际状况，指出其参与管理和开发的项目中所进行的基于构件的软件开发工作，说明具体的实施过程以及遇到的主要问题。

试题二　论软件维护方法及其应用

软件维护是指在软件交付使用后，直至软件被淘汰的整个时间范围内，为了改正错误或满足新的需求而修改软件的活动。在软件系统运行过程中，软件需要维护的原因是多种多样的，根据维护的原因不同，可以将软件维护分为改正性维护、适应性维护、完善性维护和预防性维护。在维护的过程中，也需要对软件的可维护性进行度量。在软件外部，一般采用 MTTR 来度量软件的可维护性；在软件内部，可以通过度量软件的复杂性来间接度量软件的可维护性。

据统计，软件维护阶段占整个软件生命周期 60% 以上的时间。因此，分析影响软件维护的因素，度量和提高软件的可维护性，就显得十分重要。

请围绕"软件维护方法及其应用"论题，依次从以下三个方面进行论述。

1. 概要叙述你参与管理和开发的软件项目，以及你在其中所承担的主要工作。

2. 详细论述影响软件维护工作的因素有哪些。

3. 结合你具体参与管理和开发的实际项目，说明在具体维护过程中，如何度量软件的可维护性，说明具体的软件维护工作类型。

试题二写作要点

一、简要叙述所参与管理和开发的软件项目，并明确指出在其中承担的主要任务和开展的主要工作。

二、软件维护的影响因素很多，主要有以下几个方面：

（1）业务因素。因为系统在线运行，某些系统要保证 7×24h 运行，维护人员必须寻找一种途径，在不影响用户业务的情况下实现改动。

（2）理解的局限性。用户理解可能会出现问题，维护人员需要具备一些人际技巧，努力理解不同用户的思维方式，以说服的方式处理掉一些问题。

（3）对待维护的优先级问题。有时开发商会倾向于维持现有系统的运行，而客户更迫切地需要新功能，甚至一个新系统。

（4）维护人员的积极性。通常，维护人员被认为是第二阶层，程序员大多认为设计和开发比维护工作更具技巧性和挑战性。

（5）测试的困难。测试人员很难预测设计或代码改动带来的影响，使得测试很难做到充分。另外，有些系统只能在测试环境或备份系统中进行测试，上线后则不允许测试，由于无法精确地再现真实环境，也使得测试有一定的局限性。

为尽可能地降低这些因素的影响，维护人员经常要在长期和短期目标之间进行权衡，决定什么时候牺牲质量来换取速度。

三、考生需结合自身参与项目的实际状况，说明在具体维护过程中，如何度量软件的可维护性，说明具体的软件维护工作类型。

在软件外部，可以用 MTTR 来度量软件的可维护性，它指出处理一个有错误的软件需要花费的平均时间。如果用 M 表示可维护性指标，那么 $M = 1/(1+MTTR)$。但其往往难以实际使用。在软件内部，可以通过度量软件的复杂性来间接度量软件的可维护性。与软件复杂性相关的因素有环路数、软件规模和其他因素。

（1）环路数。基于一个程序模块的程序图中环路的个数。环路数可以反映源代码结构的复杂度，通过观察环路数的增长幅度，可以比较多种维护方案的优劣，选择对环路数影响最小的方案作为最优方案。

（2）软件规模。通常认为软件包含的构件越多，软件就越复杂，可维护性就越差。

（3）其他因素。包括嵌套深度、系统用户数等。

对于软件内部的可维护性，迄今还没有一个突出的、全面的、通用的模型，需要结合不同开发团队自身的经验，建立合适的经验模型。

在系统运行过程中，软件需要维护的原因是多样的，根据维护的原因不同，可以将软件维护分为以下四种：

（1）改正性维护。为了识别和纠正软件错误、改正软件性能上的缺陷、排除实施中的误使用，应当进行的诊断和改正错误的过程就称为改正性维护。

（2）适应性维护。在使用过程中，外部环境、数据环境可能发生变化。为使软件适应这种变化，而去修改软件的过程就称为适应性维护。

（3）完善性维护。为了满足新功能和需求，需要修改或再开发软件，以扩充软件功能、增强软件性能、改进加工效率、提高软件的可维护性。这种情况下进行的维护活动称为完善性维护。

（4）预防性维护。这是指预先提高软件的可维护性、可靠性等，为以后进一步改进软件打下良好基础。

试题三　论区块链技术及应用

区块链作为一种分布式记账技术，目前已经被应用到了资产管理、物联网、医疗管理、政务监管等多个领域。从网络层面来讲，区块链是一个对等网络（Peer to Peer，P2P），网络中的节点地位对等，每个节点都保存完整的账本数据，系统的运行不依赖中心化节点，因此避免了中心化带来的单点故障问题。同时，区块链作为一个拜占庭容错的分布式系统，在存在少量恶意节点的情况下可以作为一个整体对外提供稳定的服务。

请围绕"区块链技术及应用"论题，依次从以下三个方面进行论述。

1．概要叙述你参与管理和开发的软件项目以及你在其中所承担的主要工作。

2．区块链包含多种核心技术，请简要描述区块链的三种核心技术。

3．具体阐述你参与管理和开发的项目是如何应用区块链技术进行设计与实现的。

试题三写作要点

一、简要叙述所参与管理和开发的软件项目，需要明确指出在其中承担的主要任务和开展的主要工作。

二、区块链的核心技术具体如下。

1．分布式账本

分布式账本指的是交易记账由分布在不同地方的多个节点共同完成，而且每一个节点记录的是完整的账目，因此它们都可以参与监督交易合法性，同时也可以共同为其作证。

与传统的分布式存储有所不同，区块链的分布式存储的独特性主要体现在两个方面：一是区块链每个节点都按照块链式结构存储完整的数据，传统分布式存储一般是将数据按照一定的规则分成多份进行存储。二是区块链每个节点存储都是独立的、地位等同的，依靠共识机制保证存储的一致性，而传统分布式存储一般是通过中心节点往其他备份节点同步数据。没有任何一个节点可以单独记录账本数据，从而避免了单一记账人被控制或者被贿赂而记假账的可能性。也由于记账节点足够多，理论上讲，除非所有的节点被破坏，否则账目就不会丢失，从而保证了账目数据的安全性。

2．非对称加密

存储在区块链上的交易信息是公开的，但是账户身份信息是高度加密的，只有在数据拥有者授权的情况下才能访问到，从而保证了数据的安全和个人的隐私。

3．共识机制

共识机制就是所有记账节点之间怎么达成共识，去认定一个记录的有效性，这既是认定的手段，也是防止篡改的手段。区块链提出了四种不同的共识机制，适用于不同的应用场景，在效率和安全性之间取得平衡。

区块链的共识机制具备"少数服从多数"以及"人人平等"的特点。其中，"少数服从多数"并不完全指节点个数，也可以是计算能力、股权数或者其他的计算机可以比较的特征量。"人人平等"是当节点满足条件时，所有节点都有权优先提出共识结果、直接被其他节点认同后并最后有可能成为最终共识结果。以比特币为例，采用的是工作量证明，只有在控制了全网超过 51% 的记账节点的情况下，才有可能伪造出一条不存在的记录。当加入区块链的节点足够多的时候，这基本上不可能，从而杜绝了造假的可能。

4．智能合约

智能合约是基于这些可信的不可篡改的数据，可以自动化地执行一些预先定义好的规则和条款。以保险为例，如果每个人的信息（包括医疗信息和风险发生的信息）都是真实可信的，那就能很容易地在一些标准化的保险产品中进行自动化理赔。在保险公司的日常业务中，虽然交易不像银行和证券行业那样频繁，但是对可信数据的依赖有增无减。因此，利用区块链技术从数据管理的角度切入，能够有效地帮助保险公司提高风险管理能力。具体来讲主要分投保人风险管理和保险公司的风险监督。

三、论文中需要结合项目实际工作，详细论述在项目中是如何应用区块链的核心技术进行项目设计与实现的。

试题四　论湖仓一体架构及其应用

随着 5G、大数据、人工智能、物联网等技术的不断成熟，各行各业的业务场景日益复杂，企业数据呈现出大规模、多样性的特点，特别是非结构化数据呈现出爆发式增长趋势。在这一背景下，企业数据管理不再局限于传统的结构化 OLTP（On-Line Transaction Processing）数据交易过程，而是提出了多样化、异质性数据的实时处理要求。传统的数据湖（Data Lake）在事务一致性及实时处理方面有所欠缺，而数据仓库（Data Warehouse）也无法应对高并发、多数据类型的处理。因此，支持事务一致性、提供高并发实时处理及分析能力的湖仓一体（Lake House）架构应运而生。湖仓一体架构在成本、灵活性、统一数据存储、多元数据分析等多方面具备优势，正逐步转化为下一代数据管理系统的核心竞争力。

请围绕"湖仓一体架构及其应用"论题，依次从以下三个方面进行论述。

1．概要叙述你参与管理和开发的、采用湖仓一体架构的软件项目以及你在其中所承担的主要工作。

2．请对湖仓一体架构进行总结与分析，给出其中四类关键特征，并简要对这四类关键特征的内涵进行阐述。

3．具体阐述你参与管理和开发的项目是如何采用湖仓一体架构的，并围绕上述四类关键特征，详细论述在项目设计与实现过程中遇到了哪些实际问题，是如何解决的。

试题四写作要点

一、简要叙述所参与管理和开发的、采用湖仓一体架构的软件项目，需要明确指出在其中承担的主要任务和开展的主要工作。

二、湖仓一体架构包含六大关键特征，具体描述如下：

（1）支持分析多种类型数据。湖仓一体架构可为多应用程序提供数据的入库、转换、分析和访问。数据类型包括结构化与非结构化数据（如文本、图像、视频、音频等），以及半结构化数据（如 JSON 等）。

（2）数据可治理，避免产生数据沼泽。湖仓一体架构可以支持各类数据模型的实现和转变，支持数据仓库模式架构，例如星型模型、雪花模型等，可保证数据的完整性，同时具有健全的治理和审计机制，能够避免数据沼泽现象的出现。

（3）事务支持。在企业中，数据库往往要为业务系统提供并发的数据读取和写入。湖仓一体架构对事务 ACID 的支持可确保并发访问，尤其是 SQL 访问模式下的数据一致性、正确性。

（4）对商务智能（Business Intelligence，BI）的支持。湖仓一体架构支持直接在源数据上使用 BI 工具，这样可以提高分析效率，降低数据延时。另外，相比于在数据湖和数据仓库中分别操作两个副本的方式，湖仓一体更具成本优势。

（5）存算分离。湖仓一体采用存算分离架构，使系统能够扩展到更大规模的并发能力和数据容量，能满足新时代对于分布式数据架构的要求。

（6）存储结构的开放性。湖仓一体采用开放、标准化的存储格式（例如行存、列存、块存），能提供丰富的 API 支持。因此，各种工具和引擎（包括机器学习和 Python/R 算法库）可以高效地对数据进行直接访问。

（以上答案，只要答出任意四个关键特性即可，意思正确即可酌情给分）

三、论文中需要结合项目实际工作，详细论述在项目中是如何采用湖仓一体架构进行系统的设计与实现的，并围绕第二问论述的四个关键特性，详细论述在项目设计与实现过程中遇到了哪些实际问题，是采用何种方法解决的。